JN440561

3D프린팅을 활용한 시제작품 제작 마스터 실무

최년식 지음

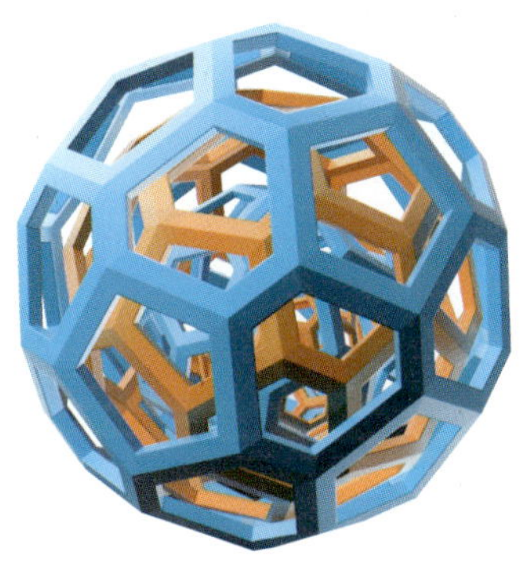

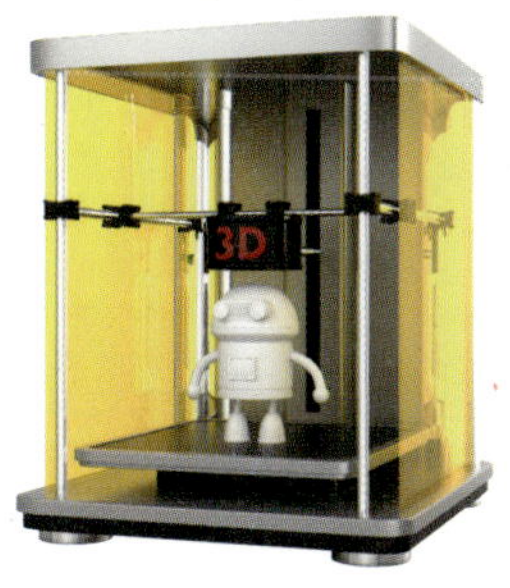

도서출판 동화기술

머리말

우리나라는 1970년대 이후 국가 발전의 근본이 중화학공업의 육성에 있다하여, 기계공학의 역군을 키우는데 심혈을 기울여 왔다. 기계공학도들의 양성은 실제 다양한 산업기반을 다지는데 많은 역할을 해온 것 또한 사실이다. 이러한 기반 하에 각 기업들은 자신의 분야에 있어서 기술적 우위를 점하기 위해 연구 분야에 총력을 기울이고 있다.

필자는 1991년 기아자동차 연구소로 입사한 이후, 2000년대 들어 현대·기아자동차의 합병으로 인해 현대·기아자동차 총괄조직에서 근무하면서, 약 20년 정도를 한국자동차 산업과 더불어 연관된 다양한 산업의 기술적 발전을 경험한 바 있다.

이제 4차 산업혁명시대의 도래에 따라 기술적 패러다임의 변화가 이미 가시화되고 있음을 직감하고 있지만, 실제 신기술을 주도해 나가고 연구해야 할 학술 분야에서는 기업의 요구나 패러다임을 못 따라가고 있는 실정이다. 필자가 신기술 또는 신제품 개발을 위한 다양한 과제 평가를 수행하다 보면, 3D 프린팅을 통해 거의 모든 것을 다 만들어 낼 수 있는 것으로 생각하고 접근하는 비즈니스 모델들이 많이 존재하였으나, 실제로 이를 기반으로 사업화를 진행할 경우 기술적 장벽에 가로 막혀 수행될 수 없는 것들이 많이 있었다. 과거에는 과제를 제안하는 쪽이나 평가하는 쪽에서 조차도 3D 프린팅을 통해 거의 모든 것들을 이룰 수 있을 것이라는 막연한 기대감으로 과제가 채택되기도 하였지만, 최근의 경우는 그 허상이 서서히 나타남으로 인해 부정적 시각도 많이 싹튼 것으로 보인다.

본 교재는 4차 산업혁명시대의 다양한 기술 중에서 실제로 아주 작은 영역을 차지하고 있는 3D 프린팅에 중점을 두어 전방 기술과 후방 기술에 대한 언급을 통해 전반적인 이해를 구하고자 하였다. 필자는 3D 프린팅을 4차 산업혁명 시대의 제품개발 분야에 있어 하나의 툴로 지정하고 이를 활용하는 방법을 이야기 하고자 한다. 지금까지 많은 3D 프린팅과 관련된 서적들이 나왔지만, 3D 프린팅이 왜 필요한지와 이를 어떻게 활용해야 할지에 대해 고민할 수 있는 서적들은 많지 않았다. 교단에서 강의를 하자면, 다 보지도 못하는 두꺼운 책을 교재로 삼아 일부분만을 수업하는 현상들이 발생하는 것을 잘 알고 있다. 본 교재는 다른 교재와 달리 그렇게 양이 많지 않다. 하지만, 3D 프린팅과 관련된 전·후방의 기술들이 함께 수록되어 있어 이를 잘 이해하는 것이 필요하다. 본 교재는 다음과 같은 구성으로 3D 프린팅과 관련된 다양한 분야의 기술에 대한 이해를 구하고자 한다.

본 교재는 전체 6개의 장으로 이루어져 있다. 대학 강의에 맞춰 13개 내지는 15개의 장으로 구성하면 좋았겠지만 그러하지 못하였다. 이는 수업계획을 작성할 때 중간 중간에 실습할 수 있는 시간과 다른 응용 기술들을 넣어서 진행하는 것이 옳다고 생각해서이다.

1장은 3D 프린팅의 전반적 이해를 구하는 장으로 3D 프린팅의 기술적 이해와 상충되는 부분을 이해하기 위해 전통적 제조 기술에 대한 내용이 언급되어 있다. 이러한 전통제조 기술을 이해하는데 대해서도 수업의 상당시간이 할애되어야 할 것이다.

2장에는 신제품 개발에 대한 내용이 들어있다. 제품이 소비자의 손에 들어가기 전에 제품이 만들어지는 과정에서의 시제작품 제작에 대한 내용이다. 해당 과정에서 사용되는 도구 중의 하나가 바로 3D 프린팅이다.

3장에는 3D 프린팅의 실물화를 위한 3D 데이터의 확보에 대한 내용을 담았다. 3D 데이터를 확보하기 위한 다양한 방법들에 대한 이해와 다양한 소프트웨어를 활용해서 3D 모델링을 하는 방법 등에 대해 이야기하고 이해하는 장이다. 이 과정은 책으로 이해하고, 별도의 실습 시간을 할애해서 충분히 작업을 해보아야만 하는 과정이다. 이 과정에서 나오는 각각의 소프트웨어 사용법을 익히게 하는 것만으로도 하나의 과목을 만들 수 있기 때문에 이해를 구하는 차원으로만 기술하였다.

4장에는 3D 프린팅 출력을 위한 3D 프린터의 하드웨어에 대하여 논하였다. 이는 우리가 사용하는 3D 프린터가 어떤 구조이고 어떻게 동작하는지를 이해할 수 있도록 전기·전자분야와 메커니즘 등에 대해 기술하였다.

5장에는 실제로 3D 프린팅을 진행함에 있어 필요한 절차와 소프트웨어 활용 및 출력품질의 향상을 위한 내용이 기술되어 있다. 이는 3D 프린터를 사용함에 있어서 이전까지 가장 불만이었던 품질 측면에서의 내용을 다루어 3D 출력물이 제대로 활용될 수 있도록 기술하였다.

6장은 3D 프린팅을 활용한 다양한 비즈니스에 대한 내용으로 비즈니스 모델에 대한 내용과 적용 및 사업화를 위한 클라우드 펀딩에 이르기까지 사업화에 필요한 지식을 담아두었다.

본 교재를 통해 기술되었던 내용을 잘 파악한다면, 분야별로 다양한 새로운 비즈니스 모델을 개발해낼 수 있다고 본다. 예를 들면, 1장의 이해를 통해 전통적 제조기술에 응용되는 3D 프린팅의 비즈니스 모델, 2장의 이해를 통해 3D 프린팅을 활용한 혁신 프로세스의 설계 비즈니스 모델, 3장의 이해를 통해 소프트웨어의 개발 또는 응용을 통한 비즈니스 모델, 4장의 이해를 통해 3D 프린터 제작 비즈니스 모델, 5장의 경우 최적화 소프트웨어 개발 및 출력 서비스 비즈니스 모델, 그리고 6장의 내용을 이해함으로써 스타터 기업을 만든다든지 기타의 다양한 비즈니스 모델을 생각해낼 수 있을 것이다.

비록 본 교재에 더 많은 내용을 수록하지는 못했지만, 3D 프린팅에 대한 이해와 이를 활용한 다양한 비즈니스 모델의 개발에 많은 활용이 될 수 있기를 바라며, 본 교재의 출판에 도움을 주신 도서출판 동화기술, 신광문화사의 임직원의 노고에 감사의 인사를 전한다.

차례

CHAPTER 1 3D 프린팅의 이해

CHAPTER 2 신제품 개발을 위한 시제작품 제작

CHAPTER 3 3D 프린팅을 위한 3D 데이터의 확보

CHAPTER 4 3D 프린팅 출력을 위한 하드웨어 구축

CHAPTER 5 3D 프린터 출력 및 출력품질 관리

CHAPTER 6 3D 프린팅을 활용한 비즈니스 적용

찾아보기

3D 프린팅의 이해 01

1. 전통적 제조 기술

1.1 시제작품 제작에 대한 이해

인류가 탄생하면서 현재에 이르기까지 다양한 기술들이 나타나고 발전해왔다. 이러한 기술들은 다양한 분야에 활용되어 왔지만, 우리들이 일상에서 접할 수 있는 많은 제품에 대해서도 그 맥락을 같이 한다. 하나의 제품이 기획되고 개발되어 만들어진 후 소비자에게 제공되고 활용되는 과정을 통해 소비자는 소비를 하고 기업은 이윤을 창출하는 활동을 한다. 그 활동의 과정에는 제품이 있고 제품을 어떻게 개발하고 만들어서 소비자에게 제공하는가의 문제는 기업 관점에서 중요한 사안임에 틀림없다.

▲ 그림 1.1 전통제조 기술을 이용한 시제작품 제작

통상적으로 제품을 개발하기 위한 프로세스는 개념디자인, 상품기획, 제품 개발, 양산 및 판매로 구분할 수 있다. 이 프로세스 중에서 제품 개발이라는 행위는 제품 및 공정을 포함하는 엔지니어링 상세 설계를 포함하고 시제작품을 제작하며 테스트하고 이를 통해 확인된 문제점에 대하여 설계변경을 통해 재설계하는 과정을 거쳐 양산 이후 발생할 수 있는 문제를 최소화하기 위한 노력을 다하고 있다. 특히 시제작품의 제작은 제품에 따라 다소 차이는 있지만, 기능의 확인, 품질의 확보 등 다양한 테스트를 위해 반드시 필요한 공정이라 할 수 있다. 하지만 시제작품을 생산하는 것은 막대한 비용을 지출해야만 하는 또 다른 면이 존재한다.

예를 들어, 완성차 업계에서 하나의 차종을 개발할 경우에도 시제작 프로세스를 거치게 되는데, 소형차종의 시제작 차량 1대를 만드는데 1억 원 이상의 비용이 소요된다. 이는 각종 부품 등을 신규로 제작해야 하므로 수작업에 의한 제작이 이루어져야 하기 때문이다. 또한 시제작 차량으로 각종 테스트를 하기 위해서는 과거 약 200대 가량의 시제작 차량이 필요하며 이를 비용으로 따지면 시제작 차량을 제작하는 데만 해도 200억이라는 비용이 소요된다는 계산을 할 수 있다. 그러니 상세설계, 테스트, 품질 안정화 등 다양한 개발 활동을 수행하는데 드는 비용이 수천억씩 들어가는 것이다. 기업에서는 이러한 비용의 발생을 줄이고 개발 기간을 단축시키기 위한 노력으로 시제작품 제작을 위한 방법론에 다양한 기술을 활용하고 있다.

▲ 그림 1.2 3D화를 활용한 시제작품 제작

시제작품과 시제품은 명확히 다른 용어로 정의된다.

여기서 시제작품이란 제품 개발 단계에서 요구사항에 적합한 기능이 잘 구현되었는지를 시험하기 위해 개발 단계에서 만들어 보는 것으로 성능 시험 등을 거치지 않은 상태를 이야기 한다.

시제품이란 시제작품이 만들어진 이후 충분한 성능검증이 이루어진 후 제품이 출시되기 이전에 생산 및 시장 적용을 위한 양산제품화를 진행하기 위해 만들어지는 제품으로 성능적으로 양산제품과 차이는 없지만, 판매는 이루어지지 않는 제품을 이야기한다.

기업에서 제품을 만드는 방법은 다양하게 발전해 왔으나 일반적으로 제품이 양산되기 이전에 시제작품을 만드는 과정을 겪게 된다. 과거에는 전통적 제조 기술들을 활용해서 시제작품을 만들었다. 이러한 기술들을 활용해서 만들어진 시제작품들은 실물을 확인할 수 있지만, 많은 비용과 노력 그리고 긴 제작기간을 필요로 하며, 설계 변경 시 적용이 용이하지 않을 뿐 아니라 설계에서의 오류 발생 시에는 다시 시제작품을 제작해야 하는 등 제품 개발에 막대한 투자가 수반되었다. 이후 비용과 시간을 줄이기 위한 노력으로 나온 것이 3차원정보중심화(3D Master)이다.

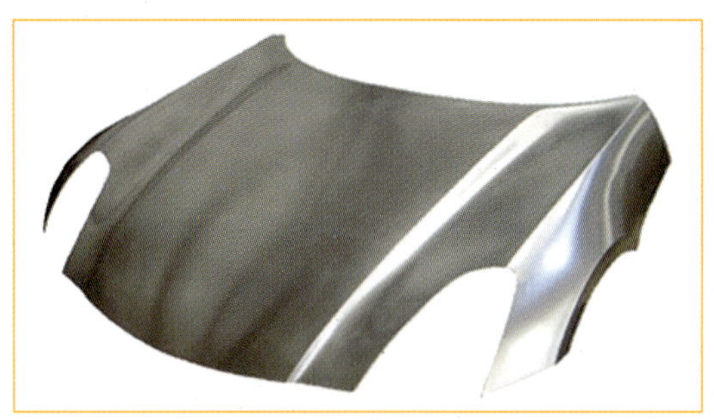

▲ 그림 1.3 3D 프린팅을 통한 실물 확인

3차원정보중심화는 제품기획에서부터 상세설계를 실물이 아닌 3차원 데이터(3D Data)로 만들어 이를 활용하는 것이다. 설계를 위해 CAD (Computer-Aided Design)를 활용하고, CAD에서 작성된 도면을 DMU (Digital Mockup)를 활용해서 구조화 시키며, CAE (Computer-Aided Engineering)를 통해 엔지니어링 차원의 검증을 하는 등 수 많은 솔루션들이 제품개발을 지원해 왔다. 이러한 3차원정보중심화는 개발 비용과 개발기간을 혁신적으로 줄이게 되는 엄청난 장점이 존재하였다. 하지만, 이런 장점에도 불구하고 하나의 큰 단점이 존재하였다. 3차원정보중심화에 의한 제품개발에는 실물이 존재하지 않음으로 인해 실물로 확인해야 하는 다양한 사항들을 확인하기 위해서는 다시 실물을 제작해야만 하는데 이는 전통적 제조 기술을 활용해서 시제작품을 제작할 수밖에 없었다.

3D 프린터는 3차원정보중심화의 연장선상에서 실물을 제작하는데 다양한 전통적 제조 기술을 활용하지 않고 3차원 데이터를 이용해서 바로 제품을 만들어내기 위한 수단이 된다. CAD로 생성된 3차원 데이터를 전통적 제조 기술인 주조나 단조 또는 기계가공, 특히 CNC (Computer Numerical Control) 등을 거치지 않고 바로 실물로 만들어 내기 위한 장비가 3D 프린터인 것이다. 3D 프린터를 활용함으로 인해 3차원데이터중심화의 단점이었던 실물 확인을 가능하게 하고, 3D 프린터를 시제작품 제작뿐 아니라 다양한 용도로 활용하게 함으로써 새로운 산업의 변화가 이루어질 수 있을 것이다.

1.2 전통적 제조 기술의 이해

3D 프린팅 관련 공부를 하는 사람들에게 있어 전통적 제조 기술을 논하는 것이 약간 의아할 수는 있을 것이다. 하지만, 지금의 3D 프린팅이 완전히 전통적 제조 기술을 대체할 수 없다는 것을 인지하고 있는 사람은 의외로 적다. 분명 지금의 3D 프린팅 기술은 한계가 있고, 이러한 이유를 알기 위해서는 전통적 제조 기술을 어느 정도 이해해야만 한다. 본 저서에서 3D 프린팅 교육을 양산제품이 아닌 시제작품에 한정 지어 설명하는 이유도 전통적 제조 기술을 이해한다면 명확하게 이해될 것이다. 또한 3D 프린팅 기술이 전통적 제조 기술을 대체할 수 있는 기술로 점점 발달하고 거듭나기 위해서는 반드시 전통적 제조 기술에 대한 이해가 필요하다고 하겠다.

일반적으로 제품을 제조할 때 녹이고 굳히고 자르고 붙이고 휘는 등 다양한 방법을 동원해서 제품을 만든다. 이러한 기술들을 우리는 전통적 제조 기술이라고 하며 기계공작법과 같은 과목에서 배운다. 내용은 주조, 단조, 기계가공, 용접 및 열처리 등으로 분류할 수 있다.

제품을 제작하기 위해서는 전통적 제조 기술을 활용한 생산프로세스를 활용하게 되는데 주조, 단조, 연마, 절삭, 조립과 같은 서로 다른 기술들이 결합되어 제조가 이루어진다. 이와 같은 전통적 제조 기술 방식은 인류가 기구를 활용한 이후 지속적으로 기술 개발이 이루어져 왔고, 이를 결합해서 활용한 방법으로 제품을 제조하는 방식으로 발전해 왔다. 하지만, 전통적 제조 기술 방식에서 주조 공정은 원형을 만들고 모형을 뜬 후 주조 공정을 거치는 등 그 절차가 복잡하고 많은 시간이 걸리며 비용 또한 높은 것이 현실이다. 절삭이나 연마의 경우는 입체 형상의 재료를 기계가공이나 레이저 등을 이용해서 자르거나 깎는 방식으로 절삭가공이라 하며 이는 원재료의 손실이 발생하는 등의 단점이 존재한다.

전통적 제조 기술로 대표적인 것들은 주조, 소성가공, 용접, 열처리 및 기계가공 등이 있다.

▲ 그림 1.4 전통적 제조 기술

1.3 주조

주조는 인류역사상 가장 오래된 가공방식으로 대부분의 제품 생산에 대한 근간을 이루는 기술이다. 재료의 용해성을 이용해서 제품을 제작하는 것으로 완전한 제품은 다듬질, 표면처리 등의 후처리 공정을 통해 제품을 완성하게 된다.

주조 공정의 시작은 일반적으로 원형을 제작하면서부터 시작한다. 원형은 주로 나무인 목형으로 제작을 많이 한다. 이 원형을 가지고 주형을 제작하게 되는데 이때 사용되는 모래를 주물사라고 하고, 주물사를 이용해서 원형의 모양을 그대로 본뜬 틀을 만드는 작업의 결과물을 주형 또는 몰드라고 한다. 만들어진 주형에 녹인 쇳물이나 각종 용해된 상태의 내용물을 주입하기 좋게 주입구 및 압탕을 설치하여 주형을 정리하고 고철, 합금철 및 용해로에서 용해된 물질을 주형의 주입구를 통해 주입하여 그 형태를 유지하게 한다. 일정시간이 지나 용해물질이 식어 굳어지면 주형틀을 없애고 주물사를 털어내므로 인해 원하는 주조물을 얻어내는 것이 일반적인 주조물 제작 공정이다.

▲ 그림 1.5 주조물 제작 공정

주조는 동일 모형을 사용함으로 형상치수가 동일한 제품을 만들 수 있고, 복잡한 형상의 제품을 용이하게 제작 가능하며, 제품의 크기 또는 무게의 제한을 받지 않고 제작이 용이하다. 또한 소성가공, 기계가공 및 용접 등의 작업이 곤란한 기계재료를 용이하게 제품화 할 수 있으며, 대량 생산 시 제품 생산비가 적게 드는 장점이 있다.

하지만 재료를 용융하여 응고시켜 제작함으로 결정조직이 거칠어 기계적 성질이 떨어지고 제품의 재질 또는 성질이 균일한 제품을 얻기 곤란하다. 뿐만 아니라 제품 표면은 거칠고 응고 시 수출량이 주조 상황에 따라 다소 차이가 있어 정확한 수치의 제작이 어려우며, 제품의 수량이 적을 때는 제품 생산 단가가 올라가게 된다는 단점이 있다.

특수 주조법으로 다이캐스트법, 원심주조법, 인베스트주조법, 셀몰딩법, 연속주조법, 진공주조법 등이 있다

1.4 소성가공(단조)

소성가공은 재료에 외력을 가하여 재료 내부에서 변형을 일으키게 하는 기술이다. 재료에 외력을 가했을 때 외력이 작을 경우에는 외력을 제거하면 완전히 원형으로 복귀되는 성질을 가진다. 그러나 외력이 어느 정도 이상 크게 작용이 되면 외력을 제거하여도 완전히 복귀되지 않고 변형이 남게 되는데 이와 같은 영구적 변형을 소성변형이라고 하며, 이러한 소성변형의 성질을 이용한 가공기술이 소성가공이다. 소성가공의 기술로는 단조, 프레스, 압연, 인발 가공 등이 있다.

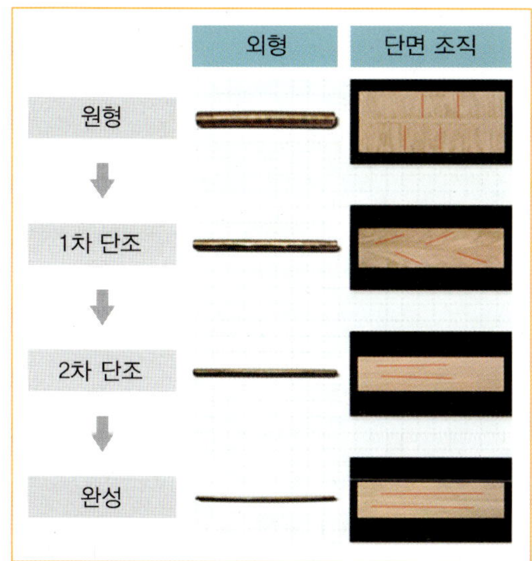

▲ 그림 1.6 단조가공에 의한 조직 변화

소성가공 중에서 대표적인 기술이 단조이다. 단조는 재료가 소성유동하기 쉬운 상태에서 일정한 힘 또는 충격을 가하여 재료의 조직을 목적에 맞게 균일화 시키는 것을 말한다. 단조는 불규칙한 결정면 및 방향을 가진 조직이 일정한 방향성을 갖는 조직으로 개선되고 섬유성 조직으로 변화하여 강인한 성질을 부여할 수 있다. 그림 1.6은 구리 케이블의 단조가공 예를 나타낸 것이다. 초기 원형 상태에서의 조직 결정이 수직인

상태로 형성되어 있던 원형을 연속적인 단조가공을 통해서 수평방향으로 조직의 결이 변화되는 과정을 볼 수 있다. 그림 1.6에서의 구리 케이블 단조가공 결과 수직 결로 인해 전류의 흐름에 저항이 발생하던 것을 단조를 통해 저항을 줄이는 결과를 나타내게 되었다. 단조에 의한 조직 결정의 변화는 이러한 전기적인 특성 외에도 기계적 특성이나 제품의 기능에 많은 영향을 미친다. 단조는 재료의 손실이 적고 정확한 치수의 제품을 대량 생산 가능한 장점이 있으며, 단조방법은 온도에 따른 단조와 형태에 따른 단조로 나누어 엄청나게 많은 다양한 단조 방법을 활용하고 있다.

1.5 소성가공(프레스)

프레스 가공은 소성가공의 한 형태로 스탬핑(Stamping)이라고도 하는데, 스탬프를 찍듯 상형과 하형의 틀인 금형 사이에 소재를 넣어 압축하중을 걸어 소성 변형을 부여함으로써 목적하는 구조형상, 즉 모양과 치수의 제품을 만드는 가공 방법이다.

여기에 포함되는 것으로는 판을 구부리는 굽힘 가공, 지름에 비해 높이가 큰 용기를 만드는 딥 드로잉 가공, 얇은 곡면을 만드는 스트레처 포밍(Stretcher forming), 판에 주걱을 이용하여 가압하면서 회전 성형하는 스피닝(Spinning), 일단 성형된 것의 두께를 바꾸기 위해 당겨 뽑는 아이어닝(Ironing), 가공된 판의 일부를 부풀리는 버징(Bulging), 판에 구멍을 내고 버징을 가해 구멍부분에 꺾인 부분을 만드는 버링(Burring) 등이 있다. 판금 가공으로써는 판에 외형을 부여하거나 구멍을 뚫거나 하는 가공도 포함되어 있는 것이 보통이다. 프레스 가공방법에 대한 결정은 프레스의 형태, 제품에 대한 요구 정도, 생산수량 등에 따라서 달라지지만 프레스 가공방법에는 프레스 금형을 제작하여야 한다. 프레스 금형을 통해 제품이 생산되므로 동일 품질의 제품에 대한 대량 생산이 가능하며 대량 생산일 경우 그 단가가 낮아진다는 장점이 있는 반면, 금형 비용이 높아 소량 생산의 경우 단가가 높아질 수 있다는 단점이 존재한다.

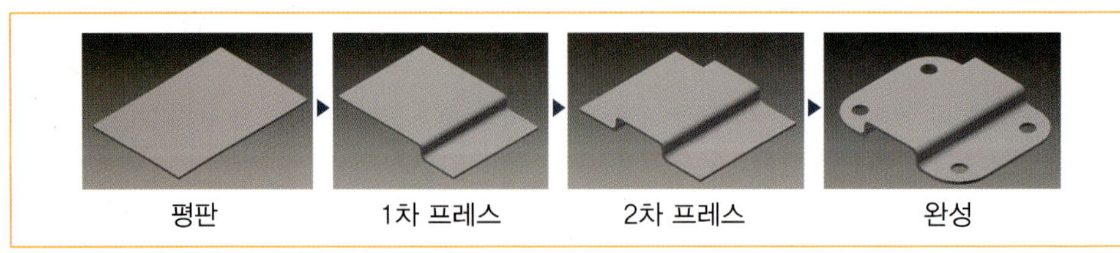

▲ 그림 1.7 프레스가공에 의한 제품화 모습

1.6 소성가공(기타)

소성가공에는 단조, 프레스 외에도 다양한 형태의 가공 방식이 존재하는데 압연, 인발, 압출, 제관, 전조가공 등이 있다.

1) 압연(Rolling)

압연은 상온 또는 고온에서 소성가공이 잘 되는 금속 재료를 회전하는 롤러 사이로 통과시켜 단면적을 줄임으로써 판재, 형재, 관재 등을 만들어 내는 가공방법으로 연속적인 단조가공이 이루어진다. 압연에 의하여 금속 재료는 재료 내부의 기공이 압착되고, 조직구조가 균일하게 된다. 압연은 주조 및 단조에 비해서 생산비가 적게 드는 이점이 있다.

2) 인발(Drawing)

인발가공은 봉의 형태로 또는 관의 형태로 되어 있는 재료의 앞단에 가는 구멍이 뚫린 틀(Die)을 통하여 축 방향으로 잡아당겨 늘리면서 그 단면적을 축소시키는 가공 방법으로 틀에 만들어진 구멍의 모양과 동일한 단면의 봉, 관 등을 제조하는 가공법이다. 인발가공의 경우 대부분 냉간가공이 이루어지지만 텅스텐, 몰리브덴과 같은 일부 금속은 열간가공을 한다. 또한 강선이나 케이블선과 같이 가늘고 긴 선의 제조와 길이는 길지 않으나 정밀나사, 스프링, 전기 기기에 사용되는 소재를 가공할 때도 사용된다.

3) 압출(Extrusion)

압출은 고압력으로 견딜 수 있도록 만들어진 컨테이너(Containcr)에 재료의 덩어리 형태인 빌렛(Billet)을 넣고 압력을 가하여 컨테이너의 또 다른 쪽 틀에 만들어진 구멍으로 빌렛을 밀어내어 원하는 단면의 형태를 가공하는 방법이다.

압출 가공의 특징은 컨테이너에 넣은 재료에 높은 압력을 가하여 가공하기 때문에 재료의 연성이 높아서 균열이 생기거나 하는 일 없이 1회의 가공으로 대단히 큰 변형을 줄 수가 있다. 그러나 일반 단조나 압연 등의 가공법에 비하여 가공하기 위한 압력이 높기 때문에 공구나 틀 등이 소성변형, 균열, 마모 등을 일으키기 쉽고 사용하는 기계의 용량도 크다. 따라서, 단순한 형상의 제품을 다량으로 생산할 때에는 압연에 의해 가공하는 편이 유리하고, 복잡한 단면의 형상을 갖는 제품이나 생산량이 소량인 비철금속 및 합금강의 봉, 관 등의 가공에는 적합하지 않은 방법이다.

4) 제관가공(Pipe making)

제관가공은 말 그대로 관(Pipe)을 만드는 가공방법이다. 파이프(관)이라고 함은 몸체가 둥글고 속이 비어 있는 물건을 말하는데, 중간이 비어 있고 단면이 원형 형태로 길게 이어져 있는 것이다. 파이프는 일반적으로 평평한 띠 모양을 말아서 단면을 용접함으로 인해 만들어내는 심파이프(Seamed Pipe)와 용접한 이음매가 없는 파이프인 심리스 파이프(Seamless pipe)로 나눌 수 있다. 심리스 파이프(Seamless pipe)의 시초는 천공 압연에 의한 제관법으로 1885년 독일의 맨네스맨(Mannesmann)형제에 의해서 발명된 방식이 그 대표적인 것으로 1900년대에 이르러서 널리 이용하게 되었다. 심파이프보다 훨씬 많이 생산할 수 있는 방식이다.

5) 전조가공(Thread rolling)

전조가공은 소성가공의 형태로 소재에 나사를 조형하는 방식으로 열처리에 의해 경화된 전조 틀(Die)의 표면에 전조할 나사와 같이 피치를 가진 나사선이 조각되어 있는데, 이것에 압력을 가하여 소재를 회전시키면서 표면이 변형되는 가공방식이다. 전조가공은 절삭 가공에 비하여 절삭 칩(Chip)이 나오지 않기 때문에 재료가 절약되는 이점이 있을 뿐만 아니라 나사의 골이나 기어의 이 끝 등과 같이 사용 시에 높은 응력을 받는 부분의 금속 조직이 전단(결에 따라 부서짐)되지 않는 등 절삭가공보다 정적 강도, 충격 강도 및 피로강도가 높은 제품이 생산된다.

이러한 다양한 소성가공 방식은 제품이 요구하는 다양한 기능에 따라 그 가공형태를 달리하여 제품의 특성을 가지게 된다.

2. 3D 프린팅 개요

2.1 신속조형 기술

1960년대 후반 로체스터 대학 공대의 허버트 보어커(Herbert Voelcker) 교수는 컴퓨터 제어기기와 공구를 이용해서 자동으로 공장 바닥에서부터 시작하여 점진적으로 형태가 만들어지는 흥미로운 물건을 만들고자 하였다. 허버트는 이를 위해 컴퓨터 설계 프로그램으로부터 출력을 받아내고, 자동화 공작기기에 프로그래밍 하여 사용하는 방법을 찾고자 했었는데 3차원 부분들을 명확히 나타내야 하는 문제가 존재하였다. 그는 이 문제 해결을 위해 기본적인 수학적 툴을 개발했으며, 그 결과 수학적 이론과 알고리듬은 오늘날 장난감 자동차에서 고층건물 등 거의 모든 물건들을 설계하는 컴퓨터 프로그램의 기초 형태인 솔리드 모델링의 기반이 되었다. 1970년대 제품 설계 방식은 허버트에 의해 변화되었으나 대부분의 경우 많은 부품들은 예전의 방식으로 만들어졌다. 즉, 기계공작기 또는 컴퓨터 제어 공작 기계는 금속 본체에서 불필요한 부분을 잘라내는 등 전통적 제조 기술들이 활용되었다. 그러나 1987년, 텍사스 대학의 연구자인 칼 데카드(Carl Deckard)가 더 좋은 아이디어를 내놓았다. 재료의 큰 덩어리에서 절단함으로써 만들어내는 부품의 제조 방식이 아닌, 인쇄하는 것과 같이 고체 금속 분말을 레이저를 이용해서 녹여 응고시킨 다음 한 번에 하나의 레이어를 만들어 내고 층을 쌓아 나가는 입체 모델을 상상한 것이다.

허버트 보어커와 칼 데카드의 노력에 대한 결과는 자유로운 형태의 제조(Free form fabrication) 또는 신속조형가공(Rapid prototyping, RP)이라는 중요한 새로운 산업이 되었다.

RP는 엔지니어가 만든 CAD를 통해 바로 프로토타입을 제작해 볼 수 있게 하는 방법론이라 할 수 있을 것이다. 쉽게 이야기하기 위해 우리가 흔히 알고 있는 소설 작가의 예를 살펴보자. 작가는 소설을 쓰기 위해 컴퓨터의 워드 프로세스를 이용해서 소설을 써 나가면서 쉽게 수정하며, 어느 정도 완성되어 종이 매체를 통해 보고 싶을 때 별도로 구비된 프린터를 통해 초안을 프린터하고 읽어보고 소설의 감을 잡고 수정이 필요하면 다시 수정을 반복한다. 즉, 최선의 작품을 만들어내기 위해 수많은 수정 작업과 프린팅 작업을 수행해보고 완성시키게 된다.

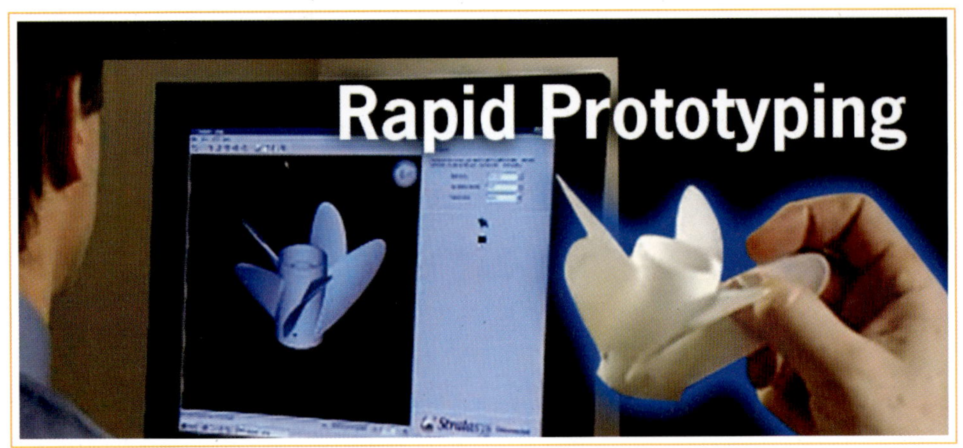

▲ 그림 1.8 신속 조형 가공(RP) 개념

이와 마찬가지로 한 사람의 엔지니어가 컴퓨터 앞에 앉아 CAD프로그램을 통해 자신의 아이디어를 스케치하고 작가가 워드 프로세스의 한 단원을 수정하듯 쉽게 CAD로 만들어진 도면을 수정한다. 작가가 완료된 초안을 쉽게 프린트 하듯, 어느 정도 완성된 CAD 도면에 대해 컴퓨터에서 프린팅 명령을 수행함으로써 메탈 또는 플라스틱 재료를 활용해서 초안이 되는 3차원의 객체가 만들어지게 하는 것이 바로 신속조형가공(RP)이라고 하는 것이다.

일반적으로 엔지니어가 만들어낸 CAD 도면의 경우 3D형태로 만들어지는데, 아이디어를 구상하여 현실화 시키는 과정에서 3D형태의 가상 상황에서 고려치 못하는 여러 가지의 문제점이 존재한다. 통상 설계에서의 문제와 실물을 제작하는 과정에서의 문제가 나타나게 되는데 이러한 다양한 발생 문제에 대해서 RP를 이용해서 시제작 해봄으로써 쉽게 문제를 파악하고 수정을 할 수 있게 되는 것은 완벽한 제품을 만들어 내는데 아주 중요한 과정이 된다.

3D 프린터는 설계 데이터에 따라 액상수지, 파우더 형태의 폴리머 수지, 금속 등의 재료를 적층(Layer-by-layer) 방식으로 한층 한층 쌓아 올려 원하는 형상을 제조하는 장비이다. 앞서 RP에 대해서 살펴본 바와 같이, 설계 기술이 지속적으로 발달하여 CAD 데이터가 더 완벽한 3차원으로 제공됨에 따라 설계된 도면의 형상을 레이저와 파우더 재료를 활용해서 신속하게 조형하는 기술을 의미하는 RP에서 3D 프린팅이 유래되었다. 이러한 방식은 기존의 제품가공 방식인 재료를 공작기계나 레이저를 이용하여 자르거나 깎아내는 기존의 방식인 절삭가공(Subtractive Manufacturing)과 반대되는 개념으로 3D 프린터의 기초 기술이 되었다. 이러한 적층 가공 방식은 재료를 점진적으

로 쌓는 의미로 국제F42위원회(International F42 Committee)에서 미국재료시험학회(ASTM)가 사용한 공식적인 기술 용어는 적층 가공(Additive Manufacturing)이며, Additive Fabric, Layer Manufacturing, Freeform Fabric 등의 용어가 혼용되고 있다.

▲ 그림 1.9 RP의 결과물과 실물 비교

2.2 3D 프린팅 역사 및 발전 현황

3D 프린팅에 관심이 있는 사람이라면 얼마 전까지만 하더라도 엄청난 양의 3D 프린팅 관련 내용이 언론에 보도되었다는 사실을 잘 알고 있을 것이다. 언론 보도에 의하면 자동차를 3D 프린터로 만들고, 비행기도 만들며, 집도 만들어낸다고 한다. 또한 또 다른 산업혁명을 불러일으킬 수 있는 혁신적 개발품으로 포장되어 보도되기도 하였다. 그러한 언론의 보도에 의해 많은 사람들이 관심을 가지고 어떤 기술이며 어떻게 활용하는가를 궁금해 했다. 언론 보도에 힘입어 3D 프린팅 교육이 급증함으로 인해 일반인들이 3D 프린팅에 대한 교육을 받을 수 있는 다양한 기회가 만들어졌지만, 3D 프린터가 모든 것을 다 만들어 내는 만능인양 보도된 기사와 활용수준에 적합하지 않은 3D 프린팅 교육으로 인해 오히려 많은 사람들이 개인용 3D 프린터의 한계와 산업용 3D 프린터의 단점을 알고 실망에 빠져드는 역효과가 나타나기 시작했다.

이는 3D 프린팅의 특성과 전통적인 제품 생산 방식의 특성을 잘 이해하지 못하고 모든 제품을 3D 프린터로 뽑아낼 수 있다는 뜬구름 같은 발상에서 비롯된 것이다. 이에 3D 프린팅에 대한 충분한 이해와 앞서 언급한 전통적 제조 기술들에 대한 충분한 이해 및 활용의 형태를 잘 알고 접근하면 3D 프린팅이 얼마나 대단한 것인지를 다시 알게 될 것이다.

우리가 최신 기술로 알고 있던 3D 프린팅 기술은 이미 30여 년 전부터 사용되었다. 과거 일부 산업계에서 활용되고 있던 3D 프린팅 기술이 최근 급속하게 부각되고 있는 것은 3D 프린팅 관련 기술의 특허 만료에 따라 다양한 3D 프린터가 출시되었고, 그 동안 쉽게 접할 수 없었던 3D 프린팅 관련 기술을 일반인들도 접할 수 있는 기회가 많아짐으로 인해 다양한 분야에 활용될 수 있게 되었기 때문으로 본다.

최초의 3D 프린팅 기술은 1981년 나고야시공업연구소의 히데오 코다마(Hideo Kodama)의 보고서에서 그 내용을 볼 수 있다. 보고서에는 빛을 받으면 경화되는 액상 광경화수지를 이용해서 고체층을 형성하여 제품을 만드는 기술이 언급되어 있다. 이러한 기술은 단지 보고서의 내용으로만 기술되어 있고 실용화와 특허를 내기에는 부족한 기술 문서였다.

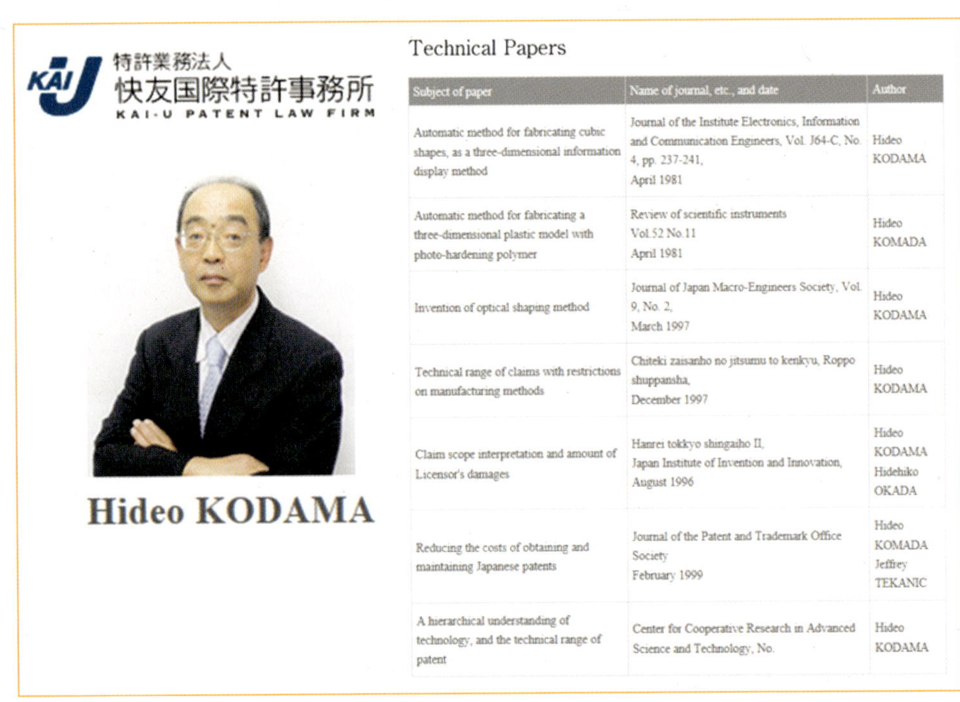

Technical Papers

Subject of paper	Name of journal, etc., and date	Author
Automatic method for fabricating cubic shapes, as a three-dimensional information display method	Journal of the Institute Electronics, Information and Communication Engineers, Vol. J64-C, No. 4, pp. 237-241, April 1981	Hideo KODAMA
Automatic method for fabricating a three-dimensional plastic model with photo-hardening polymer	Review of scientific instruments Vol.52 No.11 April 1981	Hideo KOMADA
Invention of optical shaping method	Journal of Japan Macro-Engineers Society, Vol. 9, No. 2, March 1997	Hideo KODAMA
Technical range of claims with restrictions on manufacturing methods	Chiteki zaisanho no jitsumu to kenkyu, Roppo shuppansha, December 1997	Hideo KODAMA
Claim scope interpretation and amount of Licensor's damages	Hanrei tokkyo shingaiho II, Japan Institute of Invention and Innovation, August 1996	Hideo KODAMA Hidehiko OKADA
Reducing the costs of obtaining and maintaining Japanese patents	Journal of the Patent and Trademark Office Society February 1999	Hideo KOMADA Jeffrey TEKANIC
A hierarchical understanding of technology, and the technical range of patent	Center for Cooperative Research in Advanced Science and Technology, No.	Hideo KODAMA

▲ 그림 1.10 최초의 3D 프린팅 기술 개발자(홈페이지 발췌)

이후 이를 상용화 시킨 사람은 가구회사에 근무하던 콜로라도 출신 척 헐(Chuck Hull)이다. 이 가구회사에는 자외선을 이용해서 플라스틱을 경화시키는 공정이 있었는데 그는 여기서 3D 프린터에 대한 힌트를 얻게 되었다. 그는 1983년부터 연구를 시작하여 1986년에 "입체인쇄술에 의한 삼차원 객체 생산을 위한 기구(Apparatus for production of three-dimensional object by stereolithography)"라는 특허명으로 특허를 출원하게 된다(특허번호 : US4575330A).

척 헐은 특허를 받은 1986년 캐나다로부터 투자를 받아 세계적으로 유명한 3D 프린터 회사인 3D시스템즈(3D Systems)를 설립하고 제품개발을 시작하여 2년 후인 1988년부터 3D 프린터가 판매되었다. 기종은 SLA-1이었고, 특허의 내용을 포함한 기술을 담고 있었다. 즉, 광경화성액상수지를 수조에 담고 여기에 자외선 레이저를 조사하여 원하는 형상을 굳혀가며 만들어가는 형태로 이를 SLA방식이라고 부르며 SLA방식은 최초의 3D 프린팅 방식이다.

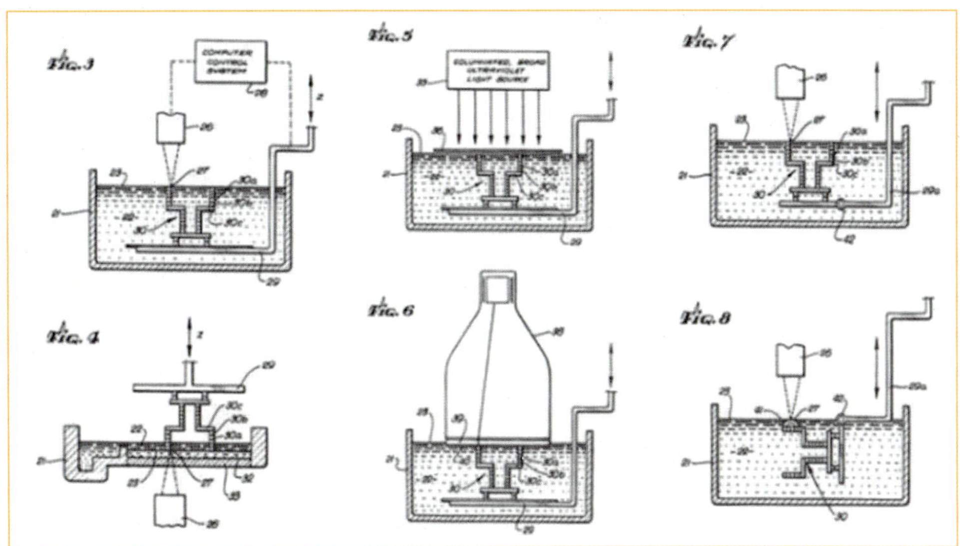

▲ 그림 1.11 입체인쇄술에 의한 삼차원 객체 생산을 위한 기구 특허(미국 특허청)

▲ 그림 1.12 척 헐, 3D시스템즈 설립자(출처 : www.3dsystems.com)

스콧 크룸(S. Scott Crump)은 딸에게 글루건으로 장난감을 만들어 주다가 아이디어를 얻어 글루건의 수지를 녹여 연속적으로 미세하게 적층하는 방식을 생각하게 되고, 이 아이디어로 1989년 스트라타시스(Stratasys)라는 회사를 설립하여 "삼차원 객체 생성을 위한 방법과 기구(Apparatus and method for creating three-dimensional objects)"라는 특허명으로 특허를 출원하였다(특허번호 : US5121329A).

수지를 연속적으로 공급하면서 녹여서 노즐을 통해 한층 한층 쌓는 방법으로 일반용어의 표현은 FFF (Fused Filament Fabrication)라고 한다. 스트라타시스는 FDM (Fused Deposition Modeling)이라는 상표를 등록하였는데, 필라멘트를 사용해서 적층하는 방식을 통칭해서 FDM방식이라고도 한다. FDM방식은 개인용 3D 프린터에서 많이 볼 수 있는 3D 프린팅 방식이다.

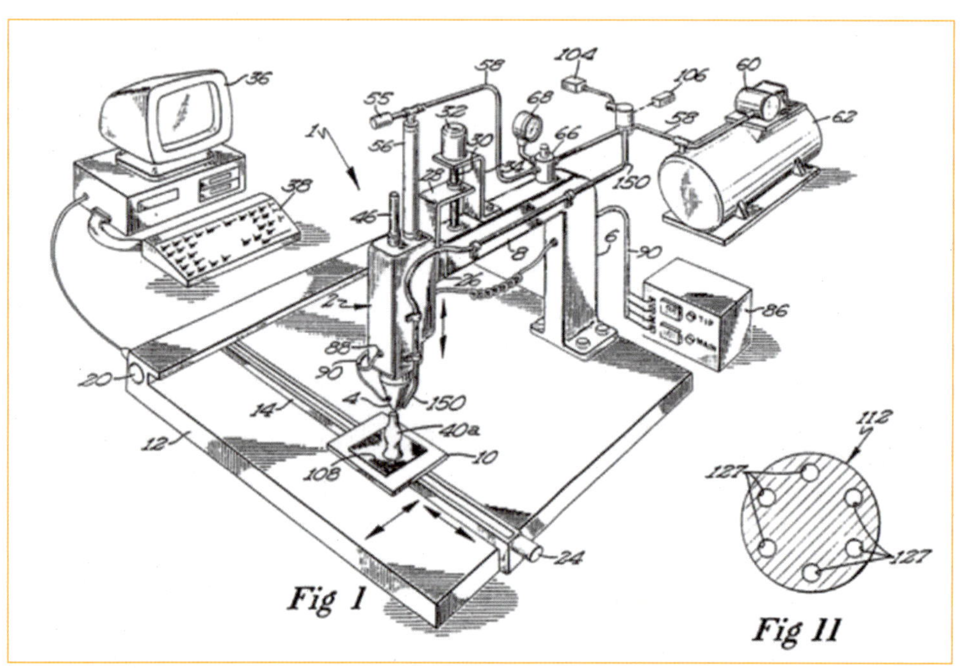

▲ 그림 1.13 스트라타시스의 FDM특허 내용(미국 특허청)

이는 광선을 이용하기 위한 장비가 필요 없고, 열가소성 플라스틱을 주원료로 하기 때문에 장비와 원료가 상대적으로 저렴한 이점이 있지만, 재료의 특성상 열에 의한 팽창과 수축이 나타나므로 변형의 우려가 있기도 하다. 스트라타시스는 현재 3D 프린터 분야에 있어 세계적 회사로 성장했다.

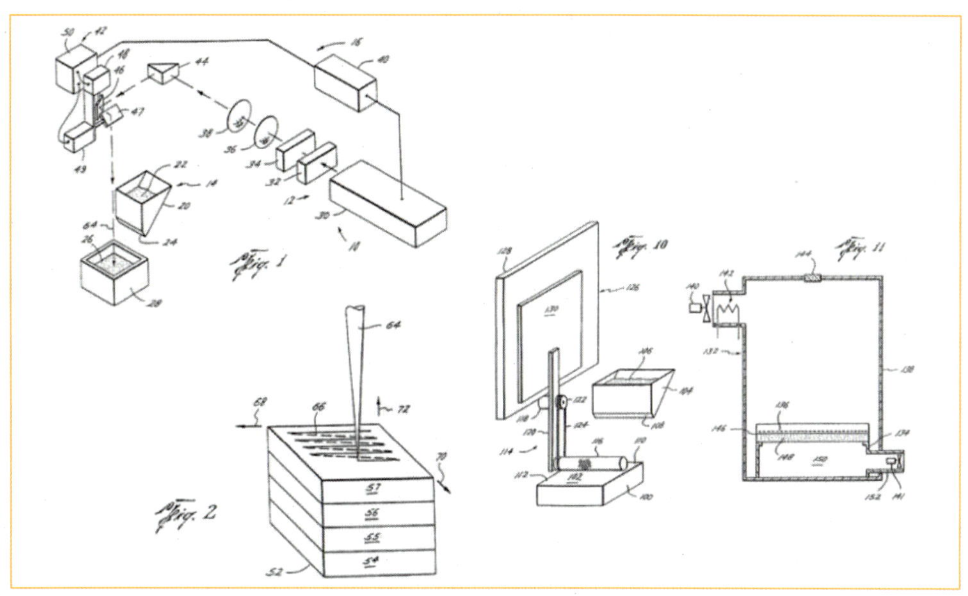

▲ 그림 1.14 텍사스 대학의 SLS방식 특허 내용(미국 특허청)

1987년도에 텍사스 대학의 칼 데카드(Carl Deckard)는 새로운 3D 프린팅 기술 방식을 연구하였는데, 바로 SLS (Selective Laser Sintering)방식이다. SLS는 선택적 레이저 소결 방식으로 SLA와 달리 롤러를 이용해서 분말 소재로 얇게 레이어를 만들고 레이저를 쏘아서 분말을 녹여 굳히는 것을 반복하는 기술이다. SLS기술의 특허권은 1989년에 출원되었으며, 미국의 DTM이라는 회사에 의해 상용화 되었으나, 독일의 EOS사에서도 상용화 되어서 특허 분쟁이 발생하기도 하였다. 특허명은 "선택적 소결에 의한 부품 제조 장치(Apparatus for producing parts by selective sintering)"이며 특허번호는 US5597589A로 등록되었다.

이후 DTM이 3D 시스템즈에 인수되면서 SLS방식은 지속적으로 발전하였다. 본서의 필자가 2015년 방문한 중국의 화순하이테크(Farsoon Hi-Tech)는 DTM에서 3D 프린터 사업에 관여했던 취아오슈박사(Dr. Xu Xiaoshu)가 SLS기술 기반으로 설립한 회사이다.

그 외 다양한 3D 프린팅 방식들이 개발되었는데, DLP (Digital Light Processing)을 이용한 DLP방식은 특허 소송에 휘말렸으며, 이외에도 LOM (Laminated Object Manufacturing)방식, PBP (Powder Bed & inkjet head 3D printing)방식, MJM (Multi jet Modeling)방식, DMD (Direct Metal Deposition)방식, DED (Directed Energy Deposition)방식, SLM (Selective Laser Melting)방식, DMT (Laser Aided Direct Metal Tooling)방식 등 다양한 방식들이 개발되었고 계속적으로 개발되고 있다.

2.3 3D 프린터의 주요 기술 현황

앞서 3D 프린팅의 역사에 관한 내용을 살펴보면서 3D 프린팅 기술은 쉽게 시제작품을 만들어 볼 수 있는 RP의 사상에서부터 발전해 나왔으며, 다양한 형태의 3D 프린팅 기술이 발전함으로써 현재의 3D 프린터가 제품화 되어 나타나고 있다는 것을 알 수 있다.

1983년 3D 시스템즈사의 척 헐은 3D로 된 물건을 프린트 할 수 있는 기술을 개발하였다. 1986년 3D 시스템즈사는 SLA라는 이름으로 3D 프린팅에 관련된 특허를 획득하여 1988년 SLA 방식의 첫 상용화를 시작한다. 같은 해 스콧 크룸은 FDM방식의 프린팅 기술을 개발했는데, 이 시기에 또 다른 방식인 LOM (Laminated Object Manufacturing) 방식의 특허가 나오기도 했다. LOM방식은 박막 시트를 단면의 형태로 한 겹씩 쌓아나가는 방식이다. 1989년은 SLS방식이 특허를 획득하고 스트라타시스사가 설립된 해였다. 1990년 FDM 방식에 대한 첫 상용화에 이어 1991년에는 FDM, LOM, SLS 방식의 프린터들이 미국과 독일에서 출시되기 시작하였다. 1992년에는 미국 DTM에서 SLS방식의 3D 프린터를 출시하였으나, 2001년에 3D시스템즈에 인수합병되었다. 또한 1993년에는 MIT에서 2D 프린터에서 사용된 잉크젯기술과 유사한 잉크젯 기반의 3차원 프린팅 기술에 대한 특허를 획득하였으며, 독일 EOS사에서는 SLS방식 최초의 DMS 3D 프린터를 출시하였는데 DMS는 Design engineering & Manufacturing Solution의 약자로 설계해서 생산에 이르기까지의 솔루션 개념이다. 1996년에는 스트라타시스의 "Genisys"를 비롯해서 3D시스템즈의 "Actua2100", 그리고 Z CORPORATION에서는 파우더 기반의 잉크젯 방식 3D 프린터인 "Z402"를 출시하였다. 2000년에 들어 이스라엘의 OBJECT사는 폴리젯 방식의 3D 프린터를 출시하고, 2001년에는 독일 ENVISIONTEC사에서 DLP방식의 "PERFACTORY" 3D 프린터를 출시하였다.

2005년은 3D 프린터의 역사에 있어서 또 다른 시작의 해라고 해도 과언이 아니다. 그 첫 발은 오픈 소스를 기반으로 한 렙랩(RepRap) 3D 프린터가 공개되면서이다. 영국 바스대학의 보이어교수는 많은 사람들이 오픈 소스를 이용해서 3D 프린터를 만들고 또 새로운 아이디어를 공유하여 3D 프린터를 저변확대하기 위한 렙랩 프로젝트(RepRap Project)를 시작하게 된다. 렙랩은 이후 FDM방식의 3D 프린터를 활성화 시키는데 주요 역할을 하였다.

렙랩이 오픈소스를 공개하면서 저변 확대를 꾀하였다면, 또 다른 분야에서는 고성능의 3D 프린터를 만들어내기 위한 노력도 나타나고 있었다. 그 좋은 예가 바로 Z

CORPORATION에서 출시한 최초의 고선명 3D 프린터인 "Z510"이다. 2006년도에는 SLS방식의 3D 프린터에 대한 커스텀화가 이루어졌으며, 이스라엘 OBJECT사에서는 다양한 재료를 이용해서 프린팅 할 수 있는 상업용 제품을 출시함으로써 3D 프린터의 무한한 잠재력을 확대하는데 일조했다.

2007년에 이스라엘의 OBJECT사는 Polyjet방식의 3D 프린터를 출시하게 된다. Polyjet방식은 프린터 헤더의 미세 노즐에서 재료를 분사함과 동시에 자외선을 주사해서 경화시키는 방식이다. 강도가 아주 뛰어나고 품질이 매우 좋다는 장점이 있지만, 재료비가 높은 단점이 있다. 2008년 미국의 Z CORPORATION사에서 파우더 기반의 잉크젯 방식인 제 3세대 컬러 3D 프린터 "ZPrinter 650"을 출시하였다. 이는 좌측에 입체 형상을 출력하는 출력실을 가지고 있고, 우측에 후처리실이 만들어져 있어 일괄 작업이 가능한 형태로 만들어졌다.

2009년에는 메이커봇(MakerBot)에서 3D 프린터 DIY키트를 시장에 출시함으로써 많은 사람들이 직접 3D 프린터를 만들어 쓸 수 있게 되었다. 또 같은 해 독일 ENVISIONTEC사에서는 DLP방식의 "ULTRA 3D" 프린터를 출시하게 되는데, DLP 방식은 액체 상태의 광경화성 수지에 조형하고자 하는 모양의 빛을 투사하여 적층하는 방식이다.

이렇게 다양한 프린터들이 지속적으로 개발되고 활용이 되게 됨에 따라 2010년에 사우스햄튼 대학 기술자들은 세계 최초로 3D 프린터를 활용해서 시험용 비행기를 제작하여 비행하는데 성공하게 된다. 이는 3D 프린터 활용에 대한 좋은 예가 되었으며, 이후로 세계 최초로 3D 프린터를 이용해 시제작한 자동차도 공개되는 등 다양한 활용의 예가 속속들이 나오고 있다.

2012년은 3D 프린팅에 있어서 또 다른 변화의 해가 되었다. FDM방식의 특허가 20년간의 기간을 뒤로하고 만료가 됨으로 인해 누구든 해당 기술을 상품화하고 사용할 수 있는 장이 마련된 것이다. 이로 인해 3D 프린터 중 FDM방식의 프린터가 대중화되는 원년이라고 해도 과언이 아니다. 이후 3D 프린터와 관련된 업계는 재편이 일어나게 되는데 2012년 스타르타시스사가 이스라엘 3D 프린터 기업인 OBJECT사를 인수합병하는가 하면, 2013년 메이커봇이 스트라타시스에 인수 합병되는 등이 그 예이다.

이러한 기조는 3D 프린터의 기술이 발전하고 활용에 대한 요구가 지속적으로 일어나는 한 계속적으로 이루어질 것이고, 발전하고 성장하는 방향이 될 것임이 분명하다.

표 1-1 3D 프린터 주요 이슈

연도	주요 내용
1984	• 미국 3D SYSTEMS사 '척 헐'이 입체석판술(SLA) 방식 3D 프린터 최초개발
1986	• 광경화방식을 이용한 3차원 물체의 제작을 위한 장치 SLA방식 특허 획득 (입체인쇄술에 의한 삼차원 객체 생산을 위한 기구)
1988	• 미국 3D 시스템즈사 SLA방식 최초 상용화한 신속조형기술 시스템 출시, LOM방식 특허획득 • 일본 CMET SLA방식 3D 프린터 출시
1989	• 스트라타시스사 설립 • '3차원 객체 생성을 위한 방법과 기구' SLS방식 특허 출원 • FDM방식에 대한 특허 출원
1990	• FDM방식 첫 상용화
1991	• 미국 스트라타시스사 FDM방식 3D 프린터 출시 • 미국 HELYSIS사 LOM방식 3D 프린터 출시 • 독일 EOS사 SLS방식 3D 프린터 출시
1992	• FDM방식 특허 등록, SLS방식 개발, SLA방식 Layer방식으로 파트완성 • 미국 DTM, SLS방식 3D 프린터 출시(2001년 3D 시스템즈에 인수합병)
1993	• MIT에서 3차원 프린팅기술(잉크젯 기반) 특허획득, FDM 방식의 주재료인 ABS출시
1994	• 미국 솔리드스케이프사, 데스크탑 3D 프린터 MODEL 'MAKER' 출시
1995	• 독일 EOS사 SLS방식 최초의 DMS 3D 프린터 출시
1996	• 미국 스트라타시스 'Genisys' • 미국 3D 시스템즈 'Actua2100' • 미국 Z CORPORATION 파우더 기반 잉크젯 방식 'Z402' 3D 프린터 출시
2000	• 이스라엘 OBJET사 폴리젯 방식 3D 프린터 출시
2001	• 독일 ENVISIONTEC사 DLP방식 'PERFACTORY' 3D 프린터 출시
2005	• Z CORPORATION사 첫 고선명 3D 프린터인 'Z510' 출시 • 렙랩의 오픈소스기반 3D 프린터 공개 • 영국 바스대학 보이어교수 렙랩프로젝트 시작
2006	• SLS방식 제조 대량 커스텀화 • 이스라엘 OBJET사에서 다양한 재료로 프린팅 가능한 상업용 제품 출시
2007	• 렙랩 DARWIN 공개 • 이스라엘 OBJET사, Polyjet방식 3D 프린터 출시 • 미국 스트라타시스사, FDM방식 'FORTUS 900 mc' DDM 장비 출시
2008	• 렙랩에서 첫 셀프-리플리케이팅 프린터 출시 • SHAPEWAYS사의 DIY서비스 개시 • 미국 Z CORPORATION사 파우더 기반 잉크젯 방식 제 3세대 컬러 프린터 'ZPRINTER 650' 출시

2009	• 렙랩 'MENDEL' 공개 • 메이커봇 3D 프린터 DIY킷 시장에 출시 • 독일 ENVISIONTEC사, DLP방식 'ULTRA 3D' 프린터 출시
2010	• 렙랩 'HUXLEY'공개 • 사우스햄튼 대학 기술자들이 세계 최초로 3D 프린터로 제작한 시험용 비행체 비행성공 • 미국 HP, 스트라타시스와 협약
2011	• 세계 최초 3D 프린터로 제작한 자동차 공개 • 독일 3D 프린터를 통한 인공혈관 제작 성공
2012	• 미국 3D 프린팅 산업 특화연구소 건립 계획 공개 • 6월 FDM방식 특허 20년 기간 만료 대중화 진입 계기 • 네델란드에서 3D 프린터로 인공턱 구현 • 12월 스트라타시스사 이스라엘 3D 프린터 기업 오브젯 지오메트리 합병
2013	• 독일 인공장기용 젤라틴 형태의 바이오 잉크 공개 • 중국 '3D 프린팅 기술 기초전자산업 투자 계획' (4,000만 위안 투자) • 줄기세포 기반 3D 프린터 인공장기 소개 • 6월 메이커봇 스트라타시스에 인수합병 • 세계최초 3차원 프린터 권총 '리버레이터' 3D 설계도면 인터넷 공개
2014	• 중국 국가 성장 재료 제조산업 발전 계획 발표 • 스타르타시스사 3D 모델링 솔루션 제공회사 '그랩카드' 인수 • 한국 '3D 프린팅 전략기술 로드맵' 발표 • SLS방식 특허기간 만료로 FDM방식과 같이 대중화에 기여 • 세계최초 컬러 복합재료 3D 프린터 '오브젯500 코넥스3' 발표
2015	• 중국 '국가 적층가공 산업 발전 추진 계획' 발표 • 일본 '3D 프린팅 산업 경쟁력 강화 방안' 발표 • 오가노보 홀딩스 인공 간과 신장등을 상업화 하는데 성공
2016	• 미국 '국가제조업 혁신 연례보고서 및 전략 계획'에 의한 3D 프린터 활용 산업 인프라 조성 • GM DFAM기술 활용 신차 평균 무게 160 kg 줄인 것으로 발표 • 한국 '삼차원프린팅산업 진흥법' 발표
2017	• 중국 3D 프린팅 응용 산업 플랫폼 구축 목표 제시 • 스타르타시스, 지멘스, 다쏘시스템 등과 솔루션 분야 협력

3. 3D 프린팅 기술의 분류

3.1 3D 프린팅 기술의 분류

현재까지 3D 프린터는 다양한 기술이 개발되어 응용되고 있고, 지금도 새로운 기술들이 상용화를 위해 개발되고 있을 것이다. 3D 프린터는 기존의 공작기계법의 방식처럼 주조, 소성가공, 절삭, 연마 등의 방식이 아닌 재료를 어떤 형태든 한층 한층 쌓아서 만들어내는 방식이다. 3D 프린팅 기술의 발전이 시작된 이후 지속적으로 연구되어 온 3D 프린팅 기술은 그 형태가 다양하게 나타난다. 이러한 기술에 대한 연구 내용을 구조화 할 필요가 있다. 그래서 지금까지 나와 있는 다양한 기술들을 분류해보면, 3D 프린팅은 크게 적층방식에 따른 분류와 입체물 제조에 활용 가능한 재료에 따른 기술 분류로 나눌 수 있다. 즉, RP에서 시작된 적층에 대한 방법의 차이와 적층이 이루어지는 다양한 재료에 따라 상이한 기술이 나타나게 되는 것이다.

표 1-2 3D 프린팅의 적층 방식

적층방식	정 의
압출	고온으로 가열한 재료를 노즐 형태의 다이스를 부착한 용기에 넣어 압력을 가해서 구멍으로부터 압출하여 성형하는 방식
분사	고압의 액체 원료를 분출시키는 방식
광경화	빛의 조사에 의해 광경화성 플라스틱에서 일어나는 중합반응을 이용하여 재료를 고형화 하는 방식
파우더 소결	분체를 융점 이하 또는 부분적인 용융이 일어날 정도로 가열하여 고형화 하는 방식
직접 에너지 증착 방식	레이저 등의 에너지원을 활용, 재료를 완전히 녹여서 기존의 구조물 및 손상 부품에 적층하는 방식
인발	끝이 좁은 다이스를 통해 생성된 실 형태의 폴리머 재료를 이용해서 이를 조형물 적층에 활용
시트접합	얇은 필름 모양의 재료를 접착제를 사용하거나 열접착방법으로 접착시키는 방식

적층 방식은 압출, 잉크젯 방식의 분사, 액상 광경화, 파우더 소결, 시트 접합, 인발 등으로 구분된다. 압출의 경우 고온으로 가열한 재료를 노즐 형태의 다이스를 부착한

용기에 넣어 강한 압력을 가함으로써 구멍을 통해 나오는 성형방식이다. 분사의 경우 미세한 노즐이 여러 개 있는 헤드를 통해 고압의 액체 원료를 분출시키는 방식인데 액체 원료는 분사 즉시 어떠한 형태든 경화되게 만들어야 형태를 유지하게 된다. 광경화 방식은 광경화성 플라스틱에 빛을 쏘여서 일어나는 중합반응(단위체가 두 개 이상 결합하여 큰 분자량의 화합물로 되는 일)을 이용하여 재료를 고형화 시키는 방식이다. 파우더 소결 방식은 파우더, 즉 분체를 융점 이하 또는 부분적으로 용융이 일어날 정도로 가열하여 고형화 시켜 3D 형상을 만드는 방식이다. 직접적 에너지 증착 방식은 레이저 등의 에너지원을 이용하여 재료를 완전히 녹여서 기존의 구조물 또는 손상 부품에 적층하는 방식이다. 인발의 경우는 끝이 좁은 노즐 형태의 다이스를 통해 생성된 실 형태의 폴리머 재료를 적층함으로써 조형물을 형성하는 것을 말하며, 시트접합 방식은 얇은 필름 모양의 재료를 접착제를 사용하거나 열을 가하는 방법을 사용해서 접합하는 방식으로 한겹 한겹 쌓아 올리는 것이다.

최초의 3D 프린터에서는 활용할 수 있는 재료가 다양하지 않았다. 거의 모든 재료들이 플라스틱 계통으로 열에 잘 녹고 쉽게 응고할 수 있는 재료들이었다. 이러한 재료들의 활용성은 다양하지만, 제품이 요구하는 다양한 기능을 만족시키기는 어려운 실정이었다. 이러한 문제에 착안하여 3D 프린팅 기술은 적층을 하는 방식 이외에도 다양한 재료를 활용하는 방향으로도 연구가 되어 왔다. 3D 프린터에서 활용 가능한 재료로는 폴리머, 금속, 종이, 목재, 식재료 등 매우 다양한 것으로 알려져 있다. 이는 이론적으로는 가능한 재료들이지만, 다양한 재료를 활용하기 위해서는 앞으로 더 많은 개발 과제들이 산재해 있는 것이 현실이다. 3D 프린팅 기술에 활용되는 재료의 종류를 기준으로 분류해 보면 표 1-3과 같다.

표 1-3 3D 프린팅에 활용되는 재료

재료	종 류
폴리머	PLA, ABS, HDPE, 폴리스틸렌, 나일론, Resin
금속	거의 모든 금속(티타늄, 알루미늄, 코발트, 스테인리스 스틸 등)
박막(Film)	종이, 필름 형태 플라스틱
기타	목재, 식재료, 아크릴, 석회가루, 왁스(밀랍)

폴리머(Polymer)의 경우 FDM에서 가장 일반적으로 사용되고 있는 PLA와 ABS, HDPE, 폴리스틸렌(Polystyrene), 나일론(Nylon), 레진(Resin) 등 고분자 화합물을 이

야기 한다. 이러한 고분자 화합물은 3D 프린터의 가장 중요한 재료 중 하나이다. 금속의 경우 철금속, 비철금속으로 구분되지만, 3D 프린터에서는 거의 모든 금속이 활용될 수 있다. 특히 티타늄, 알루미늄, 코발트, 스테인리스 등은 3D 프린터의 좋은 재료가 된다. 박막의 경우 종이나 필름 형태의 플라스틱을 주로 활용하게 된다. 기타 목재나 식재료, 석회 및 왁스 등도 3D 프린터의 재료로 활용되고 있다.

3.2 3D 프린팅 기술 방식별 특징 및 장단점

앞서 이야기 한 적층기술에 따른 분류 및 재료활용에 따른 분류를 통해 3D 프린팅의 기술 방식이 정의될 수 있다.

1) 압출 방식

압출(Extrusion) 방식을 사용하는 3D 프린팅 기술 방식 중 대표적인 것이 바로 FDM (Fused Deposition Modeling) 또는 FFF (Fused Filament Fabrication) 방식이다.

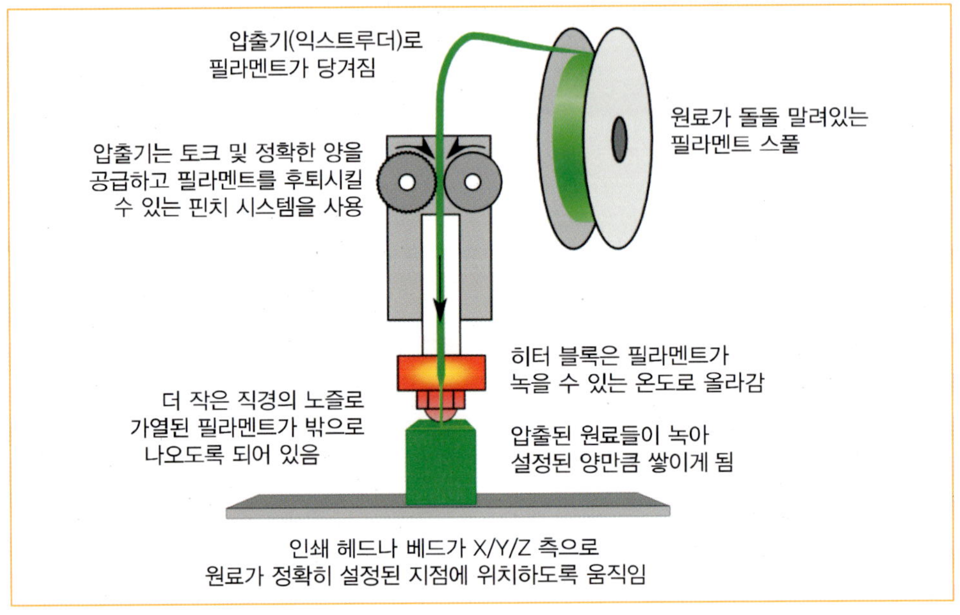

▲ 그림 1.15 FDM방식의 3D 프린터

이는 가는 실 형태의 열가소성 물질인 필라멘트를 녹여 노즐 밖으로 밀어내면서 적층하는 방식이다. 노즐은 플라스틱을 녹일 수 있을 정도의 고열을 발산하며 플라스틱은 상온에서 경화되므로 이러한 성질을 이용한 것이다. 타 방식에 비해 장치의 구조와 프로그램이 간단하여 장비가격과 유지보수 비용이 적게 드는 장점이 있는 반면, 표면 조도가 비교적 떨어져 세밀한 형상을 구현하는 능력은 미흡하다. 또한 제작 속도도 매우 느린 단점이 있다.

2) 분사 방식

분사(Jetting) 방식은 3가지 방식으로 분류할 수 있는데, MJM (Multi Jetting Modeling)방식과 폴리젯(Polyjet)방식 그리고 3DP (3 Dimensional Printing)방식이다.

MJM방식의 경우 프린터 헤드에서 광경화성 수지와 왁스를 동시에 분사한 후 자외선(Ultraviolet Light : UV Light)을 쏘임으로써 고형화하여 적층하는 방식이다. 정밀도가 가장 뛰어난 기술로 곡선 처리와 우수한 표면 조도로 후처리가 필요 없는 장점이 있다. 반면 강도가 약하며 65℃ 이상의 온도에서는 변형이 발생할 가능성이 크다.

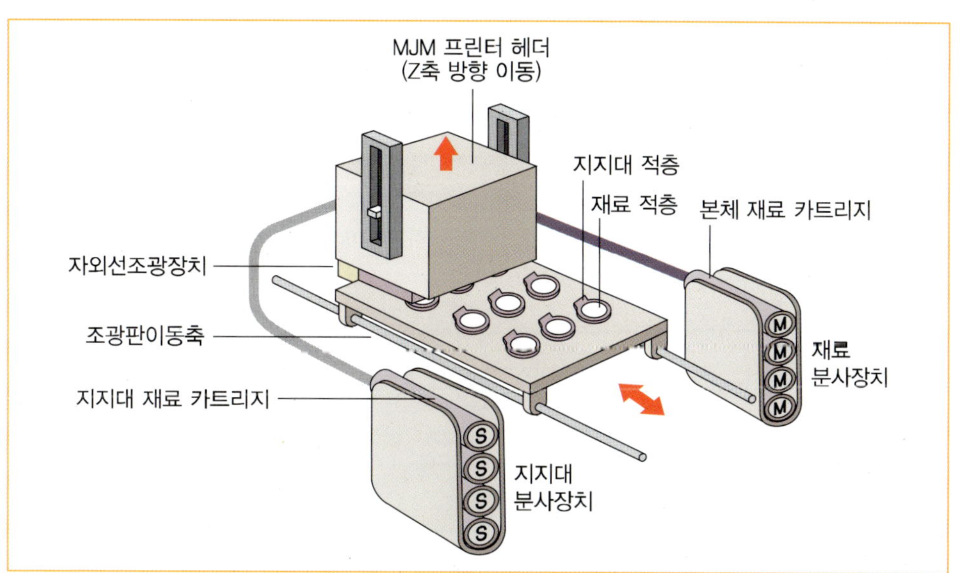

▲ 그림 1.16 MJM방식의 3D 프린터

폴리젯방식의 경우 일반적으로 사용되는 2D 프린터 중 잉크젯 프린터와 유사한 형태를 띠고 있다. 3D 프린터 헤드에 있는 다수의 미세 노즐에서 재료를 분사함과 동시에 자외선을 쬐어 경화시키는 방식이다. 즉, 잉크와 같은 액체 상태의 재료를 노즐을 통해 분사하고 이를 경화시키기 때문에 전용 재료가 필요하다. 이스라엘 OBJECT사에서 개발하였으나, 현재 스트라타시스에서 인수하여 그 기술을 가지고 있다. 폴리젯방식은 조형물의 품질이 매우 높고 재료의 신축성 조절이 가능해 다양한 조형물 산출이 가능하다는 장점이 있는 반면, 높은 비용이 발생하는 것은 단점으로 지적되고 있다.

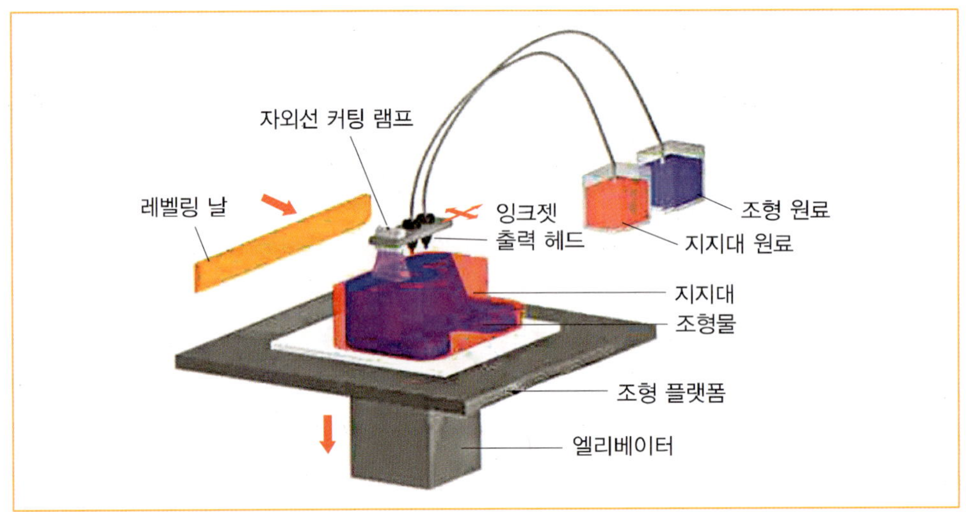

▲ 그림 1.17 폴리젯방식의 3D 프린터

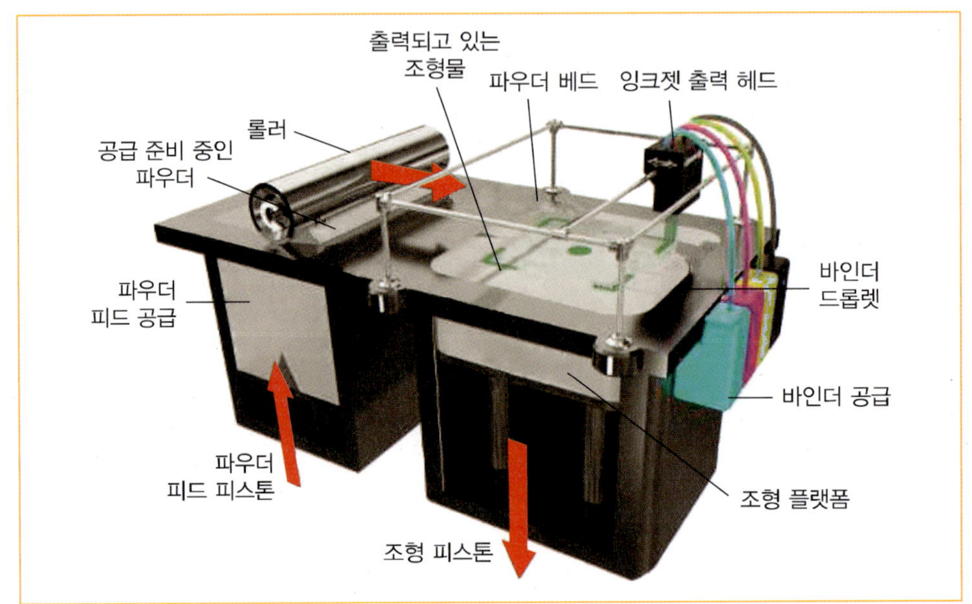

▲ 그림 1.18 3DP방식의 3D 프린터

3DP방식의 경우 노즐에서 액체 상태의 컬러 잉크와 경화물질을 분말 원료에 분사하여 분말을 단단하게 경화시킴으로 인해 적층하는 방식으로써 컬러잉크를 사용하여 다양한 색상을 섬세하게 표현할 수 있을 뿐 아니라 제조시간이 짧다는 장점이 있다. 하지만, 출력 후 별도의 분말 제거와 표면 처리를 해야 하는 단점도 존재한다.

이상의 3가지 방법(MJM, Polyjet, 3DP)을 분사에 의한 방식으로 정의할 수 있다.

3) 광경화 방식

광경화(Light Polymerized) 방식으로는 SLA (Stereo Lithography Apparatus)방식과 DLP (Digital Light Processing)방식이 존재한다.

SLA방식은 3D 프린팅기술의 최초 기술에 속하는 것으로 액체 광경화성 수지가 담긴 수조 안에 저전력, 고밀도의 자외선(UV)레이저를 투사하여 경화시키는 방식으로 적층을 한다. 조형판 위에 지지대(Support)를 조성하고 조형하고자 하는 모델의 아랫부분부터 한 층씩 경화하여 적층하는 방식이다. 레이저를 사용하여 정밀도가 높으며 표면조도가 우수하고 중간정도의 조형 속도로 가장 대표적인 기술이다. 단점은 강도가 약하고 60℃ 이상의 온도에서 변형이 발생할 가능성이 크며 사용가능 원료와 색상이 제한적이다.

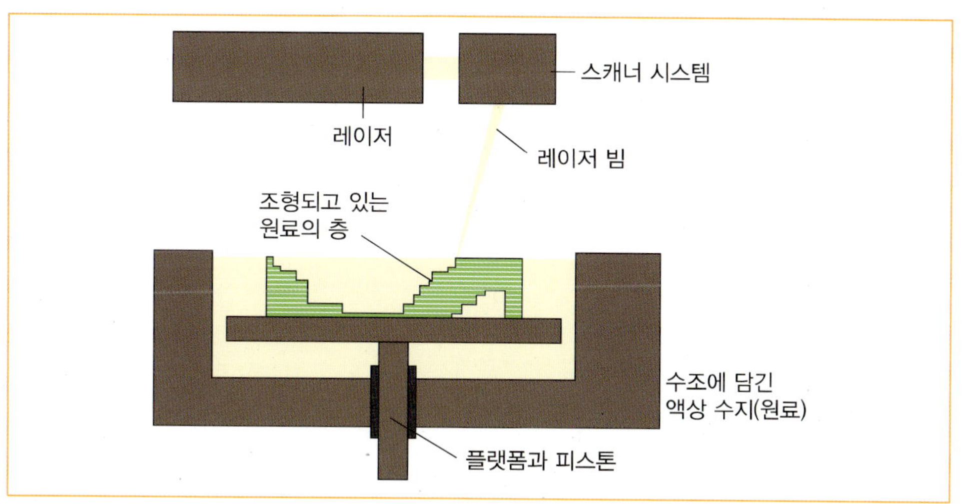

▲ 그림 1.19 SLA방식의 3D 프린터

DLP방식의 경우는 액체 상태의 광경화성 수지에 조형하고자 하는 모양을 일반적으로 사용하는 DLP (Digital Light Projector)로 투사하여 적층하는 방식이다. 프로젝터에서 나온 이미지를 마스크 단위, 즉 2차원의 형태로 투사하여 광경화시키기 때문에 비교적 빠르고 균일한 속도로 조형물이 만들어지며, 지지대와 같은 별도의 부재료 없이 출력이 가능하고, 표면조도가 우수하고 소음이 적으며 저가형 DLP 프린터가 개발되면서 가격적인 부담이 점점 감소하고 있는 추세이다. 반면 조형물이 거꾸로 매달린 형태로 출력되기 때문에 조형물의 하중으로 인해 떨어지지 않기 위해서는 조형물의 사이즈가 작아야 하고, DLP전용 수지 재료를 필요로 하기 때문에 원료 선택이 제한적인 단점이 존재한다.

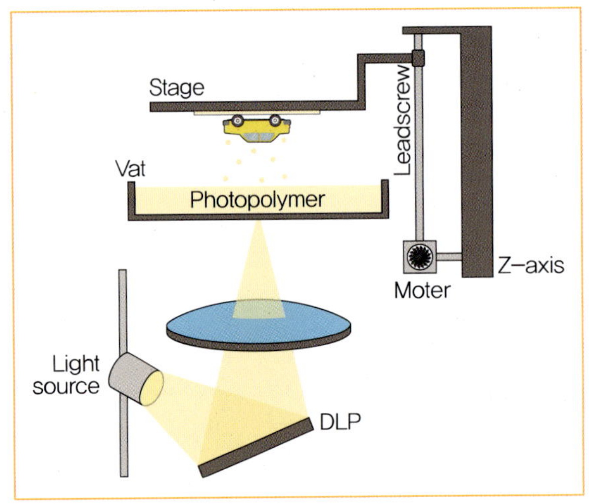

▲ 그림 1.20 DLP방식의 3D 프린터

4) 파우더 소결 방식

파우더 소결(Granular Sintering)방식으로는 좀 더 다양한 방식들이 제품화 되어 나와 있다. SLS (Selective Laser Sintering)방식, SHS (Selective Heat Sintering)방식, SLM (Selective Laser Melting), DMLS (Directed Metal Laser Sintering)방식과 EBM (Electron Beam Melting)방식이 존재한다.

SLS방식은 베드에 도포된 분말에 선택적으로 레이저를 조사하여 소결하고 다시 분말을 도포하는 공정을 반복함으로써 조형물을 만들어내는 방식이다. 소결되지 않은 원재료인 분말이 지지대 역할을 하므로 별도의 지지대가 필요 없으며, 다양한 응용 분야 및 활용 가능 재료가 광범위하기 때문에 재료 강도를 고려할 경우 파급효과가 클 것으로 보이며, 비교적 조형 속도가 빠르다는 장점을 지니고 있다. 하지만, 레이저 장비를 사용해야 하므로 이 장비자체가 고가이며, 금속재료 사용 시 후처리 공정이 필요하고,

다양한 원료 사용에 따라 가열 온도와 레이저 변수를 조절해야 하기 때문에 세팅을 위한 작업이 어려운 점이 단점으로 꼽힌다.

2014년에 특허가 만료됨으로 인해 3D 프린터 대중화에 기여할 것으로 기대된다고 하고 실제 2015년 저자가 중국을 방문했을 시 SLS방식의 장비가 중국에서 개발되어 시판되고 있는 것을 눈으로 확인할 수 있었지만, 그 가격은 아직도 대중화되기에는 상당한 시간이 걸릴 것으로 보인다.

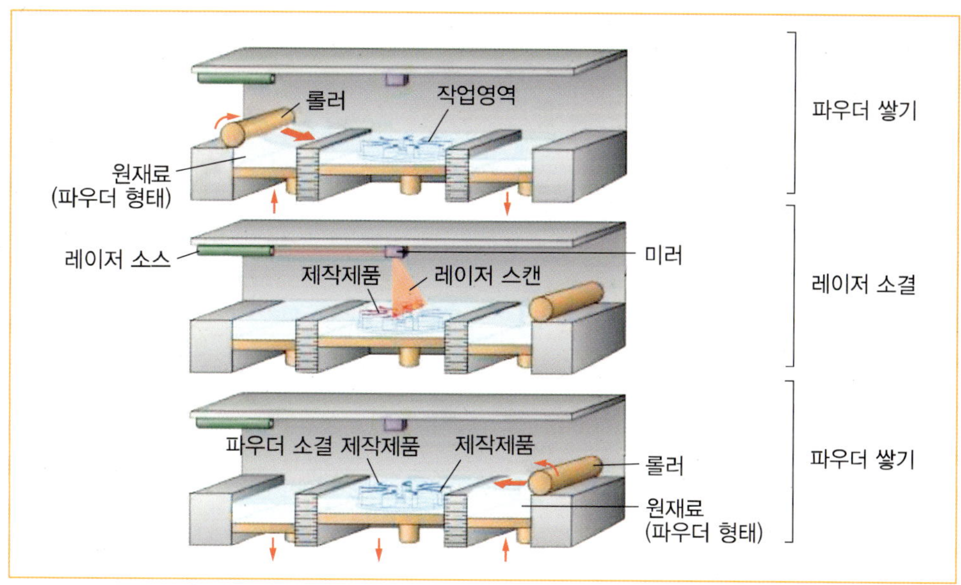

▲ 그림 1.21 SLS방식의 3D 프린터

SHS방식은 높은 온도의 헤드(Thermal Printer Head)를 이용해서 챔버의 해당 층에 얇게 도포되어 있는 분말을 녹여 경화시키는 방식으로 적층하여 조형물을 만들어낸다. SLS방식과 유사하지만 레이저 대신에 온도가 높은 헤드를 사용하는 것이 특징이다. SHS방식의 3D 프린터는 복잡하고 벽이 얇은 형상 제작이 가능하다. 또한 다수의 제품을 동시에 제작할 수 있다는 장점도 있으며, 남은 파우더는 재활용이 가능하여 SLS에 비해 저렴한 가격으로 조형물을 제작할 수 있다. 하지만, SLS에 비해 제작 속도가 느리며 사용가능한 재료가 제한적인 단점을 가지고 있다.

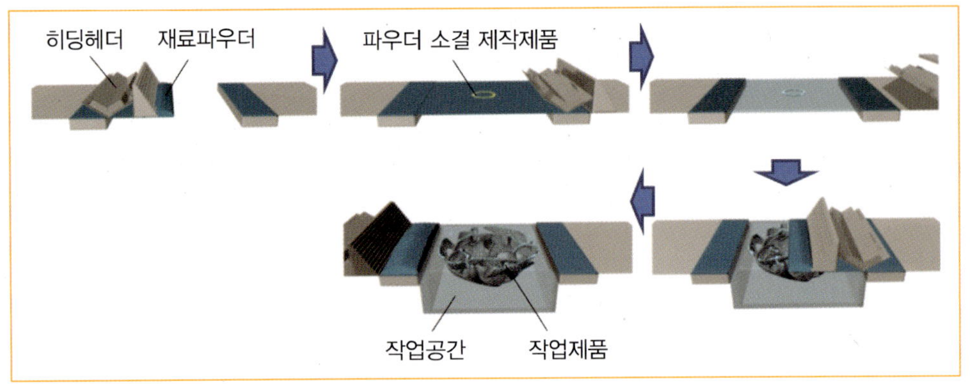

▲ 그림 1.22 SHS방식의 3D 프린터

또 다른 파우더 소결 방식으로는 SLM방식이 있다. SLM방식은 도포된 금속 파우더에 선택적으로 고출력 이테르븀 파이버 레이저(Ytterbium Fiber Laser)를 조사하여 용융시켜 굳히는 방식으로 리코터(Recoater)를 이용하여 금속 파우더 표면을 평탄화하고 금속파우더가 용융되는 동안 산화를 방지하기 위해 불활성 가스인 아르곤과 질소를 챔버 내에 공급하여 조형물을 만들게 된다. SLM방식은 복잡한 형상의 금속 제품 생산을 용이하게 할 수 있어 얇은 벽, 엉덩이 뼈, 인공관절, 교정 임플란트, 항공기 부품 경량화 등에 사용되며 순수 금속 재질의 제품 제작이 가능하며 열처리 후공정이 필요 없는 장점이 있다. 단점으로는 정밀도와 표면조도가 다소 미흡하고 재질 특성상 후처리가 제한적이며, 금속을 가공하는 레이저 장비이기 때문에 SLS방식보다 가격이 높다.

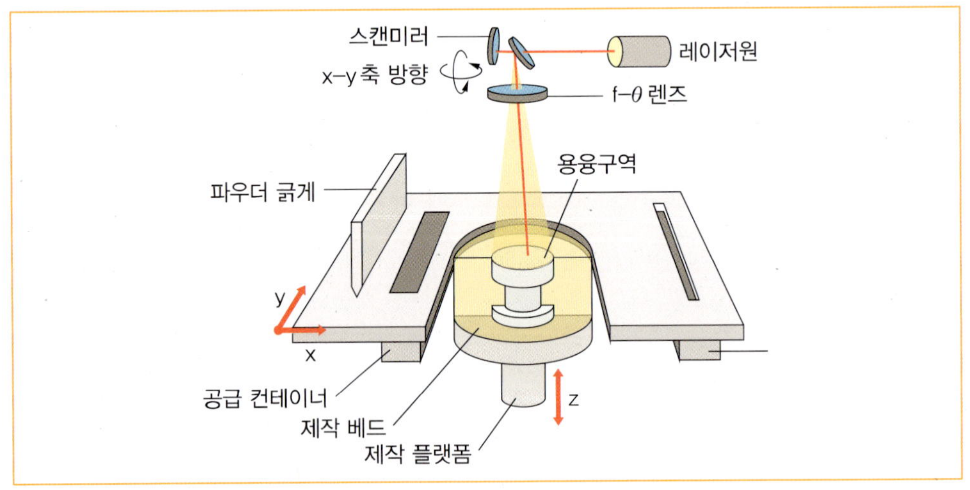

▲ 그림 1.23 SLM방식의 3D 프린터

직접에너지 증착(Directed Energy Deposition, DMLS)방식의 경우 도포된 금속 파우더에 선택적으로 고출력 이테르븀 파이버 레이저를 조사하여 용융시키는 방식은 SLM방식과 동일하나, 금속 파우더에 국한되어 사용된다는 점이 다르다고 할 수 있다. 특징은 거의 SLM방식과 흡사하여 열처리에 있어서 후공정이 필요 없으며, 재료 강도가 매우 우수하고 SLM, SLS와 같이 복잡한 형상의 금속 제품 생산에 용이하지만 표면조도가 미흡하고 금속가공을 위한 레이저 장비가 부속품으로 들어감으로 인해 가격이 높다는 단점이 있다.

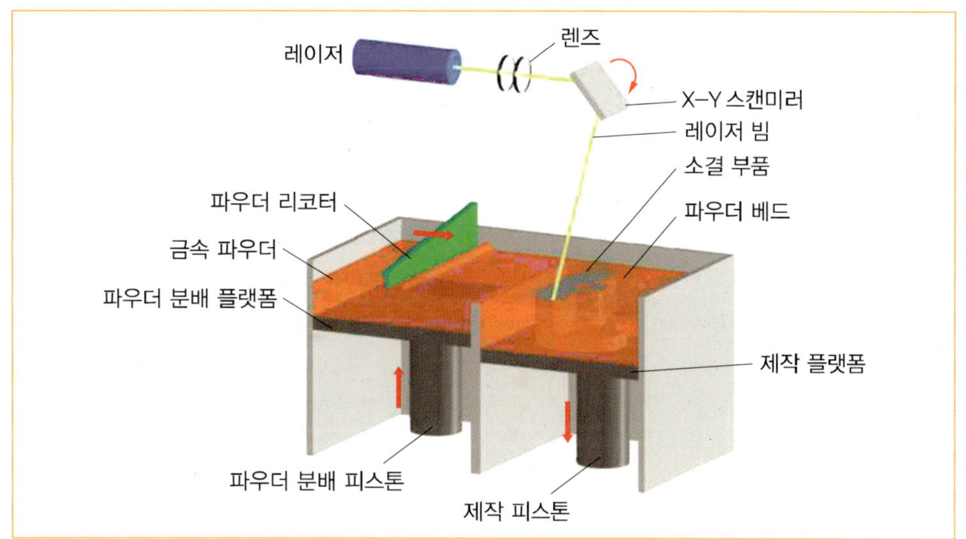

▲ 그림 1.24 DMLS방식의 3D 프린터

EBM방식의 경우 고진공 상태에서 전자 빔을 활용하여 금속 파우더를 용해하는 방식으로 적층한다. 진공챔버(Vacuum Chamber)에서 조형물이 만들어 지는 방식으로 적층하는 조형물의 공극률이 낮고, 밀도가 높아 강도가 매우 우수한 특징을 갖는다.

또한 진공 상태에서 작동하므로 산소와 반응성이 높은 티타늄 같은 금속의 가공에 적합하며 SLM, DMLS와 같이 기계적 성질 확보를 위한 추가 열처리 공정이 필요하지 않다. 제작 속도도 빠른 편이고 고진공, 고온 제작공정으로 출력물의 잔류 응력을 최소화 시킬 수 있다. 다만 장비가격이 14~15억 정도로 고가이다.

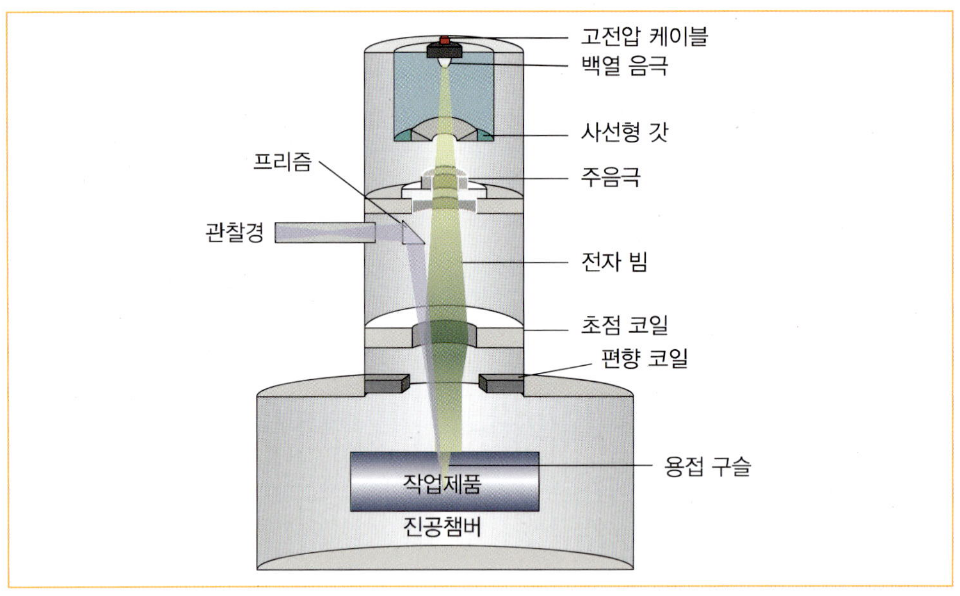

▲ 그림 1.25 EBM방식의 3D 프린터

5) 인발 방식

인발(Wire) 방식의 3D 프린터로는 EBF (Electron Beam Freeform Fabrication) 방식이 있다. 이는 와이어 형태의 원료에 전자빔을 조사시켜 경화시키는 방식으로 적층한다. 미국항공우주국(National Aeronautics and Space Administration, NASA)에서는 무중력 환경에서 사용할 수 있는 시스템을 개발하고자 하였다. 이는 우주 환경에서도 원하는 조형물을 만들어내고자 하는 노력의 일환으로 만들어진 것이 EBF방식이다. 진공상태에서도 작동이 가능한 원리로 설계되었으며, 무중력환경에서 사용하기에 적합한 방식이다. 다만 진공 챔버의 크기 및 사용 가능한 와이어 원료의 양이 제한적이기 때문에 소형의 조형물만 제조 가능한 단점이 있다.

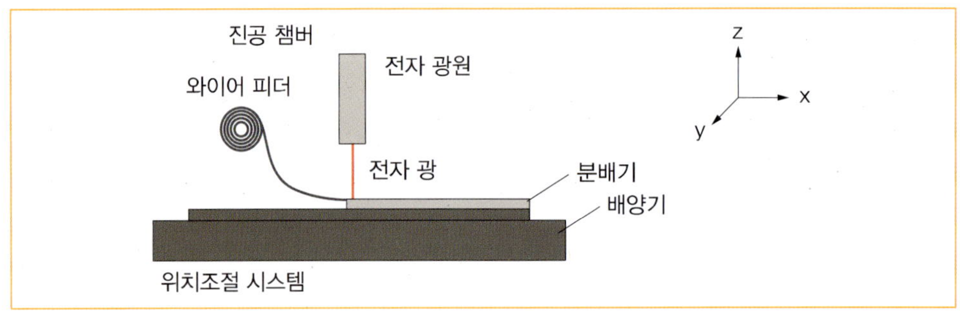

▲ 그림 1.26

6) 시트접합 방식

시트접합(Sheet Lamination)에는 LOM (Laminated Object Manufacturing)방식이 있다. LOM방식은 모델의 단면 형상대로 절단된 박막, 종이, 플라스틱 또는 금속 라미네이트 등을 접착제로 접합하여 조형하는 방식이다.

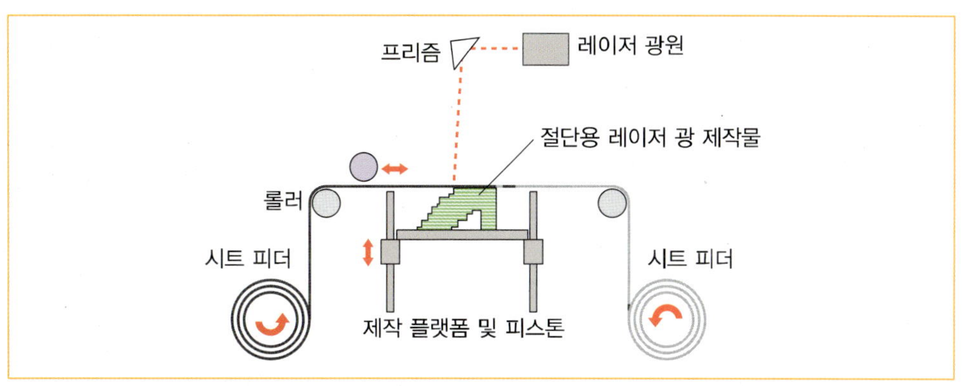

▲ 그림 1.27 LOM방식의 3D 프린터

이러한 방식은 목재 재질의 조형물 구현이 가능하며, 대형 제품 제작이 가능하고 밀링 등 후처리가 필요 없는 방식으로 제조비용이 극적으로 감소하게 된다. 그러나 내구성이 약하고, 정밀도 표면조도가 미흡하며 색상 재료, 투명재질, 유연성 재료는 선택이 불가능한 방식이다.

3.3 렙랩 프로젝트

렙랩은 우리에게 저가의 3D 프린터로 잘 알려져 있다. 하지만, 단순히 저가의 3D 프린터의 의미로만 인식한다면 큰 오산이다. 렙랩은 3D 프린터의 활성화를 위해 상당히 기여를 많이 한 하나의 커뮤니티이며 새로운 방식이라 할 수 있을 것이다. 영국의 아드리안 보이어 교수는 3D 프린터가 일부 연구소 또는 제조회사에서 고가로 활용되고 있다는 사실을 이미 알고 있었지만, FDM방식의 장비자체의 구조가 그리 복잡하지 않으며, 더군다나 플라스틱으로 이루어져 있고, 필라멘트 또한 SLS방식이나 SLA방식보다 저렴하게 구할 수 있으므로 FDM방식의 3D 프린터를 이용하기 위한 커뮤니티를 구성하고자 하였다. 이것이 바로 2005년부터 진행된 렙랩(Replication Rapid

Prototyping : RepRap) 오픈 소스 프로젝트이다(웹사이트 www.reprap.com).

이는 누구나 참여가능하고 활용할 수 있는 3D 프린터 공개 자료를 포함하고 있다. 특히 상업적 활용을 포함한 모든 권리가 제약 없이 공개됐다. 그리하여 RapRep이라는 오픈 소스의 3D 프린터가 탄생하게 되었다. 렙랩은 인류역사상 처음으로 등장한 일반적으로 사용되는 자기복제-생산기계로 정의될 수 있다. 렙랩은 테스크탑 형태의 3D

▲ 그림 1.28 RepRap.org 웹사이트

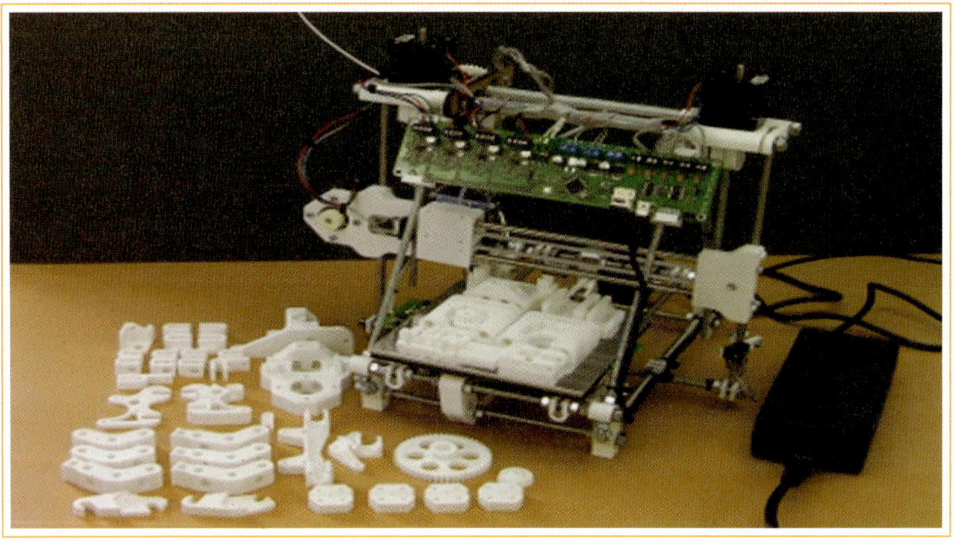

▲ 그림 1.29 렙랩 3D 프린터로 3D 프린터 부품을 만들어낸 예

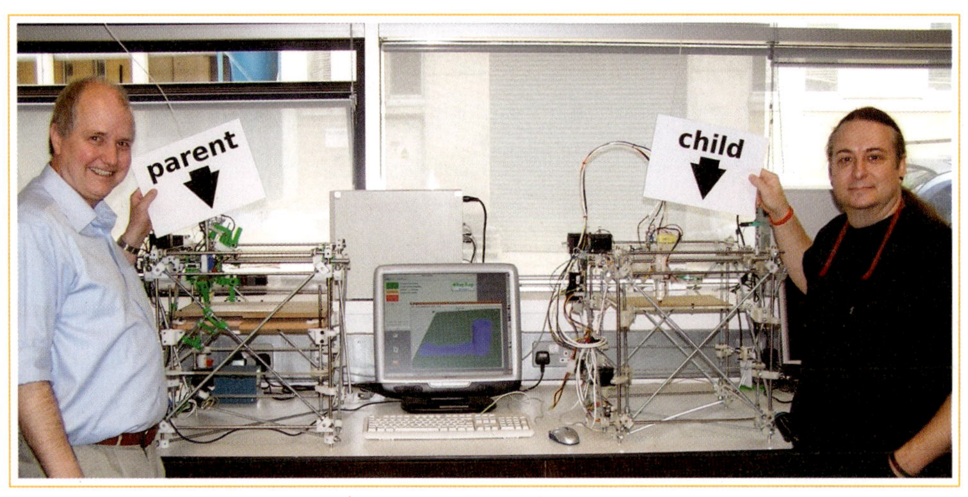

▲ 그림 1.30 렙랩 3D 프린터로 만든 부품으로 조립된 또 다른 렙랩 3D 프린터

프린터로 탄생을 하게 되는데 많은 부속품들이 플라스틱으로 이루어져 있어서, 그 부품을 프린터하거나 DIY 키트로 조립한 후 스스로 키트를 만들어내는 것이 가능하여 누구라도 재료와 시간만 있으면 조립이 가능하게 되었다.

RepRap.org는 커뮤니티 프로젝트이며, 이 사이트에 존재하는 상당수의 내용들은 수정, 첨삭하는 것 또는 새로운 페이지를 만드는 것이 가능하다. 이러한 커뮤니티 포탈에 새로이 개발되는 페이지들은 발전되는 방식에 대한 정보를 상호 교환할 수 있다. 이는 우리가 익히 알고 있는 위키피디아와 유사한 형태로 이루어져 있다.

렙랩은 최초의 저가형 3D 프린터였고, 렙랩 프로젝트에서 오픈 소스기반의 3D 프린터 혁명이 시작되었다. 그로 인해서 전 세계의 제작 커뮤니티에서 가장 광범위하게 퍼진 3D 프린터가 되었고, FDM방식의 보급 확산에 일조하는 역할을 하였다.

지금까지 렙랩 프로젝트에 의해 탄생한 3D 프린터 모델은 'Prusa', 'Kossel', 'Fisher', 'Darwin', 'Mendel', 'Huxley' 등 다양한 형태로 개발자에 의해 지속적으로 개발되고 있다.

4. 3D 프린팅의 필요성

4.1 3D 프린팅 생태계의 확산

이미 언급한 바와 같이 3D 프린팅 기술은 과거부터 활용되어 왔고 또 기술 발전이 진행되어 오고 있는 상태이다. 하지만, 최근 들어 각종 매스컴이나 학계, 기업 등에서 화두로 나오는 이유는 무엇일까? 가장 큰 이유는 3D 프린터와 관련된 새로운 비즈니스 생태계가 만들어지고 있기 때문이다.

이러한 생태계의 확산은 2012년 크리스 앤더슨(Chris Anderson)의 책 「메이커스(Makers)」와 2012년 세계경제포럼인 WEF (World Economic Forum)에서 3D 프린터가 미래 10대 기술 중 두 번째로 중요한 기술로 발표된 것, 그리고 2013년 미국 오바마 대통령의 집권 2기 첫 국정연설에서 3D 프린터를 통해 미국 제조업에 차기 혁명을 일으키겠다고 선언하고 이와 관련해 3D 프린터 허브 15곳을 짓겠다고 의회에 제안하면서부터 시작되었다.

하지만, 이러한 사실들은 기폭제일 뿐이었고, 그 이전에도 다양한 형태로 3D 프린팅 기술에 대한 혁신성과 미래기술에 대한 중요성을 이야기하고 있는 자료들은 많이 존재한다.

▲ 그림 1.31 오바마의 2013년 국정연설 장면

4.2 미래 유망기술 3D 프린팅

가트너(미국의 정보 기술 연구 및 자문 회사, Gartner, Inc.)의 경우 2007년부터 가트너의 “Hyper Cycle for Emerging Technologies”에서 3D 프린팅 기술을 미래 유망기술로 표현해 왔다. 3D 프린팅 기술은 2007년 당시 기술출현기(Technology Trigger)와 기술기대정점(Peak of Inflated Expectation)의 사이에 위치하는 기술로 인지하였다. 2007년부터 2011년 사이에는 지속적으로 기술출현기와 기술기대정점 사이에 머무르다

2012년에는 기술기대정점 구간의 변곡점에 도달하여 3D 프린팅 기술이 점차적으로 현실화되고 상용화되는 기술로 나타남을 보이고 있었다. 2013년에는 가정용 3D 프린팅과 3D바이오 프린팅 기술로 나뉘어져 기술 성숙도 및 시장 기대감으로 구분할 정도까지 기술에 대한 관점을 나타내고 있었으며, 2026년경에는 완전한 안정기에 접어 들 것으로 가트너는 예상했다.

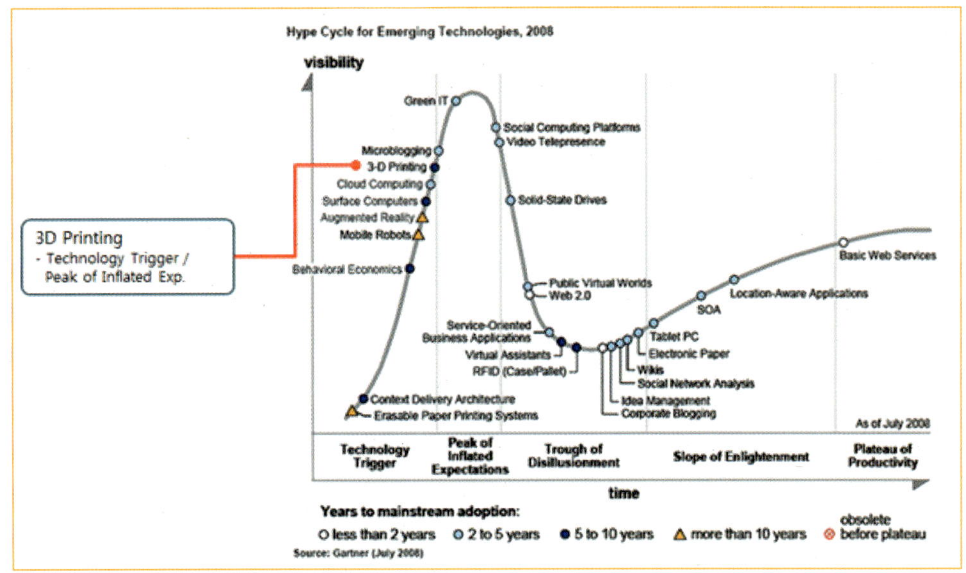

▲ 그림 1.32 가트너의 <Hyper Cycle for Emerging Technology>

4.3 3D 프린팅 기술의 파급효과

매사추세츠 공과대학교(Massachusetts Institute of Technology, MIT)에서는 3D 프린팅 기술, 즉 적층가공기술(Additive Manufacturing)에 대하여 2013년 「10 Break-through Technologies」 중 하나로 선정하였다. MIT에서는 당시 향후 5년 이내 상당한 사회적/경제적 파급효과를 가져올 수 있는 제품화가 즉시 가능한 산업기술에 해당한다고 판단하였고, 3D 프린팅 기술의 활용사례로 GE항공기 부문의 금속 정밀 자동화 기업 인수와 합병 및 LEAP제트엔진(GE에서 만든 첨단 소형 엔진의 이름)에 들어가는 연소기 노즐 제작을 제시하였다.

MIT의 「Breakthrough Technologies」 사례 (2010~2013)

번호	2010	2011	2012	2013
1	실시간 검색기술	소셜 인덱스	난자줄기세포	딥 러닝
2	모바일 3차원 화면	준동형 암호화	라이트 필드 사진기술	일시적 소셜 미디어
3	소셜 TV	지능형 변압기	빠른 푸리에 변환	태아 DNA 염기서열 결정
4	클라우드 프로그래밍	클라우드 스트리밍	크라우드 펀딩	적층 가공 (Additive Manufacturing)
5	이식가능한 전자기기	제스처 인터페이스	고용량 전지 대량생산기술	블루칼라 로봇
6	줄기세포 시뮬레이션	충돌방지 코드	태양광 마이크로그리드	메모리 임플란트

▲ 그림 1.33 2013년 MIT의 <10 Break-through Technologies>

맥킨지가 선정한 12대 와해성 기술의 2025년 연간 경제적 파급효과(십억달러)

번호	기술명	경제적 파급효과	
		최소	최대
1	모바일 인터넷(Mobile Internet)	3,700	10,800
2	지식 노동의 자동화(Automation of Knowledge Work)	5,200	6,700
3	사물인터넷(Internet of Things)	2,700	6,200
4	클라우드 기술(Cloud Technology)	1,700	6,200
5	첨단 로봇(Advanced Robotics)	1,700	4,500
6	자율적 운송수단(Autonomous and Near-autonomous Vehicles)	200	1,900
7	차세대 지노믹스(Next-Generation Genomics)	700	1,600
8	에너지 저장장치(Energy Storage)	90	635
9	3D 프린팅(3D Printing)	230	550
10	첨단 재료(Advanced Materials)	150	500
11	첨단 원유 · 가스 탐사 및 복구(Advanced Oil&Gas Exploration & Recovery) (글로벌 세일가스 · 타이트오일 개발)	95	460
12	재생에너지(Renewable Energy) - 태양광, 풍력	165	275
계		16,630	40,320

소비자 잉여
(Consumer Surplus)로
측정한
3D 프린팅 기술의
2025년
경제적 파급효과는
2,300~5,500억 달러로

12개 기술 가운데 **9위**

▲ 그림 1.34 메킨지가 선정한 <12대 와해성 기술>

뿐만 아니라, 경영컨설팅 전문 업체 메킨지(www.mckinsey.com)에서는 2013년 5월 혁신을 유발할 것으로 예상되는 12개 기술 중 하나로 3D 프린팅 기술을 선정하였다. 3D 프린팅 기술은 재생에너지, 셰일 가스, 타이트 오일(Light Tight Oil)보다 큰 경제적 파급효과를 나타낼 것으로 보았고, 2025년에는 2,300~5,500억 달러의 경제적 파급효과가 나타날 것으로 기대를 하였다.

이와 같이 3D 프린팅 기술은 과거부터 많은 관심을 받아 왔다는 것을 알 수 있다. 하지만, 아직도 일반인들에게 3D 프린팅은 생소하고 신기하기만 한 기술이다. 그러다 보니 이러한 신기술이 세상에 알려지고 또 그에 대한 관심도 많아졌다. 많은 얼리 어답터(Early Adopter)들이 3D 프린터를 활용하기 위해 교육을 받고 활용을 시도해 보았지만, 지금의 기술로는 많은 실패와 실망감을 감추지 못한다. 하지만, 3D 프린팅 기술의 역사를 잘 이해하고 제조업과 R&D의 프로세스를 잘 이해한다면 당장에라도 응용하고 활용할 수 있는 분야가 상당 부분 있다고 본다. 실제 저자가 20년간 근무했던 자동차 회사에서의 연구개발프로세스에 3D 프린팅 기술을 적용하는 가상 시나리오만으로도 상당한 비용의 감소와 개발기간의 단축을 이룰 수 있는 여지가 많다는 것을 알 수 있었다.

참고문헌

- Bae, Y. C., Soane, D. S., & Crocker, C. (1996). *U.S. Patent No. 5,545,367.* Washington, DC: U.S. Patent and Trademark Office.
- Bak, D. (2003). Rapid prototyping or rapid production? 3D printing processes move industry towards the latter. *Assembly Automation*, 23(4), 340-345.
- Barnatt, C. (2013). *3D printing: the next industrial revolution.* Nottingham: ExplainingTheFuture. com.
- Campbell, T., Williams, C., Ivanova, O., & Garrett, B. (2011). Could 3D printing change the world. *Technologies, Potential, and Implications of Additive Manufacturing, Atlantic Council, Washington, DC.*
- Chua, C. K., & Leong, K. F. (2014). *3D Printing and Additive Manufacturing: Principles and Applications (with Companion Media Pack) of Rapid Prototyping Fourth Edition.* World Scientific Publishing Company.
- Chua, C. K., Leong, K. F., & Lim, C. S. (2003). *Rapid prototyping: principles and applications (Vol. 1).* World Scientific.
- Crump, S. S. (1992). *U.S. Patent No. 5,121,329.* Washington, DC: U.S. Patent and Trademark Office.
- Deckard, C. R. (1989). *U.S. Patent No. 4,863,538.* Washington, DC: U.S. Patent and Trademark Office.
- Fenn, J., & LeHong, H. (2011). Hype cycle for emerging technologies, 2011. *Gartner, July.*
- Gebler, M., Uiterkamp, A. J. S., & Visser, C. (2014). A global sustainability perspective on 3D printing technologies. *Energy Policy*, 74, 158-167.
- Hull, C. W. (1986). *U.S. Patent No. 4,575,330.* Washington, DC: U.S. Patent and Trademark Office.
- Kalpakjian, S., Vijai Sekar, K. S., & Schmid, S. R. (2014). *Manufacturing engineering and technology.* Pearson.
- Kodama, H., & Sasaki, M. (1984). Cosmological perturbation theory. *Progress of Theoretical Physics Supplement,* 78, 1-166.
- Mueller, B. (2012). Additive manufacturing technologies–Rapid prototyping to direct digital manufacturing. *Assembly Automation*, 32(2).
- Rogers, E. M. (2010). *Diffusion of innovations.* Simon and Schuster.
- Schubert, C., Van Langeveld, M. C., & Donoso, L. A. (2014). Innovations in 3D printing: a 3D overview from optics to organs. *British Journal of Ophthalmology,* 98(2), 159-161.
- Singh, N. (1995). *Systems approach to computer-integrated design and manufacturing.* John Wiley & Sons, Inc..
- Suh, N. P. (1990). *The principles of design* (No. 6). Oxford University Press on Demand.
- 곽기호, & 박성우. (2013). [기계기술정책] 글로벌 3D 프린터산업 기술 동향 분석. *기계저널,* 53(10), 58-64.
- 대전, 서울, 특허청 산업재산보호정책과, 한국지식재산보호협회 연구기반팀. (2015). 해외특허분쟁 대응전략 로드맵 [3D 프린팅]. 한국지식재산보호협회.
- 박훈재, 김강은, 김다혜, 김양곤, 성지현, 이상곤, 정명식, 조용재, 이효정. (2014). 대경권 지역특화산업의 핵심 역량강화를 위한 연구기획사업. 정보통신산업진흥원.
- 손수정. (2015). 3D 프린팅 시대의 성장과 지식재산권의 위협. *STEPI Insight,* (169), 1-27.
- 유형선, 김지희, 전승표, 서진이, 유재영. (2013). 중소기업 기술혁신 극대화를 위한 중점지원분야 선정방안 연구. *기술혁신학회지,* 16(1), 41-62.
- 정우식, 박수형, 한정희, 김은주, 이윤주, 이상강, 권정하. (2014). 3D 프린팅 콘텐츠 보호 및 규제개선방안에 관한 연구. 정보통신산업진흥원.
- 중소기업청.(2015). 중소기업 기술로드맵 : 디자인분야.

신제품 개발을 위한 시제작품 제작 02

1. 신제품 개발의 이해

1.1 신제품이란?

기업은 이윤 추구를 그 목적으로 한다. 이윤 추구를 위해서는 다양한 방법을 선택하게 되는데 일반적으로 신제품을 그 대상으로 한다. 신제품에 대한 정의를 크라우포드(Crawford)는 기업에게 새로운 마케팅 전략이 필요한 제품으로써 생산 공정의 단순한 변화를 제외하고 실질적인 변화가 있는 제품이라고 해석하였다. 또한 쿠퍼(Cooper)는 신제품이란 기존 시장에 유사한 제품의 존재 여부와는 상관없이 해당 기업에 의해 상업화된 제품라고 정의를 내리기도 했다. 하지만, 현대사회에서의 신제품에 대한 정의는 기업의 관점과 고객의 관점에서의 참신성에 따라 신제품으로 분류하고, 이에 따른 신제품의 구분을 혁신제품, 모방제품, 제품 확장, 기존 제품 수정, 시장위치변경 등 모든 변화된 영역의 제품을 포함하는 것으로 해석하고 있다.

우리는 신제품을 개발하는 관점에서 신제품에 대한 범위를 확인해 볼 필요가 있다. 신제품의 범위를 나타내기 위해서 기업 관점에서 참신성이 높고 낮음으로, 소비자 관점에서 참신성이 높고 낮음으로 표시하여 신제품의 범위를 표현하였다(표 2-1 참조).

표 2-1 신제품의 범위

기업 관점 \ 소비자 관점		참신성: 높음	참신성: 낮음
참신성	높음	혁신 신제품	모방 신제품
	낮음	제품계열 추가 및 확장	제품 개선

신제품의 범위에 의하면 기업관점에서 참신성이 높고 소비자 관점에서도 참신성이 높으면 '혁신 신제품'으로 분류하고, 기업관점에서는 참신성이 높으나 소비자 관점에서는 참신성이 낮으면 '모방 신제품'으로 표현되며, 기업관점에서 참신성이 낮으나 소비자 관점에서는 참신성이 높으면 '제품계열 추가 및 확장'의 신제품으로 분류되고, 기업관점에서 참신성이 낮고 소비자 관점에서도 참신성이 낮을 경우를 '제품 개선' 형태로 분류하였다. 이러한 분류의 형태에서 나타난 혁신 신제품, 모방 신제품, 제품계열 추가 및 확장 그리고 제품 개선에 해당하는 모든 제품이 바로 신제품이 되는 것이다.

기업은 소비자의 상황, 즉 마켓의 상황과 기업의 여건에 따라 신제품 개발에 대한 개념을 정립하고 그에 맞는 신제품을 개발함으로써 기업의 이윤을 추구하게 되는 것이다.

1.2 신제품 개발의 성공

신제품 개발(New Product Development, NPD)은 기업 성장 및 생존과 직결되는 중요성을 가지며, 그 운용에 따라 성공 비즈니스를 기약할 수 있다. 따라서 신제품 개발의 중요성을 인식한 기업들은 미래에 대한 체계적 준비의 일환으로 신제품 개발을 바라보고 이에 엄청난 투자를 하고 있다.

그 예로 페이지(A. L. Page, 1993)의 신제품 개발 관련 연구에 의하면 미국기업은 신제품 개발을 위하여 평균 3년여의 시간과 2,000만 달러 이상을 투자하는 등 엄청난 노력과 비용이 신제품 개발에 수반되는 반면, 신제품 개발 아이디어 중 26%만이 신제품으로 생산되어 시험되며, 시장에 출시되는 제품의 비율은 12.4%, 그리고 최종적으로 상업적인 성공 사례로 기록되는 신제품의 비율은 9.4%로 나타났다. 즉, 많은 투자가 이루어지는 데 비해 실제 성공 비율은 낮은 것이다.

신제품 개발과 관련하여 사이먼(H. Simon, 1979)의 연구에 의하면 시장은 다양성, 기술발전, 시대적 상황 등을 반영하여 갈수록 신제품 개발에 대한 불확실성이 높아지고 있다고 하여 신제품 개발이 시장 상황의 불확실성에 의해 갈수록 성공 확률이 낮아질 것으로 예측하였다.

로버트(R. E. Shema, 1999)와 쉐마(S. J. Shema, 1999) 등의 연구에 의하면 신제품 개발을 통한 경쟁우위 확보는 기술복잡도, 내부의존성, 불확실성 등 고도로 복잡한 형태를 띠며, 신제품 출시 시점이 시장에 근접할수록 불확실성이 줄어들기 때문에 가능한 신제품개발 기간을 줄여 신제품을 출시하는 것이 불확실성을 줄일 수 있다고 하였다.

브라운(S. L. Brown, 1995) 외 다수의 연구자들은 제품개발에 대한 과거 연구, 현재 상황, 미래 방향에 대하여 연구를 하였는데, 이러한 연구들은 신제품개발의 성공 여부에 대한 다양한 요인들이 존재한다는 것을 이야기 하고 있다.

그렇다면 신제품 개발의 성패 요인에는 어떤 것들이 있는가? 표 2-2는 한국산업진흥협회의 설문조사에 따른 신제품 개발의 성공 요인 10가지와 신제품 개발의 실패 요인 10가지를 순위대로 제시한 것이다.

표 2-2 신제품 개발의 성패 요인(2015년 기준)

순번	성공요인	회답율	실패요인	회답율
1	개발 방향이 요구에 적합	23.6%	투자 및 비용이 너무 높음	24.4%
2	사내에 이용할 수 있는 기술과 직접 연결됨	15.4%	기술적 실현 가능성의 평가가 우선됨	18.3%
3	기업의 개발 제품이 적절한 시기에 출시됨	14.9%	시장 조사의 오류가 있었음	18.1%
4	기업의 제품 개발이 적기에 이루어짐	12.6%	시장이 작고 불안정	18.1%
5	기술적 흥미가 강해 의욕이 감퇴되지 않은 제품	12.3%	성능부족, 고장 장애 등의 문제가 다수 발생	13.4%
6	타사가 모방할 수 없는 독창적인 아이디어 제품	11.8%	개발기간 중에 시장 변화가 일어남	11.1%
7	시장 확대기에 있는 제품	10.9%	기술적 흥미 위주의 개발	9.8%
8	신제품으로 고객의 새로운 시장을 개척	9.2%	기존 시장에 동종의 제품이 이미 출시	9.7%
9	유효 특허 취득 가능	8.7%	기본 기술 개발 미비	8.5%
10	기술적으로 보아 상당히 어렵다고 판단된 제품	7.2%	사업화의 타이밍이 좋지 않음	8.3%

성공요인으로 유추할 수 있는 내용은 소비자의 요구에 맞지 않을 경우 신제품의 개발은 무의미하고, 사내 기술을 활용하여 시장이 요구하는 시점에 제품을 출시해야 한다는 것이다. 또 실패요인에서는 투자 및 비용이 높거나 기술적 실현 가능성이 없거나 시장 상황에 따라 실패 요인이 나타난다는 것을 알 수 있다.

결론적으로 신제품 개발의 성공은 소비자가 요구하는 기술적으로 안정된 제품을 시기에 맞춰 싼 가격에 판매하는 것이다. 이러한 진리는 누구나 다 아는 것임에 틀림이 없을 것이다. 하지만, 기술적으로 안정된 제품이란 무엇인가? 소비자가 요구하는 시기란 언제인지? 또 싼 가격이란 얼마를 이야기 하는 것인지? 그 누구도 알지 못하기 때문에 그 어려움이 존재하는 것이다. 그러므로 기술적 완성도를 높이기 위해 우리는 수많은 시제작품을 만들어보는 것이고 시기를 맞추기 위해 가능한 시제작품을 빨리 만들어야 하며, 비용을 줄이기 위해 합리적으로 저렴한(Reasonable Inexpensive) 가격으로 시제작품을 만들어야 하는 숙명인 것이다.

1.3 신제품 개발의 단계

신제품의 범위에 따라 다양한 신제품의 형태가 존재하지만, 이러한 신제품들은 크게 2가지의 형태로 절차를 거치게 된다. 그 첫 번째는 기업이 신제품을 시장에 출시하기 위하여 진행되는 일련의 절차들이 있으며, 두 번째는 신제품 자체를 만들어내기 위한 프로세스가 존재한다.

1) 신제품 시장출시 절차

신제품을 시장에 출시하기 위해서는 몇 개의 단계를 거치게 된다. 클라크(Clark)와 휠라이트(Wheelwright)는 신제품을 시장에 적용시키기 위한 절차의 단계를 시간의 관점으로 그림 2.1과 같이 5단계로 구분하였다. 시간의 관점에 대한 절차의 정의는 가장 보편적으로 활용되는 기법이다.

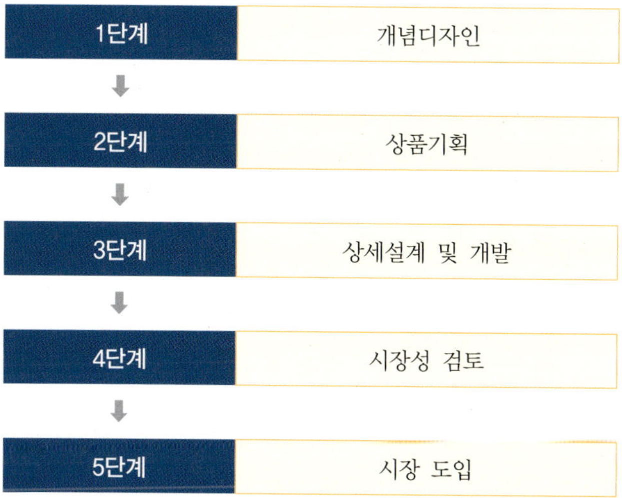

1단계	개념디자인
2단계	상품기획
3단계	상세설계 및 개발
4단계	시장성 검토
5단계	시장 도입

▲ 그림 2.1 신제품 시장 출시 절차

1단계 개념디자인(Concept Development Design)

대상 고객이 갖고 있는 요구사항 및 잠재적 요구사항 그리고 고객이 가지고 있는 소비자 문제에 대한 정보를 제품 개념으로 변화시키는 과정이다. 제품 개념이란 고객의 문제를 해결하고 고객을 만족시키기 위해서 어떤 신제품을 어떻게 개발해야 하느냐의 의미를 내포하고 있다.

2단계 상품 기획(Product Planning)

제품의 개념을 실현 가능한 요소로 변화하여 어떤 내용으로 어떻게 개발하여 소비자의 욕구를 만족시킬지에 대해 기획하며, 기업이 이를 통해서 얼마만큼의 이익을 기대할 것인가 하는 구체적인 제품 계획을 수립하는 과정이다.

3단계 상세 설계 및 개발(Detailed Design and Development)

제품 및 공정을 포함하는 엔지니어링 상세 설계 단계를 의미하며, 시제작품을 제작하여 실험을 통해서 설계 목표 수준의 결과를 달성하고, 공정의 안정 및 검토를 통해서 양산의 준비 단계에 해당하는 업무를 수행하게 된다.

4단계 시장성 검토(Market Acceptance)

시장에 제품을 도입하기 전의 준비단계로 제품의 품질을 기술적 검증하는 최종단계이고, 유통 및 영업에 대한 준비를 하는 단계이다.

5단계 시장 도입(Market Introduction)

제품의 시장 진출이 이루어지고, 본격적인 마케팅 활동이 전개되는 단계이다. 이 기간 동안 제품에 대한 고객의 반응이 수집되고, 그 정보는 차기 모델의 개발에 이용될 수 있다.

이와 같은 시장 출시를 위한 5단계 중 신제품을 실질적으로 개발하는 단계인 2단계와 3단계는 많은 시간과 노력 및 비용이 수반되어야 하는 단계이며, 우리는 이를 신제품 개발 단계라고 한다. 소비자의 요구를 만족시키고 적시에 저렴한 제품을 출시하기 위해서는 신제품 개발의 내부 프로세스를 혁신적으로 변화시켜야 할 필요성이 있다.

2) 신제품 개발 단계

신제품을 시장에 출시하기 위한 단계가 아닌 신제품의 개발 측면에서 데이븐포터(Davenport)의 신제품 개발 프로세스가 있다. 신제품이 개발되기 위해서는 시장조사, 연구개발, 제조의 3가지 단계로 구분된다.

그림 2.2의 데이븐포트(T. H. Davenport, 1993)의 신제품 개발 프로세스에 대한 상세내용을 살펴보면 고객요구분석, 상품조사, 제품기획, 설계, 시험, 제품개발, 공정설계, 설비배치, 생산으로 구분되며 이 중 제품기획, 설계, 시험, 제품개발 및 공정설계는 연구개발 영역에 속하는 단계이다.

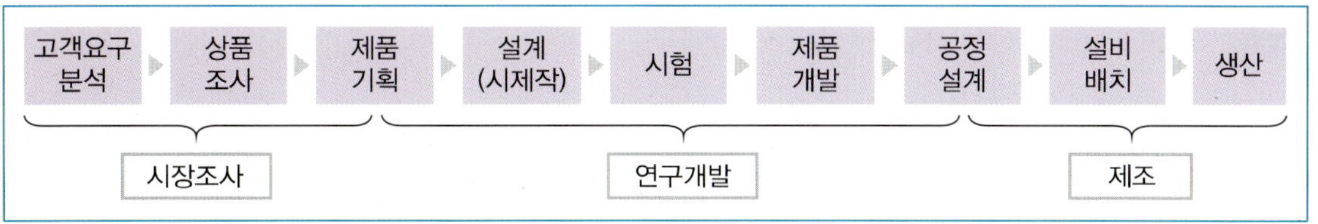

▲ 그림 2.2 데이븐포터의 신제품개발 프로세스

1단계 시장조사(Marketing Survey)

시장조사 단계에서는 요구분석, 상품조사, 제품기획이라는 3가지의 업무가 수행된다. 이러한 업무는 신제품의 성공과 밀접한 관계를 가지는데 소비자가 요구하는 제품을 신속하고 정확하게 개발하기 위한 기본 단계라고 할 수 있다.

2단계 연구개발(R&D Engineering)

연구개발 단계에서는 제품기획, 설계(시제작), 시험, 제품개발, 공정설계의 업무가 수행된다. 앞서 마케팅 단계에서 제품기획이 언급되었으나, 연구개발 단계에서도 제품기획의 단계가 중첩되어 제품을 개발하기 위한 일정, 비용 및 인원 등의 자원을 투입하기 위한 계획이 이루어진다.

설계 업무에서는 실물을 만들기 위한 도면화 작업들이 이루어지는데, 설계 업무 내에서도 상당히 많은 업무들이 존재하며 일부 기업에서는 설계부분만을 연구개발 분야로 두는 경우도 있다. 시제작의 경우는 설계에 의해 도면화 된 실물들을 실제로 만들어 보는 업무로 이때 활용될 수 있는 제작 방법 중의 하나가 바로 3D 프린팅이다. 시험은 시제작품을 가지고 직접 실험하는 방법과 3차원 데이터를 활용해서 해석 소프트웨어를 활용하는 방법 등 다양한 방법을 활용해서 제품의 완성도를 높이는 업무이다. 공정 설계는 생산을 하기 위한 준비단계로 시제품을 만들어낼 수 있을 정도까지 공정을 설계하고 이를 생산 현장에 적용하기 위한 업무를 수행한다.

3단계 제조(Manufacturing)

제조단계에서는 공정설계, 설비배치, 생산 등의 업무가 수행된다. 실제 제품을 생산하는 공장에서의 업무로 이해하면 되며, 엔지니어링 영역이라기보다는 생산과 관련된 다양한 기술들이 적용된다. 제조 단계의 경우도 그 영역이 상상을 초월할 정도로 다양하고 범위가 넓기 때문에 일반적으로 연구개발 영역과 분리되며, 생산기술 및 각종 생산 및 제조와 관련된 활동들이 여기에 포함된다.

1.4 통합제품개발 및 시제작품 제작

신제품 개발 프로세스 중 엄청난 시간과 노력이 수반되는 부분 중의 하나가 바로 앞서 언급했던 단계 중 연구개발 단계 이다. 신제품에 대한 개념설계에서부터 부품설계, 시험, 시제작품 제작 등 제품개발을 위한 연구개발 영역에서의 시간, 노력 및 비용을 줄이려는 시도는 지속적으로 진행되어 왔다.

스톤(D. Stone, 2005)의 연구에 의하면 기능 및 기술을 이용하여 개념 설계 단계에서 체계적 설계 프로세스를 제시하였다. 이 체계적 설계 프로세스는 세분화된 제품 기능과 기술을 그 흐름에 따라 통합하여 기술을 선택하는 방안을 제시한 것으로 개념 설계를 대상으로 한다. 그 과정은 다음과 같다.

① 요구의 확인
② 계층적 분석
③ 흐름 연결
④ 기능 통합 및 부품 생성

이러한 개념을 바탕으로 발전한 방법이 조직, 프로세스 등을 내포한 통합제품개발 사상이며 동시공학(Concurrent Engineering, CE), 협업(Collaboration), 통합제품개발(Integrated Product Development, IPD) 등이 있다.

통합제품개발 사상 중 동시공학의 수명 주기 그래프를 살펴보면 동시공학을 통해 개발 단계별 발생 비용을 얼마나 효과적으로 줄일 수 있는지를 잘 살펴볼 수 있다. 그림 2.3에서 결정된 비용 그래프에 해당하는 넓이만큼이 신제품 개발을 위해 소요되는 비용이다. 설계지식의 활용을 통해 일정 부분 넓이를 축소시킬 수 있으나, 동시공학을 통해 발생되는 비용은 이보다 훨씬 많이 줄일 수 있다는 내용이다.

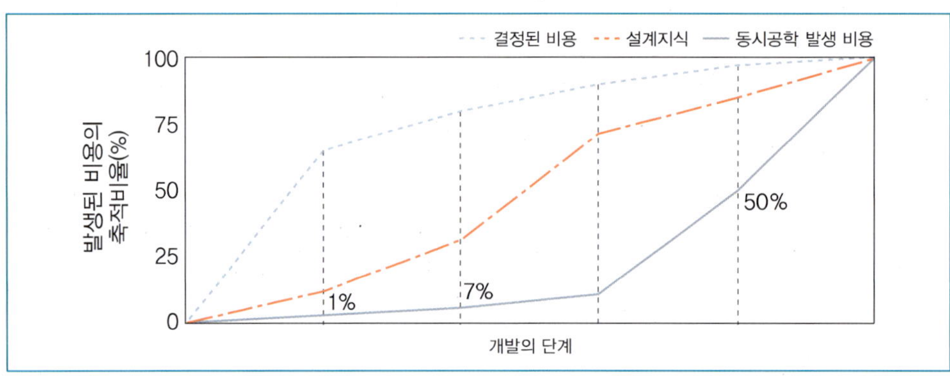

▲ 그림 2.3 동시공학 수명주기 그래프

또한 리드타임(Lead Time)에 따른 비용(Cost)의 변화를 살펴보면 순차개발 적용 시에는 개발 후반으로 갈수록 많은 비용을 요구하는 반면 동시공학을 적용할 경우 초기에 비용이 어느 정도 많이 소요되지만, 후반으로 갈수록 그 증가의 폭이 줄어들므로 인해 전체 비용이 줄어드는 것을 그림 2.4의 그래프를 통해 확인할 수 있다. 이러한 사상에 입각해서 혁신과정(Innovation Process)의 생산성과 효율성을 높이기 위한 혁신적 방법으로 프론트로딩 혁신(Front Loading Innovation)방안이 제시되기도 한다. 프론트로딩 혁신이란 후속 절차에서 발생할 잠재적 문제점을 앞 단계에서 미리 확인하고 해결하는 것을 뜻한다. 즉 프론트로딩의 핵심은 신제품이나 신기술 개발 과정에서 불필요한 낭비를 줄이기 위해 미리 사전 점검을 통해 시행착오를 줄이는 것이라고 할 수 있다.

개념설계와 상세설계 단계를 거쳐 제조에 이르기까지 미리 사전 점검을 하여 시행착오를 줄일 수 있는 가장 확실한 방법이 바로 시제작품을 제작해서 직접 테스트하고 확인해 보는 방법이고 이것이 바로 시제작품이 제작되어야 하는 이유이다. 하지만, 시제작품을 만든다는 것은 세상에 존재하지 않는 사물을 설계를 통해 만들어 내는 과정이다. 이는 금형도 존재하지 않고 표준화된 부품이 아닌 경우가 더욱 많은 것이 현실이다. 그러므로 직접 제작해보는 수밖에 없다. 방법이 그리 만만치만은 않다. 비용, 시간 그리고 노력이 많이 드는 작업인 것이다.

이미 앞장에서 언급한 바와 같이 과거 전통적 제조 방식으로 시제작품을 제작하던 것을 신속조형기술(RP)을 통해 신속하게 확인하고자 하였고 진일보하여 3D 프린팅 기술이 발전하는 계기가 된 것이다.

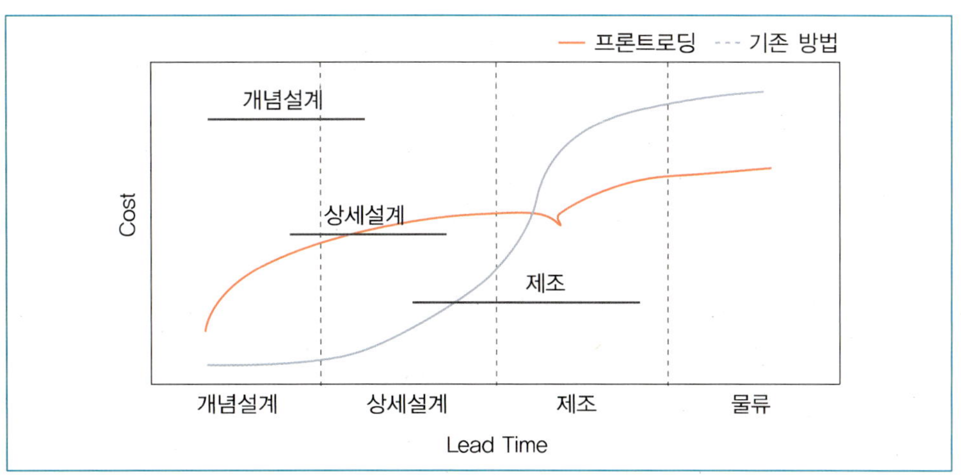

▲ 그림 2.4 제품개발 리드타임과 비용간의 그래프

1.5 신제품 개발 프로세스의 적용

우리는 신제품 개발 프로세스를 살펴보았고, 거의 모든 기업이 신제품 개발을 위해서는 약간 변형이 되더라도 기본적으로 해당 프로세스를 거쳐서 신제품 개발을 진행하고 있다는 것을 알고 있을 것이다. 신제품 개발의 성공률을 높이기 위한 필수적인 과정은 다음과 같다.

① 개발기획 단계
② 제품설계 단계
③ 설계검증 단계
④ 시험/평가 단계
⑤ 변경관리 단계

하지만, 국내 중소기업들의 기술개발 프로세스 이행의 정도를 살펴보면 신제품개발의 성공률을 높이기 위해 필수적인 프로세스 중에서 위 5단계를 모두 이행하는 기업은 26.5%에 불과하다. 그림 2.5는 개발 단계별 프로세스 이행 정도를 나타낸 그래프이다. 결국 신제품 개발의 성공률을 높이기 위한 최소한의 노력도 하지 않고 신제품 개발을 통해 기업이 성장하기를 바라고 있는 것이다.

우리는 신제품 개발을 위해 가장 기본적인 단계들을 이행할 필요가 있으며, 이 단계들의 이행 과정에서 제품개념 설계부터 부품설계 및 시제작품을 만들어 확인하고 검증하며 설계변경을 통해 완벽에 가까운 제품을 만들 수 있어야 한다. 이것이 바로 기업의 기술력이고 기술 중심의 기업으로 성장하는 길이다.

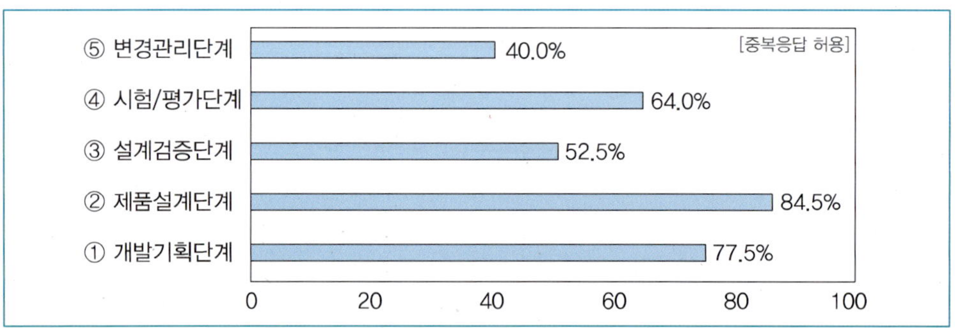

▲ 그림 2.5 중소기업의 신제품 개발 단계 이행 정도(자료 : 중소기업청, 2015)

2. 시제작품 제작을 위한 사전 작업

2.1 개념설계를 위한 소비자 행동론

신제품개발을 위한 개념설계에 앞서 소비자는 과연 어떠한 제품을 원하는 지를 명확히 파악할 필요성이 있다. 경영학에서는 소비자의 소비 형태나 요구사항을 적절히 파악하기 위해서 소비자 행동론을 공부한다.

소비자 행동론에 의하면 소비자는 크게 소비자 자신에 의한 영향인 '소비자 영향'과 소비자와 관련된 조직에 의한 영향인 '조직 영향'이라는 두 가지의 영향을 받는다.

소비자 영향은 소비자 자신이 문화, 개성, 인생관, 수입, 동기, 느낌, 지식, 민족성, 가족, 가치, 자산, 견해, 과거의 경험 및 동료 등을 통해 습득한 다양한 요소들에 의해 소비의 형태에 영향을 받는 것을 의미한다. 조직 영향은 브랜드, 광고, 판촉, 가격, 서비스, 편의, 포장, 제품 특징, 입소문, 매장전시, 품질, 상점 분위기, 고객지원 프로그램, 제품 유용성 등 조직 전반에 걸쳐 나타날 수 있는 다양한 영향을 의미한다. 이러한 두 가지의 영향을 받는 소비자는 세 가지의 행동이 나오게 되는데 그것이 바로 취득, 소비, 폐기이다.

즉, 소비자는 소비자 자신과 조직에 의한 두 가지 영향으로 취득하고 소비하고 폐기하는 세 가지 행동을 하게 되는 것이 대표적인 소비자 행동론으로 정의될 수 있다(그림 2.6 참조).

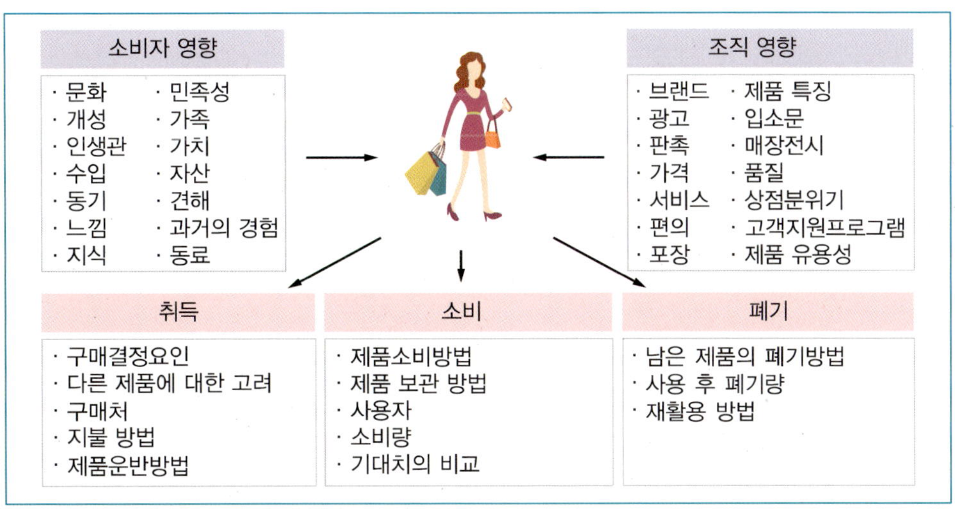

▲ 그림 2.6 소비자 행동론의 정의

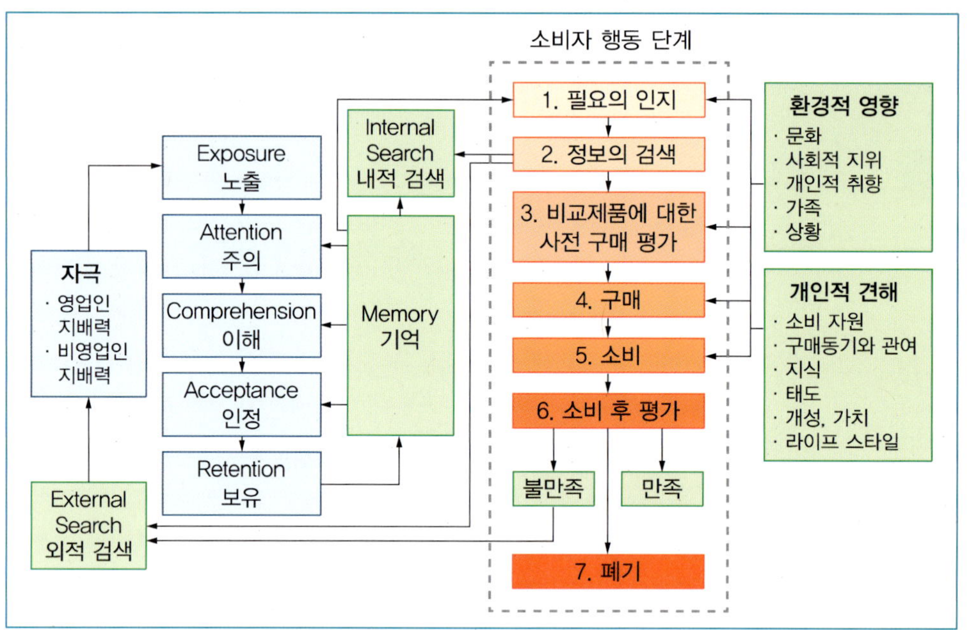

▲ 그림 2.7 소비자 행동 단계

소비자 행동론에 대한 내용을 조금 더 상세하게 살펴보면 소비자의 행동은 필요의 인지, 정보의 검색, 비교제품에 대한 사전 구매 평가, 구매, 소비, 소비 후 평가, 폐기의 7단계로 구분할 수 있다(그림 2.7의 소비자 행동 단계 참조).

신제품을 개발해서 시장에 출시하여 성공하기 위해서는 소비자 행동 7단계를 잘 파악하는 것은 매우 중요하다.

① **필요의 인지** 제품에 대한 필요의 인지가 일어나지 않으면 아무리 우수한 제품이라고 하더라도 의미가 없는 제품이 되어 버린다. 필요의 인지는 과거에는 살아가는데 반드시 필요한 제품들이 주를 이루었지만 현대사회에서는 개인의 자아실현의 욕구를 자극하여 다양한 형태의 소비를 유발하는 경향이 있다.

② **정보의 검색** 정보의 검색은 내적 검색과 외적 검색으로 나누어 살펴볼 수 있는데, 내적 검색은 소비자의 개인적 기억 등에 의해 이루어지고, 외적 검색은 다양한 경로를 통해 외부로부터 자극을 받고 그 자극에 노출된 후 주의를 기울이고 이해하며 인정하고 검색 정보를 보유하는 단계를 거치게 된다. 이러한 단계를 거쳐서 내적 검색과 유기적인 연계가 되어 있는 기억 속의 정보로 자리 잡게 된다.

③ **비교제품에 대한 사전 구매 평가** 비교제품에 대한 사전 구매 평가는 구매 행위가 이루어지기 전에 어떠한 제품이 본인이 원하는 제품과 더 부합하는지, 실용적인지, 가

격적으로 적절한지, 디자인이 마음에 드는지 등 다양한 형태로 비교를 하게 된다.

④ **구매** 구매 행위가 일어나기 위해서는 이전 단계에서의 결심이 이루어진 뒤 구매를 하게 되는데 이때에는 어디서 구매를 할지, 어떻게 구매를 할지, 비용을 조금이라도 줄이기 위한 방법 등을 찾아 구매를 하게 된다.

⑤ **소비** 소비는 해당 제품 구매 이후 초기 필요의 인지에 해당하는 목적에 맞게 적절하게 이루어지며, 소비의 형태에 따라 제품의 가치, 수명, 기능의 활용 등이 다르게 나타난다.

⑥ **소비 후 평가** 소비 후 평가는 소비 행위를 진행하면서 기억에 반영되었던 만족 또는 불만족 사항들을 의미한다. 우리가 공부하고자 하는 시제작품의 제작이 소비 후 평가과정에서 상당한 영향을 미치게 된다. 즉, 시제작품을 만들어 실험실 내에서 이미 소비자 행동론 기반의 시뮬레이션을 겪고 나게 되면 소비 후 평가에서 소비자가 만족할 확률이 높아지고 이는 소비자의 기억에 남아 추후 필요의 인지에 의한 검색에 아주 중요한 영향을 가하게 되는 것이다. 그러므로 시제작품에 대한 검증은 기업의 지속경영에 상당한 영향력을 준다고 할 수 있다.

⑦ **폐기** 폐기는 일반적인 소비자의 경우에 버리는 것으로 끝날 수 있지만 폐기에도 다양한 형태가 존재한다. 소비자가 제품을 버리게 되면 해당 폐기물을 매립하는 경우(Landfill)가 있고, 태우는 행위, 즉 연소(Combustion)시켜 에너지를 발생시키기도 하고, 원재료를 뽑아내서 다시 활용하는 재생(Recycle)의 방법과 잘 정비하여 다시 쓰는(Refurbish) 방법과 그 형태를 그대로 다시 사용(Re-use)하는 방법으로 나누어진다. 이러한 폐기의 경우를 신제품을 개발하고 생산할 때 반드시 고려해야 하는 것이 최근의 환경 친화적 제품개발방법론의 일환이다.

2.2 매슬로의 욕구단계설

신제품을 개발하고 또 판매하고 기업의 경영을 위해서는 인간의 욕구 형태를 이해하는 것이 필요하다. 경영학에서는 너무나도 유명한 이론이 매슬로우(A. H. Maslow)의 욕구 단계에 대한 이론이다(그림 2.8 참조).

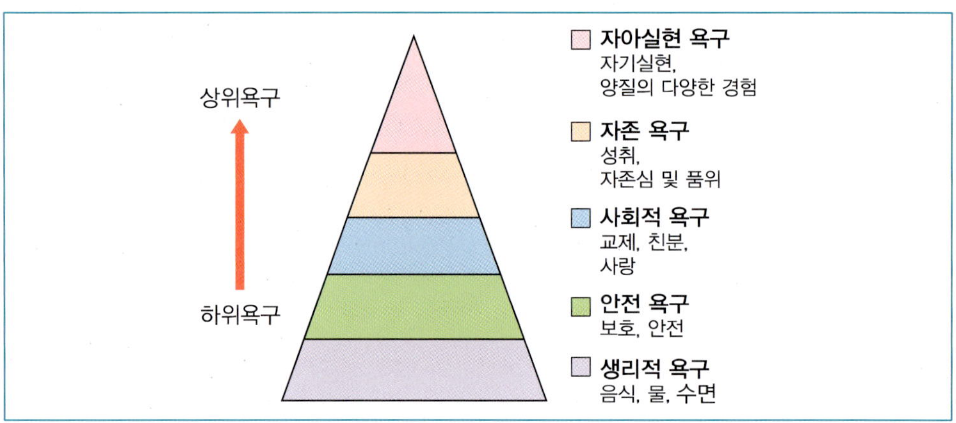

▲ 그림 2.8 매슬로우의 욕구단계 이론

인간의 욕구는 타고나는 것이고, 욕구에는 강도와 중요성이 적어서 생기는 하위욕구(Deficiency Needs)와 더 성장하고 싶어서 생기는 욕구인 상위욕구(Growh Needs)가 있는데, 이러한 욕구는 하위단계에서 상위단계로 계층적으로 배열되어 하위단계의 욕구가 충족되어야 그 다음 단계의 욕구가 발생한다는 이론이 매슬로우의 욕구단계이론이다. 인간에 있어서 처음에는 뭔가가 부족하다고 느껴서 욕구가 생기는데, 이 욕구가 만족되면 또 다시 다른 부족함이 느껴지고 이 부족함을 채우기 위해 노력하게 된다. 즉, 뭔가 부족함을 느끼고 그 부족함을 채우기 위해 단계적 행위를 한다는 것이다.

이를 위해서는 몇 가지 다음과 같은 전제 조건이 있다.

- 인간은 충족되지 아니한 욕구를 만족하기 위해 동기부여를 한다.
- 인간은 공통적인 범위의 욕구가 있으며 이러한 보편적인 욕구는 충족되어야 할 순서를 가지고 계층적으로 서열화 되어 있다.
- 하위욕구가 충족되면 상위단계의 욕구가 발현되고 이를 만족시키기 위한 행동을 한다. 하지만, 만족된 욕구는 더 이상 동기부여를 하지 않는다.
- 하위욕구가 충족되지 않으면 다음 상위단계의 욕구에 대한 동기부여를 하지 않는다.

이러한 전제조건 하게 매슬로우는 욕구를 5단계로 나누어 설명했다. 매슬로우의 욕구 5단계에 대한 내용은 다음과 같다.

① **생리적 욕구(Physiological Needs)** 식욕, 휴식, 잠자리 등 육체적 필요 및 의식주에 대한 욕구로 인간의 생명을 유지해 나가기 위해 나타나는 기본적인 욕구이다.

② **안전욕구(Safety Needs)** 기본적으로 신체적인 위험에 대한 공포로부터 벗어나 안전과 보호를 유지하려는 욕구이다. 생리적 욕구를 충족시키지 못하게 되는 위험으

로부터 해방되려는 욕구로 자기보존에 대한 욕구에 해당되지만, 현대의 경제사회에서는 경제적인 욕구라고도 한다.

③ **사회적 욕구(Social Needs)** 인간은 사회적 존재이기 때문에 인간에게는 여러 가지 집단이 존재하고 이 집단에 소속하고자 하는 욕구와 여러 집단에 의해 받아들여지고 싶어 하는 욕구가 있다. 이것은 애정, 친분, 우정, 수용, 소속감 등에 대한 관심으로 나타난다.

④ **자존욕구(Esteem Needs)** 자기존중의 욕구라고도 표현하며 소속단체의 구성원으로 명예나 권력을 누리려는 욕구를 이야기한다. 이러한 욕구의 요인은 두 가지로 구분되는데 내부적인 존경요인으로 자아 존중감, 자율감 및 성취감을 들 수 있고, 외부적인 존경요인으로 지위, 신분, 인정, 관심의 대상이 되는 것 등이 있다.

⑤ **자아실현의 욕구(Self-actualization Needs)** 자신의 재능과 잠재력을 충분히 발휘해서 자기가 이룰 수 있는 모든 것을 성취하려는 가장 높은 수준의 욕구이다. 자기가 가진 잠재 가능성을 능력껏 발휘하고 싶은 욕구로 성장욕구, 자기완성욕구 등이 이에 포함된다.

이러한 이론들은 경영학에서 주로 다루어졌지만, 공학계열의 신제품 개발 활동에서도 다양한 소비자 행동과 고려해야할 소비자의 욕구의 주요 이론으로 자리 잡고 있다. 신제품을 개발함에 있어 소비자 욕구를 자극시킬 수 있는 제품의 개발이 필요하며, 제품 개발에 참여하는 개발자의 기본 소양으로써 반드시 알아 둘 필요가 있을 것이다.

2.3 앨더퍼의 ERG 이론

이 이론은 매슬로우의 욕구단계 이론이 직면했던 문제점을 극복하고자 제시되었다. 1969년 Psychological review에 실린 논문 "인간 욕구에 대한 새로운 이론의 실증 분석(An empirical test of a new theory of human need)"의 모델이다. 매슬로우의 유명한 욕구단계 이론에 대하여, 앨더퍼(Alderfer)는 인간 욕구를 노동자의 행동에 영향을 미치는 세 가지의 욕구로 구분하였는데, 그 세 가지는 존재(Existence, E), 관계(Relatedness, R) 및 성장(Growth, G)이라는 범주로 구분한다. 그 개념은 다음과 같다.

① **존재욕구** 생리적 욕구나 안전욕구와 같이 인간이 자신의 존재를 확보하는 데 필요한 욕구이다. 존재욕구에는 급여, 부가급, 육체적 작업에 대한 욕구 및 물질적 욕구가

포함된다.

② **관계욕구** 개인이 주변 사람들과 의미 있는 인간관계를 형성하고 싶어 하는 욕구이다. 생각이나 감정을 주변 사람들과 공유하게 될 때 관계욕구가 충족된다. 욕구단계 이론에서 소속욕구와 자존욕구 등 대인관계를 통해서만 충족될 수 있는 욕구들이 이에 해당한다.

③ **성장욕구** 매슬로우의 자존욕구와 자아실현 욕구를 포함하는 것으로 개인의 잠재력 개발과 관련되는 욕구이다. 인간으로서 성장하고 자신의 능력을 잠재 한계까지 발휘해보고 싶은 욕구를 뜻한다.

ERG 이론은 매슬로우의 욕구단계 이론과 만족-진행(하위 욕구가 충족될수록 상위 욕구에 대한 욕망이 커진다)의 원칙에 있어서는 공통점이 있다. 하지만 다음 세 가지 측면에서 차이를 보인다.

첫째, 욕구 분류체계가 5가지가 아니라 3가지로 되어있어 포괄적인 개념이다.
둘째, ERG 이론에서는 개인이 3가지 욕구를 동시에 다 경험할 수 있으며 욕구들과의 계층 구조가 욕구계층 이론에서보다 약하다.
셋째, 매슬로우의 이론에서와는 달리 ERG 이론에서는 고차원 욕구가 계속되는 시도에도 충족되지 않고 좌절되면 다시 하위 욕구가 나타난다.

위 세 가지 측면에 의하면, 매슬로우 이론에서는 욕구 출현의 진행방향이 상향 일변도였지만 이 이론에서는 쌍방통행이다.

ERG이론의 작동원리는 기본적으로 만족은 진행을, 좌절은 퇴행을 수행한다는 것이다. 만족 → 강화는 각 욕구가 충족되지 않았을 때 그 욕구의 강도가 커지는 경우를 나타낸 것이다. 좌절 → 퇴행은 한 개인이 계속되는 시도에서 불구하고 상위 욕구를 충족시키지 못하고 좌절하게 되면 하위욕구가 더 강하게 나타난다는 원리이다. 마지막으로 만족 → 진행은 하위욕구가 충족됨으로써 상위욕구에 대한 욕망이 증가하는 경우를 나타낸다.

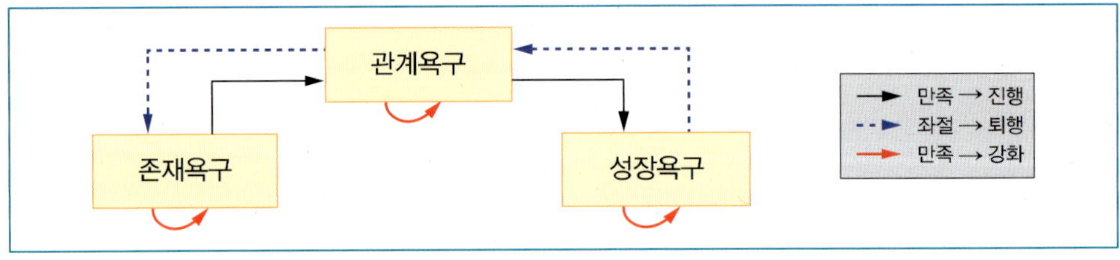

▲ 그림 2.9 ERG 이론 작동 원리

결론적으로 ERG 이론을 우리가 조직 행동론에서 배우게 되는 의미는 만족→진행, 좌절→퇴행 및 만족→강화에서 각각의 욕구가 더 커지게 되어 동기부여가 일어나게 된다는 것이다. 이러한 일련의 이론을 통해 신제품 개발에 대한 소비자의 동기부여를 유발할 수 있는 기초가 된다(그림 2.9 참조).

ERG이론과 매슬로우 이론을 비교하면 표 2-3과 같다.

표 2-3 ERG이론과 매슬로우 이론의 비교

ERG이론	매슬로우 이론
존재욕구	생리적 욕구, 안전 욕구
관계욕구	소속욕구, 자존욕구(대인관계를 통해서만 충족될 수 있는 욕구)
성장욕구	자아실현욕구, 존경욕구

2.4 기업의 다각화 전략

1) 기업의 성과와 다각화

경제학자들은 기업의 성과를 극대화하기 위해 전략을 연구하고 그 전략을 기업에 적용하기 위해 많은 노력을 기울여 왔다. 특히 다각화에 대한 연구는 다양하게 진행되었다. 다각화란 기업경영전략의 한 부분으로 기업이 단일 사업에만 집중 투자하며 한 분야에 전념하기보다 주 사업 이외의 다른 분야로 사업 범위를 확장시키는 경영전략으로 주로 사업다각화를 이야기 한다. 사업다각화는 크게 두 가지로 나뉜다. 기업의 기존 사업의 영역내 연장신상에서 상품 또는 제품 라인업을 확장하는 '관련 다각화'와 기존 사업과 다른 새로운 산업에 진출하는 '비관련 다각화'이다.

기업경영전략 연구를 기업에 적용하기 위한 노력의 일환으로 다각화 연구가 진행되었지만, 다각화 전략에 대한 성과를 증명하기 위한 연구에서 다각화가 효과적이라는 결론을 도출하지 못하고 있다는 결론을 내렸다. 그러나 다각화하지 않고 기업을 운영하는 것보다는 다각화하는 것이 좋고, 다각화를 하게 되면 비관련 다각화보다는 관련 다각화를 하는 것이 유리하다는 이론을 나타내기도 하였다.

통상의 기업들은 시장 지배력을 높이고, 경쟁에 대한 우위 확보, 성장의 추구와 위험에 대한 분산, 사업의 범위 및 규모의 경제를 실현하기 위해서 다각화를 시도한다. 많은 기업들이 다각화를 시도하면서도 이것이 과연 그 기업에 어떠한 영향을 줄지에 대해서는 아무도 예측할 수 없는 것이 현재까지의 연구결과이다.

기업의 발전과정에 있어서 기업 활동이 가장 활발한 시기였던 1950년대에서 1990년대까지 미국의 다각화 기업에 대한 진화 과정을 살펴볼 필요가 있다. 1950년대와 1960년대의 다각화와 기업 전략은 모든 형태의 기업들과 사업들의 관리에 일반적으로 다 적용할 수 있고 모든 관리자에게 유용한 관리 원칙 및 관리 기법을 강조했다.

서로 다른 유형의 비즈니스에도 유사한 일반 관리 기법이 요구된다는 것이 일반 관리 기법이 강조된 배경이다. 일반 관리 기법을 보유한 전문직 관리자는 서로 다른 많은 사업들을 관리할 수 있다고 가정을 한 것이다. 유럽에서도 미국 기업이 일반 관리 기법 향상을 통해 경쟁력을 향상시킨다고 보고 1960년대에 영국과 프랑스 등에서 비즈니스 스쿨을 설립했고 교육을 실시했다.

또 1950년대에서 1960년대는 기업 인수가 성행했는데, 이는 비관련 다각화 추진을 통해 성장한 다수의 복합기업(Conglomerates)이 많이 등장하게 된다. 미국의 복합기업인 Gulf & Western의 데이비드 주덜슨(David Judleson)은 지난 20년 동안 경영 관리 기법과 효과가 향상되어 복합기업(Conglomerates)이 존재할 수 있었다고 하였다. 하지만 복합기업이 급속하게 성장한 것과 반대로 1960년대 말 성과에 대한 문제점이 드러나기 시작했고 1969년 초에는 리턴인더스트리(Litton), Gulf & Western 그리고 텍스트론(Textron) 등 복합기업의 주가가 연초 대비 50%나 급락하는 현상이 발생했다. 결국 조직, 재무통제 등과 관련된 일반적인 경영관리 기법이 다각화 기업의 성과 창출을 위해서 충분하지 않다는 것을 발견하게 되었다.

1970년대에는 복합기업의 경영관리상의 문제가 제기됨에 따라 관리자들은 전략에 우선적으로 초점을 맞춰야 된다는 입장을 취하게 되었다. 전략적 개념(Strategies concept)은 장기 계획수립 또는 목표 설정뿐 아니라 기업의 미래 도전에 대응하기 위한 기업의 미래에 대하여 기본적인 방향을 설정하는 것을 포괄한다고 하겠다. 특히 학계와 컨설팅 회사에 의해서 관련 전략을 분석하는 프레임웍(Frameworks), 모델(models) 및 도구(tools)가 개발되었다. 이러한 프레임웍, 모델 및 도구는 대부분 사업 단위(Business unit) 수준(Level)의 전략적 이슈에 초점이 맞추어졌고, 이로 인해 다각화된 기업의 기업 단위(Corporate unit) 수준(Level)에서의 전략 활동 지원은 상대적으로 빈약하였을 뿐 아니라 각 단위(Unit)간의 자원배분과 관련한 가이드라인과 관리 기법이 부족한 문제점이 나타났다.

필립 하스슬레그(Philippe Haspeslagh)의 연구결과에 따르면 새로 시작한 사업부 단위의 사업에 기존의 공식적인 기업 수준 시스템(Formal corporate-level system)을 대부분 그대로 적용함으로써 문제점들이 발견되었다. 결국, 공통 기법(Common skill)이 아니라 사업별로 적합한 경영관리가 각 사업부문의 성과를 향상시키는데 굉장히 중요한 변수라는 결론이 내려지게 된 것이다.

이러한 종합적인 가이드라인과 관리 기법의 부족은 많은 단위(Unit)들이 더 많은 자원들을 할당 받기 위해 치열하게 경쟁하는 형태로 나타났고, 그 결과 재무 이론과 기업 관리(Corporate manager)의 실제 의사결정과는 상당한 괴리가 발생되었다. 그래서 이 시기(1970년대)에 각 사업의 수익성, 성장성, 현금창출력 등을 고려해 미래에 지속적으로 회사차원에서의 성과를 향상시킬 수 있는 균형 잡힌 포트폴리오 구성을 가능하게 하는 포트폴리오 기획(Portfolio Planning)기법이 나타나게 되었다.

1970년대 다각화 기업들을 시작으로 많은 기업들이 포트폴리오 기획 기법을 도입하였고, 1979년에는 포춘지(Fortune) 선정 500대 기업 중 45%가 이 기법을 도입하기에 이르렀다. 포트폴리오 기획 기법의 도입으로 미래 성장을 위한 균형 잡힌 포트폴리오 구성이 가능하게 되어 재도약의 기회가 되었으나 이러한 포트폴리오 기획 기법에도 문제가 존재했다.

1980년대에는 다각화 기업이 각 사업부문을 잘 관리하지 못함으로 인해 기업의 가치하락을 초래하는 현상이 발생하였다. 이로 인해 대규모로 다각화 된 복합기업을 인수해서 가치를 창출할 만한 각 사업단위로 분할해 매각하는 방법을 취해, 그 과정에서 커다란 차익을 실현하는 기업들도 나타났다.

기업의 가치하락을 초래하는 이유는 기업경영(Corporate management)에 대한 효과의 문제로 대두되었다. 즉, 기업경영의 효과가 의문시 되자 각 기업들은 지원인력(Staff)을 축소한다든지, 본부업무(Central services)를 제공하는 기업센터(Corporate center)를 비용중심(Cost center)이 아닌 이익중심(Profit center)의 구조로 전환하였고, 권한을 각 사업부의 관리자에게 대폭 이양하는 등 비용절감을 추구하게 되었다.

다각화 기업의 가치에 대한 공격의 결과로 가치기반기획(Value-Based Planning, VBP)이 중시되어 80년대 많은 기업들이 가치기반기획기법을 도입하여, 다각화 기업은 주주의 가치향상에 초점을 맞추게 되었다. 가치기반기획은 가치 개념을 다각화 기업의 경영에 반영 했지만, 여전히 기업경영은 각 사업부문의 시장, 고객, 경쟁위치 등에 대해 깊이 알지 못했다. 포트폴리오 기획에서와 마찬가지로 공통 프레임워크(Common framework)를 적용해 각 사업부문들을 평가하고 그 결과에 따라 지원 배분을 하는 형태로 나타났다. 다각화 기업이 다양한 포트폴리오를 잘 관리하여 가치를 제고할 수 있다는데 대한 회의론이 강하게 제기되었고, 가치격차(Value-Gap)의 원인에 대한 실마리를 제공하는 시기였다고 할 수 있다.

1980년대 기업실적 악화 등의 영향으로 많은 기업들이 구조 조정을 통해 포트폴리오에 대한 합리화를 추구했지만, 어떤 사업부문을 보유하고 어떤 사업부문을 매각할 것인가를 결정하기란 쉽지 않는 문제였다. 이에 대해 관련 다각화(Consistent with stick-to-knitting advice)가 가능한 해답 중의 하나였으나 충분하지는 않았다.

1990년대 들어 다각화 기업은 1980년대의 문제점에 대한 다양한 관점에서의 기업 가치 제고에 대한 연구가 수행되었다.

2) 다각화 관점

1990년대 다각화 기업 전략상의 핵심 이슈는 1980년대 구조조정 과정에서 제기되었던 문제점을 바탕으로 다각화 기업이 사업 포트폴리오를 구성할 때 어떻게 기업 가치를 제고할 수 있는가에 대해 세 가지 관점으로 대별된다.

첫 번째 관점은 시너지 창출의 관점이었다. 다각화 기업의 핵심역량과 연계해 기업의 핵심역량 보유 및 증대가 가능해야 하며, 다각화 기업 경영진이 보유한 지배적인 경영 및 전략 논리와 경영스타일에 적합한 사업영역으로 이루어져야 한다는 중요한 세 가지 안으로 축약할 수 있다.

1990년대에 많은 문헌에서 시너지를 기업 수준의 전략(Corporate level strategy)과 동일시하고 있으며, 마이클 포터(Michael Porter)는 각 사업부문간의 상호연계(Interrelationships)가 기업전략의 핵심으로 보았다. 또 로자베스(Rosabeth Moss Kanter)는 기업 다각화 연구에서 시너지는 다각화 기업의 유일한 존재 근거(Only justification)라고 주장하였다.

실제로 각 사업부문들로부터 시너지를 얻는 것은 쉽지 않다. 다각화 기업의 인수 후 시너지 창출보다는 자산매각, 구조조정 등을 통해 대부분 이익을 실현했던 것을 보면 쉽게 알 수 있다. 시너지를 매우 강조하는 다각화 기업과 그렇지 않고 단순 연계만을 한 기업과 별 성과 차이가 없다는 결과와, 기업담보차입매수(Leveraged buyout, LBO) 전문 기업인 KKR와 워렌버핏(Warren Edward Buffett)의 투자전문회사인 Berkshire Hathaway 등이 보유한 기업들은 전혀 시너지를 추구하지 않음에도 불구하고 성과를 창출하는 예를 보아 시너지 관점은 다각화 기업의 가치제고를 위한 유일하거나 충분한 방안이 될 수 없다고 할 수 있다.

두 번째 관점은 핵심역량 관점(Core Competences View)이다. 다각화 기업의 각 사업부문이 단순 사업들의 집합이 아니라 기업핵심역량(Corporate core competence)에 기여할 수 있도록 구성되어야 한다는 것이다.

이러한 관점의 문제점은 어느 것이 기업의 핵심역량인지 명확히 정의내리기 힘들다는 것이다. 또 핵심역량의 정의를 내리고 이에 기초한 전략을 실행해도 각 사업에 관련된 핵심역량이 있는지 없는지 정확히 판단하기 어렵기 때문에 성과 향상은 힘들 수 있다.

또 다른 문제점으로는 핵심역량에 기초해 포트폴리오를 구성하더라도 각 사업부문은 서로 다른 전략과 관리방식을 필요로 한다는 것이다. 핵심역량은 시너지와 마찬가지로 다각화 기업 경영에 좋은 지적을 하였음에도 불구하고 충분하고 유일한 방식은 아님을 볼 수 있다.

세 번째 관점은 지배 경영 논리와 경영 스타일 관점(Dominant management logic and management style view)이다. 이는 경영진이 사업에 대해 개념화하고 이에 대한 자원배분, 의사결정 등을 하는 방식이다. 지배 경영 논리(Dominant management logic)의 개념에 의한 다각화 기업은 제품 또는 서비스의 수에 따라 정의되기보다, 각 사업들이 요구하는 전략적 다양성(Strategic variety, strategic logic, management logic)에 의해서 정의되는 것이 필요하며, 최고 경영진의 지배 논리(Dominant logic)와 각 사업부문이 요구하는 전략적 특성(strategic character)이 일치할 경우 다각화 기업의 성과 창출이 가능하다는 것이다.

이 관점에 대한 예로는 구드(M. Goold, 1987)와 캠벨(A. Campbell, 1987)의 전략경영 스타일(strategic management style)연구에서 기업들은 서로 다양한 전략경영스타일(지배논리)을 보유하고 있다고 주장한 사례를 들 수 있다. 여러 대규모 기업집단이 많은 다각화에도 불구하고 성공한 이유가 지배 경영 논리와 경영 스타일 관점으로 설명된다.

시너지창출 관점과 핵심역량 관점이 다각화 기업의 성공을 충분히 설명할 수 없는지에 대한 이유도 지배 경영 논리와 경영 스타일 관점을 통해 살펴 볼 수 있다. 하지만, 지배 경영 논리와 경영 스타일 관점에 기초했을 때, 경영논리(Managerial logic)관점에서 관련 다각화만을 추구해야 할지, 아니면 새로운 사업에 맞춰 지배논리(Dominant logic)를 계속 개발해야 할지가 새로운 문제로 대두되는 것이 현상이다.

3) 다각화 연구

세계화 추세로 전 세계적으로 사업을 확장하고, 경쟁이 심화되는 세계화 환경 하에서 파라할드(C. K. Prahalad, 2006)와 이브 도즈(Yves Doz, 2006)는 새로운 관리역량의 개발 필요성을 제기했다. 그러나 다각화 기업의 경영진이 새로운 경영방식을 개발하고 적용할 수 있는 지는 문제이다. 아직까지 지배논리 관점의 문제점에 대해서는 알 수 없지만, 어떻게 경영진이 새로운 지배 논리를 개발할 수 있을지, 그리고 과연 그것이 가능한지에 대한 연구는 필요할 것이다. 이미 언급한 경영진의 지배 논리의 중요성은 경영자의 역할이 될 수 있다. 즉, 경영자의 관련성에 대한 판단은 바로 경영 비전(Vision)으로 나타날 수 있고, 이러한 비전을 만들어 가는 것이 경영자의 역할이 되는 것이다.

경영자는 과거 주로 제품, 시장, 기술 측면에서의 유사성에 입각하여 관련성을 찾았고, 더 진보한 형태로는 차별화와 마케팅 스킬에 의한 관련성을 판단하게 된다. 이러한 관련성 판단을 위해 루멜트(R. P. Rumelt, 1997)는 기업 활동에 사용되는 제품, 시장, 기술의 유사성을 근거로 관련성을 파악하고 표준 산업 분류(Standard Industrial Classification, SIC)코드와 사업 단위 간 매출분포를 이용해서 다각화에 대해 접근을 시도 했다. 이는 관련성 개념화뿐만 아니라 객관적 자료의 취득 가능성 때문에 경험연구에 많이 활용된 접근 방법이다.

경영자의 관련성 판단과 루멜트의 전통적 판단법과는 관련성에 있어서 상당히 많은 차이가 존재하였다. 이러한 루멜트의 방법에 대해서 르멜린(Lemelin)은 관련성에 대한 부적절한 개념화 때문에 다각화에 대한 연구 성과의 설명력이 낮아진다고 보고 관련성을 규정하는 추가 요인을 제시함으로써, 그리고 파라할드와 베티스(Betties)는 경영관점에서 진정한 다각화는 사업들 사이의 전략적 다양성에서 발생하는 것이지 기술 혹은 시장의 다양성이나 사업의 수가 몇 개냐에 따라 발생하는 것이 아니라고 주장하면서 전략적 다양성 정도는 관련성에 대한 경영자의 인식에 달려 있다고 비판하였다.

다각화에 대한 관련성의 판단은 지배 논리에 의한 것, 즉 경영자의 마인드(Mind)로 인해 결정되어 진다고 보았다. 기존의 방법으로는 다각화 전략을 분류하기 힘들고, 경영자가 판단하는 관련성이 다각화 기업에서의 비전(Vision)으로 나타나고 이로 인해 실패가 되었건 성공이 되었건 이는 경영자의 스킬과 관계 되거나 경영자의 관련성에 대한 이해가 바탕이 된다는 것이다.

앞서 기술된 경영자의 지배 논리에 의한 경영 성과의 결과를 향상시키기 위해 과연 다각화가 경제적 효익을 가져다줄 것인지, 다각화가 경제적 효익을 제공한다면 관련 다각화와 비관련 다각화 중 어떠한 형태가 더 많은 효익을 줄 수 있는지에 대한 연구는 반드시 필요한 것이라 볼 수 있다. 이에 대해 팔리치(L. E. Palich), 카디날(L. B. Cardinal) 그리고 밀러(C. C. Miller) 등은 논문을 통해 세 개의 선형모형을 제시하고 이를 증명하고자 하였다.

해당 논문에 있는 3개의 모형은 선형모형, 역U모형, 중간화 모형으로 그림 2.10과 같다.

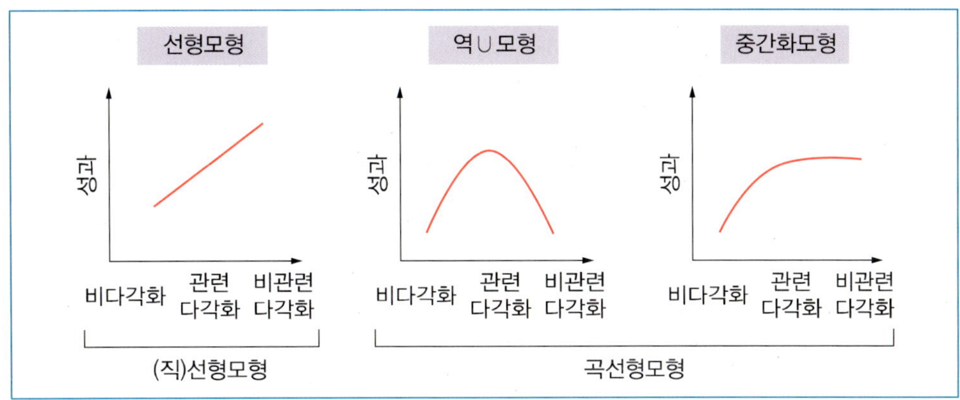

▲ 그림 2.10 다각화와 성과 관계 3개의 모형 개관

1962년 고트(Gort)에 의하여 시작된 선형모형의 내용은 다각화와 그에 따른 성과는 선형의 관계를 가지며, 그것은 항상 양의 관계를 가진다는 것이다. 즉, 다각화를 하면 할수록 성과는 더욱 올라간다는 모형이다. 이 모형은 시장 지배력 이론(Market power theory)을 포함하고 내부시장 효과 그리고 거래 비용 감소나 각종 결함 감소 등의 효과가 있다고 보았으나 선형모형의 입장에서 다각화가 증가되어야 하나 1980년대에는 다각화가 감소하는 형태를 나타내게 됨으로써 선형모형 형태의 다각화와 성과는 올바른 것인지에 대한 다른 견해가 존재해왔다.

다각화 성과에 대한 선형모형의 여러 논란들에 의해 발생된 곡선형모형은 다각화의 증가에 따라 무조건적인 성과만을 주장하고 있지는 않다. 이러한 곡선형 다각화 모형은 2가지로 나타나는데 역U모형과 중간화 모형이다.

역U모형은 극한의 다각화는 기업이 비 다각화 상태에 놓여 있는 경우 선택하는 엄격한 비즈니스의 전략으로 이런 극한의 다각화는 자본을 투기 위험성으로 끌어 들일 수도 있다는 것이다. 이렇게 비관련성을 가진 극한의 다각화는 다각화에 들어간 노력의 평균 이상의 이익을 내기 어렵다는 연구결과이다. 역U모형은 관련 산업으로 다각화를 하는 경우 비 다각화했을 경우보다 더 많은 성과를 나타내지만, 비관련 산업으로 극한적 다각화의 경우에는 오히려 성과가 나타나지 않는다는 이론이다.

팔리치, 카디날 그리고 밀러의 논문은 과거 30여 년간 다각화 성과에 관련하여 저술된 논문 등의 자료를 관련, 비관련 다각화 등으로 분류하고, 각 논문에서 결과로 나타난 데이터의 상관계수를 원 데이터로 하여, 이를 가지고 전체적으로 회귀분석을 이용하여 "기업의 다각화 성과는 역U모형을 따른다"라는 가설을 증명하는 방법으로 수행하였다. 회계 기반의 상관계수에 대한 회귀분석 결과 관련 산업에서 비관련 산업으로 다각화한 경우 회귀 계수가 음의 방향으로 가는 것으로 보아 오히려 성과가 안 나타나는 것으로 판단되었다. 즉, 다각화 모형 중 역U모형이 설득력을 얻는 것을 알 수 있다.

또 시장 기반의 상관계수에 대한 회귀 분석 결과는 관련된 산업으로의 다각화가 성과를 내고 비관련 산업으로의 다각화도 성과를 내고 있으나 그 유의성이 매우 약하고 데이터의 한계가 있는 것으로 파악되었다. 즉, 전체적으로 역U모형에 맞추어서 비관련 산업으로의 다각화보다는 관련 산업으로의 다각화가 기업의 성과를 내는데 유리하다는 결론이다.

또 다른 곡선형모형의 형태인 중간화 모형의 경우는 관련 산업으로의 다각화와 비관련 산업으로의 다각화는 모두 동일한 효과를 가지고 있다고 주장하는 모형이다. 관련 산업으로의 다각화에는 오히려 담합, 공조에 따른 정부의 견제 및 세금 문제, 그리고 관련 산업 간의 각종 내부 문제, 인센티브의 비층화 문제, 조직 간의 커뮤니케이션 부족으로 인한 장애 발생, 합병에 따른 부대비용 발생 등의 심각한 문제로 인해 오히려 다각화의 효과가 떨어질 수도 있다고 중간화 모형에서는 지적한다. 중간화 모형을 주장하는 학자들은 다각화 자체는 어느 정도의 성과를 올려 주되, 그 다각화가 관련, 비관련 산업이냐 보다는 이런 다각화가 비즈니스 핵심을 다루고 있는가가 더 중요하다고 주장하고 있다.

이러한 다각화 전략과 관련한 문제는 신제품 개발 시 중요한 이슈로 대두될 수 있다. 이에 본서에서는 경영학적 접근방법에 입각한 다양한 제품의 개발 시 이러한 전략 접근 방법을 고려해 볼 것을 권유한다. 예를 들면, 전자제품을 만드는 기업이 아무런 관련 없는 타이어를 신제품으로 내놓는 것보다는 전자 부품이 결합된 제품으로 접근하는 것이 성공확률을 높일 수 있다는 것이다.

2.5 그 밖의 경영학 이론들

1) 아담스(Adams)의 형평성 이론

우리는 일을 하면서 자신이 노력한 대가를 정당하게 받느냐 그렇지 못하느냐에 따라 일할 기분이 생기기도 하고 없어지기도 하는 경험을 한다. 이러한 문제에 관한 판단은 어떤 객관적인 기준에 의한다기보다는 다른 사람들과의 상대적인 비교를 하게 되는 경우에 많이 발생한다. 따라서 경영자가 조직구성원들을 동기부여 시키기 위해서는 그 사람이 노력하여 얻은 대가와 다른 사람이 노력하여 얻은 대가를 비교하여 공정성(형평성)이 유지되도록 해야 한다.

만일 어떤 근로자는 기업에서 매월 2백만 원의 임금을 주겠다는 제안을 수락하고 열심히 일을 수행하며 월급에 대하여 만족하고 있었다. 그런데 유사한 업무를 하는 동료 근로자가 매월 3백만 원을 받는다는 사실을 2백만 원을 받던 노동자가 알았다면 어떻게 반응을 하겠는가? 이처럼 갑자기 타인의 대우에 대한 사실을 알고 난 후에는 월급의 절대액은 문제가 되지 않는다.

이 상황에 있어서의 문제는 상대적인 보상에 초점이 맞추어지고 월급에 대한 공정성에 대한 의문을 가지게 된다. 종업원들은 그들의 직무에 대한 자신의 투입과 산출을 타인의 그것과 비교하고 만일 불균형이 존재하면 종업원들이 발휘하는 노력의 정도에 영향을 미친다는 증거가 있다. 이러한 동기(Motivation) 과정에 대한 아이디어를 제공해 주는 이론이 아담스(J. S. Adams)의 형평성 이론 또는 공정성 이론(Equity theory)이다.

형평성 이론은 인간행위에 관한 기본적인 가정으로써 개인들은 자신의 사회적 관계를 평가하며 이러한 평가는 타인들과의 비교 속에서 이루어진다고 본다. 공정성 이론은 일련의 사회적 비교이론들 중의 하나이다. 사회적 비교이론(Social comparison theories)이란 한 개인이 다른 사람들에 비해 얼마나 형평에 맞게 대우를 받느냐 하는 느낌을 중시하는 이론이다. 이론의 내용을 요약하면, 조직 속의 개인은 자신의 투입에 대한 산출의 비율과 타인의 투입에 대한 산출의 비율 속에서 공정성과 불공정성을 느끼고, 그에 따라 공정성을 회복하려는 방향으로 행동한다는 것이다.

이와 유사한 공정성 이론이란 각 개인은 자신이 기울인 노력에 대한 보상이 적절한가를 판단할 때 절대적인 기준뿐만 아니라 다른 사람과 비교한 상대적 기준도 중요하게 감안한다는 전제에서 출발한 이론이다. 절대적 기준 하에서는 적절히 대우받고 있다고 생각하는 사람이라도 다른 사람과 비교해서 상대적으로 대우받지 못하고 있다고 생각하면 공정성 긴장이 생기고 이는 곧 공정성 긴장을 해소하고자 하는 동기부여로 이어진다. 이 때 비교 기준으로 동원되는 대상에는 크게 네 가지가 있다.

① 같은 조직 내의 다른 직책을 맡을 당시와 비교(Self-inside)
② 현재 조직에 오기 전 근무하던 조직에서 받던 대우와 비교(Self-outside)
③ 같은 조직 내의 다른 개인과 비교(Other-inside)
④ 다른 조직의 개인과 비교(Other-outside)

이런 식으로 여러 대상 및 자신의 과거 경험과 현재 받고 있는 대우를 비교한다. 비교 대상의 성별, 경력, 직위, 교육 정도를 현재의 자신과 비교해서 자신이 투입한 입력

(input)에 비해 나오는 출력(outcome)이 적다고 느껴지면 공정성 문제가 생겼다고 느낀다. 비슷한 사람과 비교해서 그 사람만큼 일을 했고, 그 사람만큼 배웠고, 그 사람만큼 회사에 기여했는데도 적절한 보상을 받지 못하고 있다면 공정성 긴장이 생기고 이를 해소하고자 하는 방향으로 동기부여가 일어나게 된다는 이론이다.

2) 맥클랜드(David McClelland)의 성취동기 이론

맥클랜드는(McClelland) 성취동기이론을 주장하였다. 그는 작업 환경에는 세 가지 주요한 관련된 동기 또는 욕구가 있다고 주장을 하였다.

① **성취욕구(Need for achievement)** 성취욕구란 어려운 일을 성취하려는 것, 물질·인간·사상을 지배하고 조종하고 관리하려는 것, 그러한 일을 신속히 그리고 독자적으로 해내려는 것, 스스로의 능력을 성공적으로 발휘함으로써 자긍심을 높이려는 것 등에 관한 욕구라고 심리학자들은 규정하고 있다. 이러한 성취욕구가 강한 사람은 성공에 대한 강한 욕구를 가지고 있다. 또 그들은 책임을 적극적으로 수용하며, 행동에 대한 즉각적인 피드백을 선호한다.

② **권력욕구(Need for power)** 높은 권력욕구를 가지고 있는 사람은 리더가 되어 남을 통제하는 위치에 서는 것을 선호하며 타인들로 하여금 자기가 바라는 대로 행동하도록 강요하는 경향이 크다.

③ **친화욕구(Need for affilation)** 친화욕구가 높은 사람은 다른 사람들과 좋은 관계를 유지하려고 노력하며 타인들에게 친절하고 동정심이 많고 타인을 도우며 즐겁게 살려고 하는 경향이 크다.

맥클랜드의 성취동기이론을 매슬로우의 욕구단계이론과 비교해보면 성취욕구와 권력욕구는 욕구단계이론의 존경 및 자아실현욕구와 일맥상통하며 사회적 욕구는 친화욕구와 비슷하다고 할 수 있다. 물론 약간의 개념상의 차이는 존재한다.

맥클랜드는 세 가지 욕구 중에서 성취욕구의 중요성을 지적하였는데 성취욕구가 높은 사람들은 일을 더 잘하려는 희망이 있다. 이런 희망에 의해서 다른 사람들과 구별하여 다음과 같은 세 가지 특성이 나타난다.

① 그들은 문제 해결책을 찾는데 개인적인 책임을 부여하는 상황을 선호한다.
② 그들의 성과에 대하여 개선 여부를 알기 위하여 신속하고 명확한 피드백을 받을 수 있는 상황을 원한다.
③ 적절한 도전적인 목표를 설정할 수 있는 상황을 원한다.

높은 성취욕을 가진 자가 도박사는 아니며 그들은 유연한 상태에서 성공하는 것을 원하지 않는다. 그들은 타인들의 행동이나 우연에 의해서 결과가 나오는 것보다는 성공이나 실패에 대하여 자신이 책임을 지는 도전적인 일을 선호한다. 중요한 것은 그들은 매우 쉽거나 어려운 과업이라고 인지하는 것을 회피하는 성향을 가진다.

3) 맥그리거(D. McGregor)의 X · Y이론

맥그리거(McGregor)는 인간의 본질에 대한 상반된 가정을 중심으로 이론을 제기하였다. 맥그리거는 전통적 조직이론에서 조직구성원에 대하여 부정적인 관점으로 가정한 인간관을 X이론이라고 하였다. X이론은 대부분의 인간들이 일과 책임을 싫어하고 지시받기를 선호한다는 가정을 하고 있다. 그러나 그는 전통적 조직이론에 있어서 관리상의 관행에 대한 의문을 제기하고 새로운 관리체계의 구상이 현실적으로 필요하다고 생각하였다. 그는 인간의 본질에 관한 새로운 긍정적인 관점을 제시하고 있는데 이것을 Y이론이라고 하였다. Y이론에서는 인간은 일을 즐기고 업적에 대하여 상당한 자기통제를 행사할 수 있다고 가정하였다.

맥그리거는 미국 디트로이드 출신으로 1935년 하버드대학에서 박사학위를 취득하고, 하버드대학 및 MIT대학 교수와 앤티오크(Antioch)대학 총장을 역임한 심리학자이며 경영학자였다. 그의 주요저서는 「기업의 인간적 측면(The human side of Enterprise, 1960)」, 「리더쉽과 동기부여(The Leadership and Motivation, 1966)」, 「전문적 관리자(The Professional Manager, 1967)」 등이 있다. 조직 내 인간주의의 창시자인 맥그리거는 매슬로우(Maslow), 아지리스(Argyris), 허츠버그(Herzberg) 등과 가치 및 철학적 성향을 공유하고 있으며, 그들로부터 많은 영향을 받았다.

맥그리거의 주된 관심은 인간의 본성에 대한 새로운 인식을 조직의 관리 층에게 고취시키고자 하였다. 당시의 관리전략은 지시와 통제가 주를 이루었는데, 맥그리거는 그의 대표적인 XY이론을 통해 부정적인 인간관에 대하여 강한 반론을 제기하고 조직 내 인간문제는 보다 긍정적이고 낙관적인 인간관에 대한 분석을 하여야한다고 주장하였다. 맥그리거는 매슬로우, 아지리스, 허츠버그 등의 연구를 통합하여 당시의 경영현실에 대비함으로써 기존의 관리체계의 개선 가능성과 방향을 제시하여 조직이론의 발전에 큰 공헌을 하였다.

X이론

① 인간은 천성적으로 일을 싫어하며, 가능한 한 일을 피하고자한다.
② 조직 내의 목표달성을 위해서는 강제하고 통제 · 명령 · 처벌의 위협을 통해서 가능하다.

③ 인간은 자발적으로 책임을 지기보다는 지시받기를 좋아하고 무엇보다도 안전을 중시한다.

Y이론 ① 작업에 신체적 · 정신적 노력을 하는 것은 놀이나 휴식처럼 자연스러운 것이다.

② 외적 통제와 처벌만이 조직목표달성을 위한 유일한 수단은 아니다. 인간은 스스로의 의지에 따라서 자율적으로 자기 통제를 할 수 있는 존재이다.

③ 개인의 조직목표달성을 위한 의지는 목표달성에 따른 보상에 대한 기대에서 발생한다. 목표추구의 궁극적인 동기는 자신이 중요하다고 여기는 이기적 욕구와 자아 실현욕구의 충족이다.

④ 대체로 인간은 적당한 조건만 갖추어 진다면 새로운 당면문제를 해결하기 위한 창의력을 가지고 있다.

⑤ 현대 조직 내에서 평균적 인간의 지적 능력은 그 일부만 활용되고 있다.

맥그리거의 주된 관심은 인간의 본성에 대한 새로운 인식이다. 이러한 인간의 본성을 통해 동기부여의 개념을 접근해보는 것도 또 하나의 접근 방법이 될 수 있다.

3. 시제작품 개념 설계와 사양

3.1 개념 설계와 제품 사양의 검토

앞서 살펴본 소비자 행동론과 인간의 욕구를 고려한 신제품 개발은 기업에 있어서 중요한 개념이다. 즉, 신제품 개발에 대한 성공 확률을 높일 수 있는 방법론적 접근이 될 수 있다. 여러 학문 분야에서 이러한 방법론들이 다양하게 나와 있는데 해당 업종, 제품의 형태 그리고 시장 상황 등에 따라 그 형태를 달리한다. 그러므로 한 기업이 신제품을 개발하고자 할 때는 여러 가지 방법론을 사전에 검토하고 그 중 가장 적합한 방법론을 선택해서 이행하는 것이 효율적이다. 이러한 일련의 과정을 수행하는 곳이 R&D로서 그 역할의 중요성은 매번 강조해도 지나침이 없을 것이다.

통상적으로 신제품을 개발하기에 앞서 개념 설계와 제품 사양의 검토가 필요하다. 개념 설계의 경우 크게 세 가지로 구분 될 수 있다.

그 첫째가 앞서 언급했던 소비자가 원하는 제품이어야 하므로, 그에 대한 시장 조사

결과를 포함한 요구사항의 정의이다.

두 번째로는 요구사항을 바탕으로 구조나 기능이 어떻게 되어야 하는지를 정의하는 일이 필요하다. 이를 구조 및 기능 정의라 한다. 이러한 구조나 기능의 정의는 향후 설계도면으로 구현되어야 하므로 가능한 상세하게 정의해두는 것이 좋다.

마지막으로 세 번째는 기능 정의 및 요구사항을 해당 기업에서 수용해낼 기술이 있는지에 대한 기술적 가능성에 대한 사항을 정리하는 기술정의이다.

1) 요구사항 정의

요구사항 정의는 주로 시장조사에 의해 이루어진다. 시장조사에는 실태조사, 목표(Target) 시장 정의, 판매조사, 수요예측 등이 이루어지는데 개발 제품에 따라 그 내용을 달리할 수도 있다. 실태조사는 시장규모와 시장 내에서 경쟁해야할 관련자(Player)들이 어떻게 존재하는지를 미리 파악해 본다. 목표 시장 정의는 시장의 범위와 대상을

표 2-4 개념 설계와 제품 사양 검토 내용

단계	내용	상세내용
요구사항 정의	시장/실태조사	시장의 규모 시장 내 관련자 등
	타겟 시장 정의	범위 및 대상 • 국가, 지역, 계절 별 분석 • 성별, 연령, 학력, 직업 • 계급, 계층, 집단 분석 상품테스트 대상 시장 형성 테스트 대상
	판매조사(수요예측)	형성 가격 판매처 수요예측 기법 활용
구조 및 기능 정의	제품 디자인	크기 형상 색상
	제품 기능	기능 성능 품질 원재료 및 재질
기술 정의	제품 디자인 기술	디자인 대응 기술 수준
	제품 기능 기술	기능 대응 기술 수준

정의하는 것으로 어느 지역에서 어떤 사람을 대상으로 할 것인지를 정의한다. 다만 이 때 목표 시장의 특성에 따라 사용하는 사람과 구매하는 사람이 다를 수 있는데 상품테스트의 대상인 제품을 사용하고자 하는 대상과 시장 형성 테스트 대상인 구매를 하는 사람으로 분류하여 대상을 정의해두는 것이 좋다. 판매조사 및 수요예측에서는 제품 형성 가격, 판매처 등을 조사해서 향후 제품이 원활하게 판매될 수 있는지를 미리 예측해 보아야 한다.

2) 구조 및 기능 정의

이러한 요구사항 정의 과정의 다음 단계로 구조 및 기능 정의 단계가 있는데, 제품의 디자인과 제품기능을 정의하는 단계이다. 실제 제품이 가시화 될 수 있도록 상세하게 정의하면 할수록 설계 과정에서 많은 도움이 된다. 제품 디자인 요소로는 크기, 형상, 색상 등을 사전에 정의하고 제품에 대한 기능들도 꼼꼼히 정의해두는 것이 좋다. 구조 및 기능 정의 단계에서 정의된 내용은 향후 자재명세서(Bill of Materials, BOM)를 작성하는 기본이 된다.

예를 들면, 아주 간단한 볼펜에 대해서 살펴보자 제품 디자인 요소로 손에 쥐었을 때 편안한 느낌을 주는 굵기와 길이를 정의하고 글씨를 쓰는 볼펜 촉 부분을 어떤 형상으로 만들지에 대해서 정의를 한다. 그리고 제품 기능 요소에 대한 정의는 뒤쪽을 눌렀을 때 촉이 튀어나오고 다른 곳을 누르면 들어가게 정의하고 볼펜심은 표준화되어 있는 일반 볼펜심을 사용할 수 있도록 기능 정의를 한다.

제품 디자인 요소 정의(예)

① 형상 정의

- 앞부분은 뾰족하고 뒷부분은 누를 수 있음
- 손에 쥐었을 때 불편감이 없는 굵기
- 캡이나 뚜껑이 없음
- 클립이 없는 심플한 구조

② 길이 15 cm

제품 기능 요소 정의(예)

① 본체

- 길이 12 cm, 굵기 7 mm의 둥근 원형, 한쪽에 암나사를 만들어 촉부분 결합

② 촉 부분

- 길이 3 cm, 축이 나오는 부분의 직경 2 mm
- 본체 결합부분은 본체 안으로 들어가서 결합
- 볼펜심 교체 시 체결이 쉽게 수나사로 결합

③ 볼펜심

- 일반 볼펜심을 사용

④ 스프링

- 볼펜심 원위치용으로 버튼을 눌렀을 시 가볍게 작동하기 위한 압력 요구
- 최대길이 3 cm, 최소길이 2 cm 이하, 탄성계수(시험에 의함)

⑤ 버튼

- 본체 뒷면에 위치하여 본체와 결합하여 볼펜심을 밀어 넣을 수 있도록 설계
- 버튼은 누른 후 고정되어야 하고 다른 작동으로 고정을 해제할 수 있어야 함

상기 예와 같이 제품 디자인 요소와 제품 기능 요소를 정의한다. 이러한 정의는 아주 기초적인 것부터 기술적으로 정의되지 않은 다양한 형태로 정의를 하게 되는데 이후 각 부품설계의 기초가 된다.

3) 기술 정의

기술 정의는 제품의 요구 기술에 따라 기업이 해당 기술을 적용해서 제품을 개발해낼 수 있을지를 판단하기 위해 작성하는 것이다. 이는 제품 디자인 기술과 제품 기능 기술로 분류할 수 있는데, 제품의 형상이나 설계 기술과 관련된 기술적 정의를 제품 디자인 기술로 정의하고, 정밀도, 소프트웨어적 또는 각종 특성 등은 제품 기능 기술로 정의를 해둔다.

예를 들어, 앞서 제품 디자인 요소와 제품 기능 요소를 정의하면서 기능 요소에 해당하는 스프링의 경우를 보면 요구 기능이 '볼펜심 원위치용으로 버튼을 눌렀을 시 가볍게 작동하기 위한 압력 요구'라고 되어 있다. 이러한 스프링을 기술적으로 판단하여 생산가능할지 아니면 아웃소싱이 가능한지 등에 대한 기술적 판단을 할 수 있도록 해야 한다. 아무리 훌륭한 제품이라도 만들지 못하면 제품화 될 수가 없기 때문이다.

기술 정의에서는 아주 복잡한 부품이 될 수도 있고, 시스템이 될 수도 있고, 아주 정밀하거나, 기술적으로 검증되지 않은 내용 등이 포함될 수 있다. 특히 기초기술의 경우는 해당 정의를 내리면서 반드시 특허 출원 신청을 한다거나, 제품 생산을 위한 사전 기술 개발이 필요하게 된다. 이러한 절차를 따르지 않고 제품을 개발할 경우 복잡한 제품일수록 후속 업무가 많아지고 투입되는 비용 또한 많이 소요된다.

3.2 자재명세서 확인

앞서 개념 설계와 제품 사양에 대한 검토 내용을 살펴보았다. 제품은 몇 개의 부품들을 조립하는 것으로 구성할 수 있다. 부품은 또 다른 부품으로 구성된다. 즉, 최하 단위 부품들이 모이고 모여서 제품들을 만들어 낸다는 것이다. 우리는 이러한 구조를 계층구조(Hierarchy)라고 한다. 실제 제품을 만들어내기 위해서 사전에 만들어지는 계층구조의 부품단위 데이터베이스(Database)가 존재하는데 이를 우리는 자재명세서(Bill of Materials, BOM)라고 한다.

BOM은 각 부품 및 부분조립품과 전체조립품의 거의 모든 특성들을 데이터베이스로 관리한다. 예를 들어 A1이라는 부품이 있다고 하면, A1부품은 A라는 상위 부품을 가진다는 정보와 A11, A12, A13이라는 하위 부품이 있다는 정보를 가지고 있으며, 이에 대한 설계정보, 공정정보와 Index정보(이름, 수량, 무게, 기타 필요한 정보 등)를 포함하고 있다. 또 A11 또는 A12가 단위 부품이라고 할 경우에는 상위 부품정보와 Index정보 이외에도 재료, 공정, 무게, 수량, 가격 및 이산화탄소 배출량과 같은 정보도

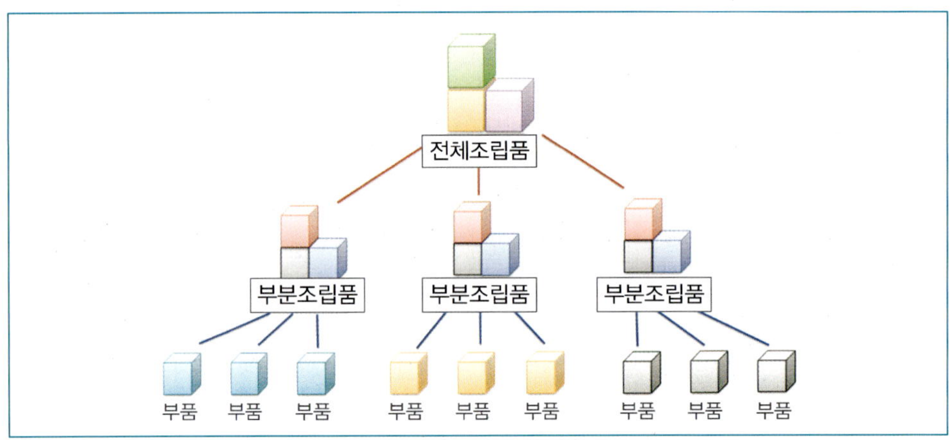

▲ 그림 2.11 BOM 구조

Part No.	Level	Name	Material	Process	Weight	Count
BT000	0	생수제품(2L)	–	–	2,041g	1
BT001	1	Bottle	PET	Molded	40g	1
BT002	1	Cap	PP	Molded	1g	1
BT003	1	Water	water	–	2,000g	–

▲ 그림 2.12 생수제품의 BOM예제

가질 수 있다.

그림 2.12는 생수제품의 BOM내용이다. 간단하게 나타낸 BOM으로 부품번호(Part No.), 수준(Level), 명칭(Name), 재료(Material), 제조방법(Process), 무게(Weight), 수량(Count) 등으로 구분하여 관리하고 있다.

부품번호의 경우 제품 개발에 있어 필수적이다. 주로 설계도면 및 다양한 곳에 사용되는 번호이므로 처음 부품번호 체계를 만들 때부터 기업의 고유한 부품 번호 체계에 따라 형태를 만들고 정의해 두는 것이 좋다.

Level의 경우 아주 중요한 내용으로 상하 관계를 표현해 주는 것이다. 생수 제품의 경우 Level 0을 제품(Product)으로 정의하였고 Level 1은 각각의 부품을 이야기 하는데, 본 제품의 경우 하위 Level이 1로 제품 구성이 되어 있다고 보면 된다. 간단한 제품의 경우 1 Level로 끝나는 경우도 있지만, 자동차나 항공기 같은 경우 4 Level 내지 5 Level까지 하위 구성이 내려가기도 한다. 이렇게 하위 수준 구성이 많을 경우에는 계산을 하기 위해서 역 전개를 해야 하는 경우가 많이 발생하므로 이를 계산하는데 많은 시간이 소요되게 되므로 복잡한 구조의 제품을 생산하는 회사의 경우 BOM전용 시스템을 구축하고 있는 경우가 많다.

BOM을 잘 구성해두게 되면 다양한 이점이 있다. 실제 많은 기업들이 제품을 개발할 때 BOM을 구축하고 이로 인한 이점을 활용함으로 인해 개발기간과 개발비용을 줄이고 있다.

그림 2.13에서와 같이 제품 A가 이미 개발되어 있고, 제품 B를 개발하고자 하는 회사가 있다면, 제품 A를 개발할 때 만들어 둔 제품 A의 BOM이 존재할 것이다. 제품 B를 만들면서 구조 및 기능 정의를 하고 기술을 검토했을 때 제품 A의 요건과 동일한 것을 확인했다면 제품 B에는 제품 A에서 사용했던 부분조립품 T를 그대로 제품 B에 가져가서 활용하면 된다.

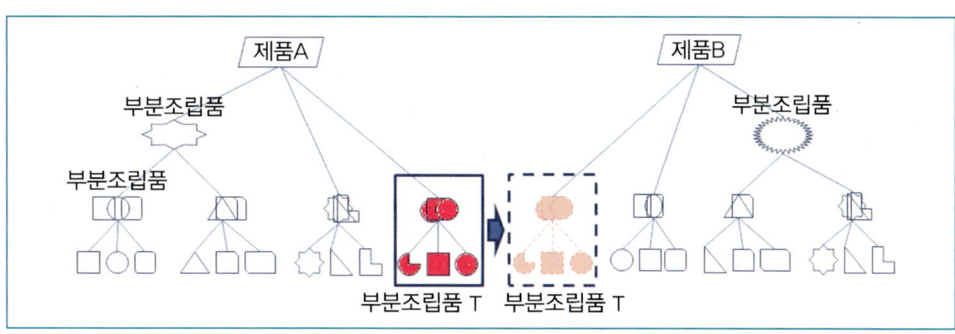

▲ 그림 2.13 BOM을 이용한 부품 공용화

제품이 간단할 경우에는 이점이 미비할 수 있겠지만, 부품의 수가 많고 복잡할수록 BOM의 활용도는 크게 된다. 이를 우리는 부품에 대한 공용화라고 한다. 이러한 부품 공용화는 설계, 성능 시험, 품질 등 다양한 분야에서 이점으로 작용하여 기업에게 개발 기간과 개발 원가를 낮출 수 있는 방법이다.

흔한 예로 자동차의 경우 2만여 개의 부품으로 이루어진다고 알려져 있는데, 자동차 사이즈가 유사한 차량을 개발함에 있어서 A라는 모델의 브레이크 시스템이 기존에 사용되고 있었다고 가정하자, B라는 모델을 만들면서 구조 및 기능 정의를 검토해본 결과 A모델의 브레이크 시스템을 그대로 사용해도 된다는 결론이 나왔다면 A모델의 브레이크 시스템을 그대로 사용하게 된다. 그렇게 되면 B모델을 개발하면서 브레이크 부분에 있어서는 새로운 설계가 필요 없고, 테스트 또한 일부 한정적인 적용 테스트를 진행할 것이고, 이미 검증된 성능에 따라 소비자들도 신뢰할 수 있는 브레이크 성능을 발휘할 것이다.

결국 BOM을 잘 활용함으로 인해 기업은 개발 기간과 개발 원가를 줄이고, 소비자는 더욱 신뢰할 수 있는 제품을 사용할 수 있게 되는 것이다.

앞의 볼펜 예제를 가지고 BOM을 구성해 보도록 하겠다. 앞서 정의된 제품 기능 요소를 살펴보면 5가지 부품으로 구성할 수 있을 것이다.

제품 기능 요소(예)

① 본체
- 길이 12 cm, 굵기 7 mm의 둥근 원형, 한쪽에 암나사를 만들어 촉 부분 결합

② 촉 부분
- 길이 3 cm, 촉이 나오는 부분의 직경 2 mm
- 본체 결합부분은 본체 안으로 들어가서 결합
- 볼펜심 교체 시 체결이 쉽게 수나사로 결합

③ 볼펜심
- 일반 볼펜심을 사용

④ 스프링
- 볼펜심 원위치용으로 버튼을 눌렀을 시 가볍게 작동하기 위한 압력 요구
- 최대길이 3 cm, 최소길이 2 cm 이하, 탄성계수(시험에 의함)

⑤ 버튼
- 본체 뒷면에 위치하여 본체와 결합하여 볼펜심을 밀어 넣을 수 있도록 설계
- 버튼은 누른 후 고정되어야 하고 다른 작동으로 고정을 해제할 수 있어야 함

표 2-5 볼펜의 BOM

Part No.	Level	Name	Material	Process	Weig.	Cnt.	etc.
BP000	0	Ball Point Pen					
BP001	1	Body	PP	Molded	-	1	
BP002	1	chock	PP	Molded	-	1	
BP003	1	refill	multi-	Outsourcing	-	1	
BP004	1	Spring	steel	-	-	1	
BP005	1	Button	PP	Molded	-	1	

간단하게 볼펜에 대한 BOM을 구성해 보았다. 이는 설계를 진행하는데 기본적인 계획이 된다고 할 수 있다. BOM을 살펴보면 Part No. BP000의 경우 완성된 볼펜제품이 될 것이고, BP001은 볼펜 몸체, BP002는 촉부분, BP003은 볼펜심, BP004는 스프링, BP005는 버튼이 된다. 여기서 BP003은 외부에서 구매를 해서 준비해야 하고, 나머지 BP001, BP002, BP005는 직접 설계 후 플라스틱 계열인 PP로 만들어내고, BP004는 설계 후 철 재질로 제작을 해야 한다는 계획이 나온다.

3.3 단위 부품별 설계 계획

앞서 살펴본 BOM에 빠진 부분이 각 부품별 기능을 고려한 형상이다. 즉, BOM에 표현되어 있는 부품 중 표준 부품을 제외하고 나머지는 형상이 포함되어 있는 설계를 신행해야 한다는 것이다. 각각의 부품에 대한 설계를 진행할 때 고려해야 할 세 가지가 일정, 인력, 비용인데 이를 우리는 자원(Resource)이라고 한다.

기업의 경영과 관련하여 리소스를 관리하기 위한 기법이 다양하게 존재하는데 그 중 시스템화된 형태를 이알피(Enterprise Resource Planning, ERP)라고 한다. 대부분의 기업들은 ERP를 적용하여 인사, 재무, 회계, 비용, 판매, 영업 등 다양한 분야에 활용하고 있으며, 이들은 각각의 전문 분야별 모듈이 상호 연계되는 형태로 시스템이 구성되어 있고, 대표적인 ERP의 선두주자는 SAP, Oracle 등이 있다.

기업을 경영하기 위한 분야에서는 ERP가 많이 활용되고 있지만, 연구개발(R&D) 분야를 중심으로 한 엔지니어링(Engineering) 분야에서는 ERP만으로 각종 전문화된 정보를 관리하기에는 한계가 있다. 최근의 ERP에는 엔지니어링 분야에 특화된 모듈(예를 들면 BOM 등)이 포함되기도 하지만, 한계가 있다고 본다.

연구개발 분야의 리소스를 전문적으로 관리하기 위한 도구(Tool) 또는 시스템(System)으로 제품정보관리시스템(Product Data Management, PDM)이나, 제품수명주기관리시스템(Product Life-Cycle Management, PLM)을 활용하게 된다. PLM의 경우 PDM보다는 좀 더 포괄적인 엔지니어링 정보 관리 및 활용 방안을 제공하고 있기 때문에 어떤 측면에서는 PDM보다 상위의 개념이라고 할 수 있겠다. 또는 PDM 이후에 개발되어 복잡한 기술 개발에 활용되고 있으므로 PDM보다는 더 업그레이드 된 개념으로 이해하는 것이 좋을 듯하다. PDM과 PLM에 대한 솔루션 제공기업으로는 전통적으로 글로벌 기업들이 강세를 나타내고 있는데, 주로 다쏘(Dassault)와 지멘스(Siemens) 등을 그 대표적인 회사로 꼽을 수 있다. PDM과 PLM에 대한 상세 내용은 본서에서 다루기에는 내용면에서 너무나 많기 때문에 또 다른 전문 서적을 참조하도록 하자.

하나의 제품을 개발함에 있어서 프론트 로딩의 중요성에 대해서는 이미 언급한 바가 있다. 실제 대다수의 기업들이 이를 간과해 많은 시간과 인력, 그리고 비용을 낭비하는 경우가 많이 발생한다. PDM, PLM 및 BOM에서 공용부품을 제외하고 설계를 해야 하는 다양한 단위 부품들을 찾아낼 수가 있다. 이러한 시스템들을 최대한 활용해서 다수의 인력이 정해진 시간에 설계를 해낼 수 있게 하는 것이 바로 설계 계획이고, 이에 따라 단위 부품별 설계 계획이 수립된다.

신제품을 개발하는 과정에서 형상을 만드는 작업은 제품 개발의 가장 기본적인 작업이다. 간단히 이루어지는 제품에서부터 항공기나 선박 및 자동차 등에 이르기까지 실로 엄청나게 많은 부품으로 이루어지는 제품이 많다.

제품이 첨단화 되어 가면서 더더욱 단위 부품의 역할이나 기능이 다양해지고, 또 재료나 물성 등의 고려가 필요하게 된다. 이를 위해 부품을 형상화 시키고 특성을 나타내는 도면을 만들 수 있는 도구가 바로 캐드(Computer aided design, CAD)이다. CAD 또한 PDM과 PLM처럼 다양한 회사의 제품이 존재하며, CAD를 이용해 제품의 형상을 만들어낸다. CAD를 이용해 설계를 진행하는 데는 많은 시간을 필요로 한다. 이에 따라 제품의 전체 개발 기간 중에 반드시 CAD로 설계하기 위한 시간 할애를 해야 한다. 뿐만 아니라 설계에 투입될 인력 및 기능적 구현을 고려해서 시간, 인력, 비용에 대한 상세 계획이 이루어져야 하는데, 단위 부품별로 이러한 리소스를 할당하고, 수행할 수 있도록 계획을 잡는 것이 바로 부품 단위별 설계 계획이다. 그림 2.14는 리소스가 반영된 설계 계획의 일부를 보여주는 것이다.

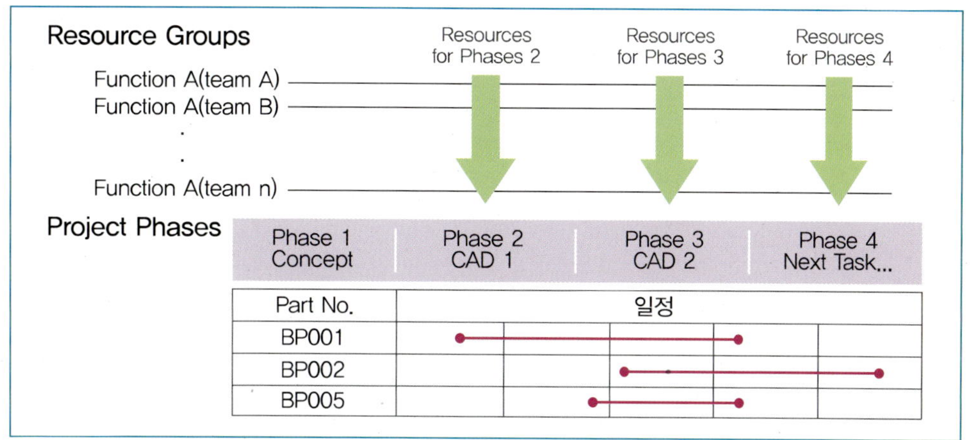

▲ 그림 2.14 리소스와 설계 계획

3.4 설계변경의 개념적 이해

부품 단위별 설계 계획을 통해 부품이 설계되거나, 시제작품이 만들어지는 과정, 또는 완제품이 만들어 진 이후 등 다양한 시점에 문제가 발생하거나 필요에 의해 제품의 내용이 변경되어야 할 필요가 발생할 경우가 있다. 이러한 경우 무턱대고 설계를 변경하고 반영해버린다면, 생산 및 사후지원(After sales Service, AS)에서 혼란을 초래하는 원인이 될 수 있다.

제품에 대한 변경이 일어나야 할 경우가 발생하면 즉시 제품의 형상, 기능, 품질 및 다양한 관점에서 제품을 재조명해 보아야 한다. 이후 변경이 되어야 할 경우는 설계변경을 진행한다. 설계가 변경될 경우는 이미 대부분의 설계자가 인시하고 있겠지만, 해당 설계변경이 이루어지는 날짜(적용 시점), 적용 대상(Item) 및 적용 제품의 순차적 고유번호(Serial No.)까지도 확실하게 명기해주어야 한다. 그래야만 생산이나 AS 등에서 혼란을 초래하지 않게 되며, 제품의 문제 발생 시 신속하고 정확하게 문제를 해결할 수 있는 방안이 마련된다.

참고문헌

- Adams, J. S., &Freedman, S. (1976). Equity theory revisited: Comments and annotated bibliography. In *Advances in experimental social psychology* (Vol. 9, pp. 43-90). Academic Press.
- Alderfer, C. P. (1969). An empirical test of a new theory of human needs. *Organizational behavior and human performance, 4*(2), 142-175.
- Andreasen, M. M., &Hein, L. (2000). Integrated product development.
- Bird, S. R., & Sapp, S. G. (2004). Understanding the gender gap in small business success: Urban and rural comparisons. *Gender & Society*, 18(1), 5-28.
- Blackwell, R. D., Miniard, P. W., &Engel, J. F. (2001). Consumer behavior 9th. *South-Western Thomas Learning. Mason, OH.*
- Brown, S. L., & Eisenhardt, K. M. (1995). Product development: Past research, present findings, and future directions. *Academy of management review,* 20(2), 343-378.
- Clark, K. B., & Wheelwright, S. C. (1993). Managing new product development—text and cases. *Harvard Business School.*
- Cooper, R. G. (1979). The dimensions of industrial new product success and failure. *The Journal of Marketing,* 93-103.
- Cooper, R. G., & Kleinschmidt, E. J. (1993). Major new products: what distinguishes the winners in the chemical industry?. *Journal of Product Innovation Management: AN INTERNATIONAL PUBLICATION OF THE PRODUCT DEVELOPMENT & MANAGEMENT ASSOCIATION,* 10(2), 90-111.
- Cooper, R. G., & Kleinschmidt, E. J. (1995). Benchmarking the firm's critical success factors in new product development. *Journal of Product Innovation Management: AN INTERNATIONAL PUBLICATION OF THE PRODUCT DEVELOPMENT & MANAGEMENT ASSOCIATION,* 12(5), 374-391.
- Crawford, C. M. (1991). The dual-drive concept of product innovation.
- Davenport, T. H., &Short, J. E. (1990). The new industrial engineering: information technology and business process redesign.
- Eisenhardt, K. M., & Tabrizi, B. N. (1995). Accelerating adaptive processes: Product innovation in the global computer industry. *Administrative science quarterly,* 84-110.
- Festinger, L. (1954). A theory of social comparison processes. *Human relations*, *7*(2), 117-140.
- Goold, M., Campbell, A., &Goold. (1987). *Strategies and styles: The role of the centre in managing diversified corporations*. Oxford: Basil Blackwell.
- Gort, M. (1962). Front matter, diversification and integration in American industry. In *Diversification and integration in American Industry* (pp. 22-0). Greenwood Press.
- Griffin, A. (1997). PDMA research on new product development practices: Updating trends and benchmarking best practices. *Journal of Product Innovation Management: AN INTERNATIONAL PUBLICATION OF THE PRODUCT DEVELOPMENT & MANAGEMENT ASSOCIATION,* 14(6), 429-458.
- Hamel, G., Doz, Y. L., & Prahalad, C. K. (1989). Collaborate with your competitors and win. *Harvard business review*, *67*(1), 133-139.
- Headd, B. (2003). Redefining business success: Distinguishing between closure and failure. *Small business economics,* 21(1), 51-61.
- Jemison, D. B., &Haspeslagh, P. C. (1991). Managing acquisitions: Creating value through corporate renewal. *New York:±e Free.*
- Kanter, R. M. (1994). Collaborative advantage. *Harvard business review*, *72*(4), 96-108.

- Lemelin, A. (1982). Relatedness in the patterns of interindustry diversification. *The Review of Economics and Statistics*, *64*(4), 646-657.
- Leonard-Barton, D. (1992). Core capabilities and core rigidities: A paradox in managing new product development. *Strategic management journal,* 13(S1), 111-125.
- McClelland, D. C. (1987). *Human motivation*. CUP Archive.
- McCune, B., Grace, J. B., & Urban, D. L. (2002). *Analysis of ecological communities* (Vol. 28). Gleneden Beach, OR: MjM software design.
- McGregor, D. (1960). Theory X and theory Y. *Organization theory*, *358*, 374.
- McLeod, S. (2007). Maslow's hierarchy of needs. *Simply Psychology, 1*.
- O'Leary, D. E. (2000). *Enterprise resource planning systems: systems, life cycle, electronic commerce, and risk*. Cambridge university press.
- Page, A. L. (1993). Assessing new product development practices and performance: establishing crucial norms. *Journal of Product Innovation Management,* 10(4), 273-290.
- Palich, L. E., Cardinal, L. B., &Miller, C. C. (2000). Curvilinearity in the diversification–performance linkage: an examination of over three decades of research. *Strategic management journal*, *21*(2), 155-174.
- Porter, M. E. (1989). How competitive forces shape strategy. In *Readings in strategic management* (pp. 133-143). Palgrave, London.
- Porter, M. E. (2011). *Competitive advantage of nations: creating and sustaining superior performance* (Vol. 2). Simon and Schuster.
- Prahalad, C. K., &Hamel, G. (2006). The core competence of the corporation. In *Strategische unternehmungsplanung—strategische unternehmungsführung* (pp. 275-292). Springer, Berlin, Heidelberg.
- Prasad, B. (1996). *Concurrent engineering fundamentals* (Vol. 1). Englewood Cliffs, NJ: Prentice Hall.
- Roberts, R. E., Shema, S. J., & Kaplan, G. A. (1999). Prospective data on sleep complaints and associated risk factors in an older cohort. *Psychosomatic medicine,* 61(2), 188-196.
- Rothwell, R. (1994). Towards the fifth-generation innovation process. *International marketing review*, *11*(1), 7-31.
- Rumelt, R. P. (1997). Towards a strategic theory of the firm. *Resources, firms, and strategies: A reader in the resource-based perspective*, 131-145.
- Simon, H. (1979). Dynamics of price elasticity and brand life cycles: An empirical study. *Journal of Marketing Research,* 439-452.
- Stevenson, W. J., Hojati, M., &Cao, J. (2007). *Operations management* (Vol. 8). Boston: McGraw-Hill/Irwin.
- Stone, D., Jarrett, C., Woodroffe, M., &Minocha, S. (2005). *User interface design and evaluation*. Elsevier.
- Thomke, S., &Fujimoto, T. (2000). The effect of "front-loading" problem-solving on product development performance. *Journal of Product Innovation Management: AN INTERNATIONAL PUBLICATION OF THE PRODUCT DEVELOPMENT &MANAGEMENT ASSOCIATION*, *17*(2), 128-142.
- Zachman, J. A. (1987). A framework for information systems architecture. *IBM systems journal*, *26*(3), 276-292.

3D 프린팅을 위한 3D 데이터의 확보 03

1. 3D 모델링 데이터 생성 방법

1.1 3D 데이터 생성 방법

3D 프린팅을 위해서 가장 기본적으로 필한 것이 3차원 데이터이다. 3차원 데이터는 몇 가지의 방법으로 얻을 수 있는데 크게 2가지 정도로 나눌 수 있다.

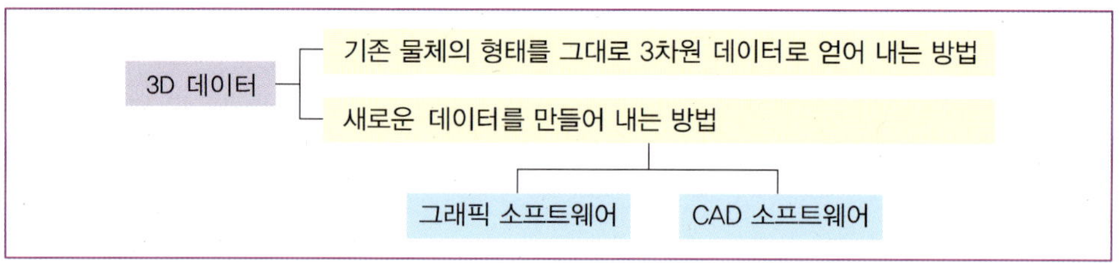

▲ 그림 3.1 3D 데이터 생성 방법

첫 번째는 기존 물체의 형태를 그대로 3차원 데이터로 얻어 내는 방법이고, 두 번째는 새로운 데이터를 만들어내는 방법이다(그림 3.1 참조).

첫 번째로 기존 물체의 형태를 그대로 3차원 데이터로 얻어내는 방법에는 직접 치수를 재는 방법과 3차원 스캐너를 활용해 스캐닝을 함으로써 데이터를 확보하는 방법이 있다. 직접 치수를 재는 방법은 사람이 일일이 자와 각도계, 버니어 캘리퍼스 등을 이용해서 잴 수도 있겠지만, 정밀한 측정을 위해서 3차원 측정기를 활용하기도 한다. 3차원 측정기는 기존의 물체를 일정한 공간에 두고 아주 미세하게 기계적으로 측정하는 방식과 레이저를 이용해서 측정하는 방식이 있으며, 최근에는 다양한 기술이 개발되어 컴퓨터 단층 촬영(Computer tomography, CT)을 이용한 방법도 나오고 있다.

3차원 스캐너를 이용하는 방법은 3D 프린팅이 활성화 되면서 더욱 각광 받는 기술이 되고 있다. 스캔하고자 하는 물건을 일정한 공간에 두고 광원을 쏘여서 다각도의 형상 데이터를 얻어 내는 방식이다. 3차원 스캐너를 사용하면 복잡한 형상의 물체에 대한 3D 데이터를 얻을 수 있는 장점이 있어, 주로 캐릭터 디자인이나 예술 작품 같은 물체를 재생산할 때 많이 사용되며, 최근에는 3D 스캐너의 정밀도가 향상되어 3차원 측정기를 대신하여 사용되기도 한다.

두 번째로 새로운 데이터를 만들어내는 방법은 3D 모델링을 통해 데이터를 획득하는 일이다. 기본적으로 3D 모델링을 하기 위해서는 3차원 모델링 소프트웨어가 필요하다. 주로 많이 사용되는 것이 3차원 그래픽 소프트웨어와 CAD소프트웨어이다.

3차원 그래픽 소프트웨어는 사각형이나 구형 원뿔 등을 조합해 모델링 하는 소프트웨어가 많아 평면과 비교적 단순한 곡면 조합으로 구성된 물체를 모델링하는데 적합하지만, 최근에는 그 정밀도가 점점 올라가 비교적 단순한 기계설계나 스마트폰 케이스, 명함케이스, 장난감 등도 만들어낼 수 있을 정도로 발전하고 있다. 비교적 간단하게 3D 모델링 및 3D 그래픽을 위한 소프트웨어는 스케치업(Sketch up), AutoDesk제품(123D, 마야, 3Ds Max 등), 지브러시(ZBrush), 키샷(KeyShot), 라이노(Rhinoceros), 스카프트리스(Sculptris)와 블랜더(Blender) 등이 있다.

CAD소프트웨어는 원래 기계, 자동차, IT 기기, 건축, 조선, 플랜트 설계 등의 산업분야에 사용되는 설계 전용 소프트웨어로 정확한 데이터를 필요로 하는 정밀한 모델링이 가능한 소프트웨어이다. 본서에서는 시제작품 설계를 위해서 CAD 소프트웨어를 활용하는 방법 위주로 전개하므로 상세한 내용은 별도의 항목으로 설명한다.

1.2 그래픽 소프트 웨어의 종류

3D 프린팅을 하기 위해서 필요한 3차원 데이터를 얻는 방법 중 3차원 그래픽 소프트웨어를 활용하는 방법을 조금 더 상세하게 설명한다. 필요시 참고가 될 것이다.

1) 스케치업

▲ 그림 3.2 스케치업 홈페이지

스케치업(SketchUp)은 트림블 네비게이션(Trimble, Trimble Navigation)사의 3D 모델링 프로그램으로 웹상에서 누구나 쉽고 간단하게 사용할 수 있는 직관적인 인터페이스를 제공하고 있다. 상업용 버전과 개인 프리 버전이 있으며, www.sketchup.com에서 다운로드 받을 수 있다.

2) 오토데스크 123D

오토데스크 123D(AUTODESK 123D)은 오토데스크(AUTODESK)사의 제품이다. 오토데스크에 대해서는 CAD프로그램에서 다시 한 번 설명한다. 오토데스크 123D에서는 123D Catch이외에도 다양한 소프트웨어를 제공하고 있다. 오토데스크는 포토플라이(PhotoFly)의 브랜드명을 123D Catch로 바꾸어 새롭게 발표했으며 123D Catch는 디지털 카메라나 스마트폰 등으로 찍은 디지털 사진을 3D 모델로 만들어 주는 애플리케이션이다. 최근의 다양한 멀티미디어기기의 활용에 적합하다고 할 수 있다.

www.123dapp.com 에 접속하면 123D Catch 외에도 다양한 프로그램이 있는데, 123D Circuits는 전자회로 설계를 위한 무료 도구이다. 사용하기 쉬운 인쇄회로기판(Printed circuit board, PCB) 편집기로 회로 기판 설계 뿐 아니라 최근 다양하게 활용되고 있는 아두이노(Arduino) 프로그래밍에 대해서도 지원하고 있다.

123D Design은 초보자용 3D 모델링 소프트웨어로 상업용 CAD 프로그램과 비교하면 일부 기능이 제한적이지만, 아이디어를 쉽게 3D 데이터로 만들어 사용하기 충분한 소프트웨어이다.

123D Make는 3D 모델을 프린트하여 조립할 수 있게 해주는 응용 프로그램으로 3D 모델을 얇은 합판이나 골판지 형태로 만들어 이를 조립할 수 있게 만들어준다.

메시믹서(Meshmixer)는 3D Mesh파일 작업을 위한 도구이다. 메시(Mesh)란 형상을 그물 형태로 만든 것을 이야기한다. 메시 파일 작업은 강력한 프로토 타입 디자인에 활용된다.

123D Sculpt는 3D로 만들어진 사람이나 동물 또는 사물의 모델을 불러와서 마우스나 탭을 이용해서 손가락으로 조각을 만들듯 형태를 마음대로 변형시킬 수 있다.

그리고 전문적인 툴들도 있는데, 마야(Maya)는 3D애니메이션, 모델링, 시뮬레이션, 렌더링이 가능하고, 3ds Max는 마치 사진과 같은 실사 수준의 사실적인 이미지와 정교하고 복잡한 모션을 완벽하게 만들어내는 3D 컴퓨터 그래픽 프로그램으로 모델링, 애니메이션 기능이 뛰어나 고품질의 애니메이션과 게임 그리고 영화에 이르기까지 활용되고 있다.

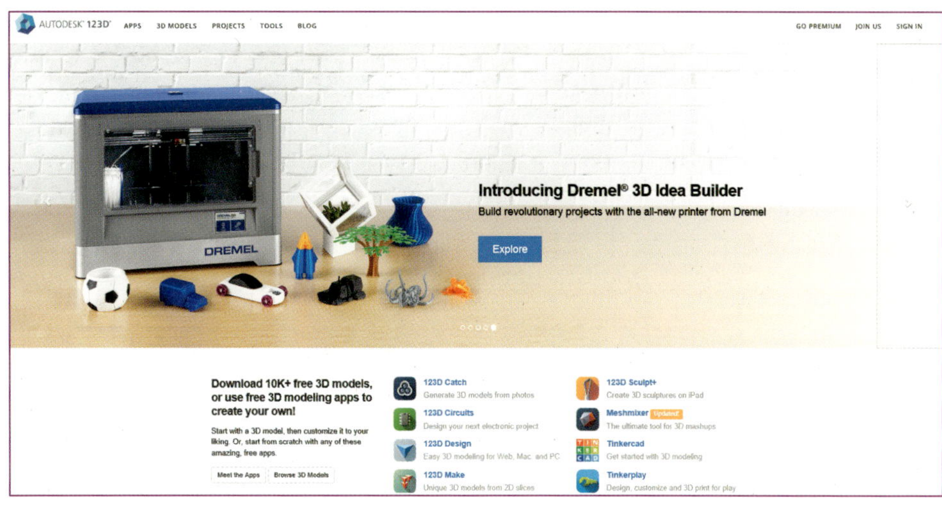

▲ 그림 3.3 오토데스크 123D 홈페이지

3) 지브러시

지브러시(ZBrush)는 영화 '반지의 제왕'에서 '골룸'을 탄생시킨 픽스올로직(Pixologic)사의 3D 모델링 프로그램으로 붓으로 쉽게 그림을 그리듯이 모델링을 하는 도구이다. 오토데스크사에서 나온 Maya나 3ds Max보다 운용성이 뛰어난 것으로 알려져 있지만, 소프트웨어의 운용성은 그 버전에 따라 달라지므로 대중적인 평가보다는 제작품과 본인의 사용 용도에 맞는 소프트웨어가 최적이 될 것이다. 또한 픽스올로직사에는 Sculptris라는 소프트웨어도 있다. 콤팩트 버전은 개인 무료 사용이 가능하며

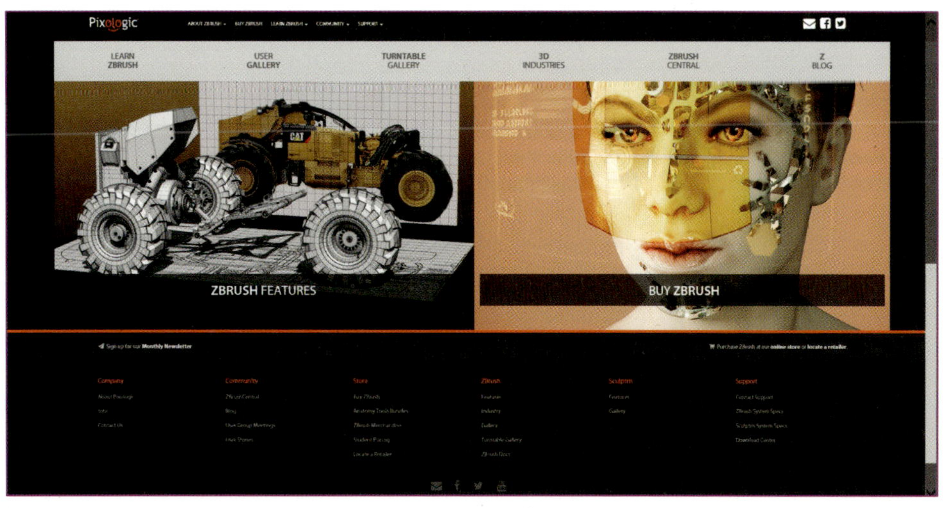

▲ 그림 3.3 픽스올로직의 홈페이지

기능이 간단하고 사용자 인터페이스(User Interface, UI)가 직관적이라서 배우기 쉬운 장점이 있다. 홈페이지는 www.pixologic.com이다.

4) 키샷

키샷(KeyShot)은 다른 랜더링 프로그램과는 조금 차별화된 특징이 있다. 일반적인 렌더링 프로그램은 컴퓨터의 출력장치의 하나인 그래픽카드의 GPU (Graphic Process Unit)를 주로 사용하지만, 키샷의 3D 모델링은 GPU보다 성능이 뛰어난 CPU를 통해 이루어진다. 따라서 다른 3D프로그램보다 빠른 속도를 자랑한다. 홈페이지는 www.keyshot.com이다.

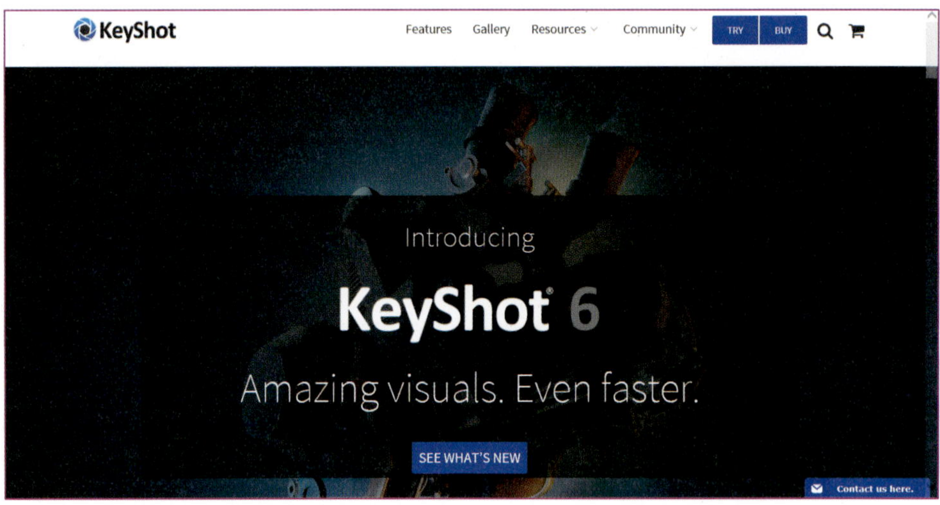

▲ 그림 3.5 키샷의 홈페이지

5) 라이노

라이노(Rhinoceros)는 미국의 로버트 맥닐 앤드 어쏘시에이트(Robert McNeel & Association)사에서 개발하여 전 세계적으로 사용자를 확보하고 있는 3D 모델링 소프트웨어이다. 비균일 유리 B-스플라인(Non-Uniform Rational B-Splines, NURBS) 방식을 지원하는 소프트웨어로 NURBS란 간단한 2D의 선, 원, 호, 상자에서 복잡한 3D 자유 형식의 유기적 서피스(Surface)와 솔리드에 이르기까지 어떠한 형태도 정확하게 표현할 수 있는 수학적 표현 방법이다. NURBS모델은 그 유연성과 정확성으로 인해 일러스트레이션과 애니메이션에서 제조에 이르기까지 다양하게 사용되고 있다. 라이노의 홈페이지는 www.rhino3d.com이다.

▲ 그림 3.6 라이노의 홈페이지

6) 블랜더

블랜더(blender)는 오픈소스 기반의 3차원 그래픽 토탈 솔루션으로 이 프로그램은 모델링, UV언래핑, 텍스처링, 리깅, 워터 시뮬레이션, 애니메이션, 렌더링 등 다양한 작업을 수행할 수 있으며 쌍방향 3차원 편집 프로그램으로 다양한 모델링 제작이 가능한 프로그램이다. MS 윈도우, Mac OS를 비롯하여 리눅스에도 사용할 수 있으며, 3ds Max나 Maya 등 상업용 프로그램과도 견줄 만한 파워풀한 성능을 지니고 있다. 홈페이지는 www.blender.org이다.

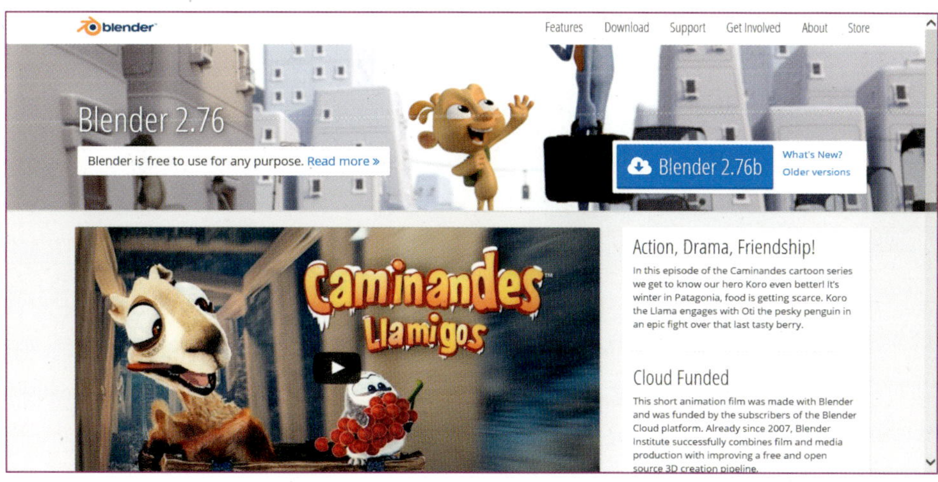

▲ 그림 3.7 블랜더 홈페이지

이상과 같이 주요 3D 그래픽 소프트웨어를 살펴보았다. 거의 모든 프로그램이 운용하기 쉽고, 결과물에 만족할 만하게 좋은 프로그램들이다. 하지만, 우리가 지향하는 시제작품을 만들기 위해서는 3D 그래픽 소프트웨어보다는 엔지니어링 측면이 강화된 3D 데이터 저작 도구인 CAD 기반의 소프트웨어를 활용할 것을 권장한다.

1.3 CAD 소프트웨어의 종류

과거의 엔지니어는 제품을 만들거나 구상할 때 커다란 종이 위에 T자와 연필 그리고 지우개 등으로 도면을 그리고 수정하면서 만들었던 것을 기억할 것이다. 지금도 초기 구상을 할 때는 일반적으로 종이에 형태를 그리고 확인하고 수정하는 렌더링 작업을 진행한다. 하지만, 시대가 흘러 정보화 시대가 도래하면서 우리는 과거의 종이에 하던 다양한 작업들을 컴퓨터를 통해 진행할 수 있게 되었다. 그 중 가장 널리 사용되는 소프트웨어 중의 하나가 CAD (Computer Aided Design)이다.

CAD는 문학을 하는 작가가 원고지에 글을 쓰던 것을 컴퓨터를 이용해서 워드프로세서로 작업을 하듯 엔지니어가 종이에 그려왔던 도면을 컴퓨터를 이용해서 그릴 수 있도록 만든 소프트웨어이다. 일반적으로 사용하는 워드프로세스에 비교해 생각해보면 작가가 글을 쓰다가 새로운 아이디어가 나오거나 변경될 때 쉽게 삽입하고 수정하고 복사하고 재활용 하는 등 다양한 방법을 쓸 수 있는 것과 마찬가지로, CAD도 작성된 도면을 쉽게 수정하고 복사하고 재활용할 수 있도록 해주는 일종의 제도용 툴로 인식하면 될 것이다.

CAD 소프트웨어는 세계적으로 엄청난 시장을 가지고 있다. 생각해보라. 거의 모든 엔지니어들이 CAD를 사용해서 도면을 그리고 있으니 그 수요가 얼마나 많겠는가? CAD가 초기에 만들어지고 판매되면서 그 수요에 대한 니즈를 반영하기 위하여 수많은 업그레이드(버전 또는 릴리즈 등)가 있었고, 현재의 CAD는 제품을 위한 도면을 만들기에 불편함이 없을 뿐 아니라 상상을 현실로 만들기 위한 다양한 기능들을 포함하고 있다. 국내 업체들 중에서도 CAD를 개발해서 판매하고 있지만, CAD라는 툴의 진화 형태를 보면 쉽게 따라 잡을 수 없는 상황인 것이 현실이다. 그러므로 본서에서 언급하는 CAD는 세계적으로 가장 많이 활용되고 또 범용적인 CAD에 대한 설명이다.

CAD 소프트웨어는 전 세계적으로 셀 수 없을 정도로 많이 존재한다. 그러나 기능이 개발되고 개선될 때마다 세계적인 메이저 기업들이 인수와 합병이 지속되어 왔다.

세계적으로 유명한 CAD관련 회사로는 오토데스크(AutoDesk), 다쏘 시스템즈(Dassault Systems), 지멘스(Siemens) 그리고 피티시(PTC) 등이 있다. 언급된 4개의 메이저급 회사들이 세계 CAD시장 마켓쉐어(Market Share)의 50% 이상을 차지하고 있을 정도이다. 이러한 회사들은 단지 CAD만을 시장에 내 놓은 것이 아니라 CAD를 기반으로 제품 개발을 지원하는 통합 솔루션 지원 회사(Total solution provider)로서의 역할을 하고 있는 것이 현실이다. 통상 이들이 내놓는 소프트웨어는 그림 3.8과 같이 PLM (Product Life-cycle Management) 사상을 기반으로 하는데, 제품이 구상되어 형태 갖추기(Styling), 설계(Design), 시험(Test), 제작(Manufacturing) 그리고 이에 파생되는 정보체계(Bill of Material, BOM)를 관리(Product Data Management, PDM)하는 토털 솔루션으로써의 PLM 시스템을 제공하고 있다.

AutoDesk (AUTODESK)	Dassault Systemes (DASSAULT SYSTEMES)
· AutoCAD · 3ds Max · Inventor · Maya	· ENOVIA · CATIA · SOLIDWORKS · SIMULIA · DELMIA
SIEMENS(UGS) (SIEMENS)	**PTC(Parnmetric Technology)** (PTC)
· NX Design(CAD) Simulation(CAE) Manufacturing(CAM) · PLM	· PTC Creo · PTC Windchill · PTC Arbortext

▲ 그림 3.8 CAD 관련 유명 업체 및 제품군

1) 오토데스크

오토데스크(AutoDesk)는 일반적으로 가장 많이 알려져 있는 CAD소프트에어인 오토캐드(AutoCAD)를 만든 회사이다. 오토캐드는 개인 및 회사에서 상당히 다양한 분야에 많이 활용되고 있는데 건축, 제조 제품, 자동차, 항공 분야 등 광범위하게 활용되고 있는 소프트웨어이다. 주로 CAD를 처음 접하는 사람들은 오토캐드를 통해 입문하게 되는 경우가 대다수이다.

2) 다쏘 시스템즈

다쏘 시스템즈(Dassault Systems)는 프랑스 회사이다. 대형 시스템으로 라이센스를 구매해야 구동이 가능한 경우가 대부분이다. 대표적인 CAD제품으로는 카티아(CATIA)가 있다. 과거에는 운용을 위해서 대형 시스템들이 필요하였으나, 현재는 PC에서도 운영가능하다. 하지만, 일반인들이 라이센스를 구매하고 운영하기에는 만만치 않은 프로그램이다. 카티아의 경우는 자동차, 항공, 조선 산업에서 많이 쓰지만, 특히 자동차 분야의 엔지니어는 카티아를 쓸 수 있어야 할 정도로 많이 활용되고 있다. 그림 3.9는 카티아로 자동차 부품을 설계하는 예이다.

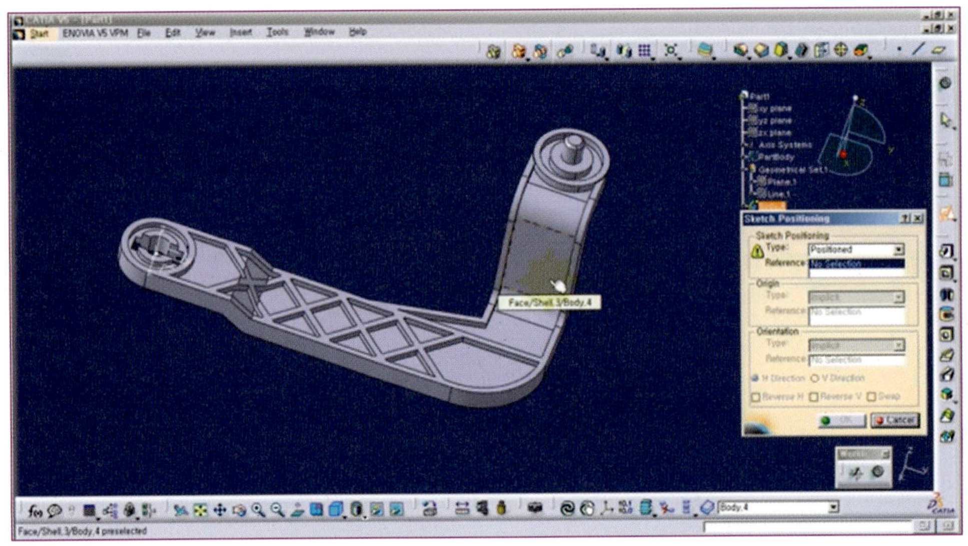

▲ 그림 3.9 CAD (CATIA)를 활용한 설계

3) 지멘스

지멘스(Siemens)도 PLM 기반의 다양한 솔루션들을 제품으로 구성하고 있다. 특히 제조기반이 강력하여 CAM (Computer Aided Manufacture)분야에 많은 솔루션을 가지고 있어 금형이나 제조를 위한 공정 설계 등에 많이 활용된다. 또한 시뮬레이션(Simulation) 소프트웨어(Computer Aided Engineering, CAE)도 상당 부분 제공하고 있다.

4) 피티씨

피티씨(PTC)는 PDM기반에서 PLM으로 발전한 솔루션을 제공한다. 과거 프로이(Pro/E)를 무기로 다양한 구동계의 활용성을 보이는 CAD소프트웨어 제품군을 제공했는데, 현재는 크레오(Creo)라고 명명하는 제품군들이 있다.

언급한 PLM제품이나 그와 유사한 형태는 대형 시스템을 보유한 조직이 아니면 경험하기 어렵다. 저자의 경우는 국내 최대의 완성차 회사에서 약 20년을 근무하면서 연구개발본부(R&D 센터)의 PLM, PDM, CAD, CAE분야 기획을 비롯해서 정보 전략 기획 그룹을 책임지기도 하여 이러한 대형 시스템을 직접적으로 경험할 수 있었던 것은 상당한 행운으로 생각한다.

세계적인 CAD 소프트웨어 회사의 다양한 프로그램이 존재하지만, 합법적이며 구하기 쉽고 우리가 가지고 있는 PC에서도 만족할만한 성능을 발휘하는 소프트웨어를 활용해서 3D 프린팅을 위한 모델링을 진행하고자 한다.

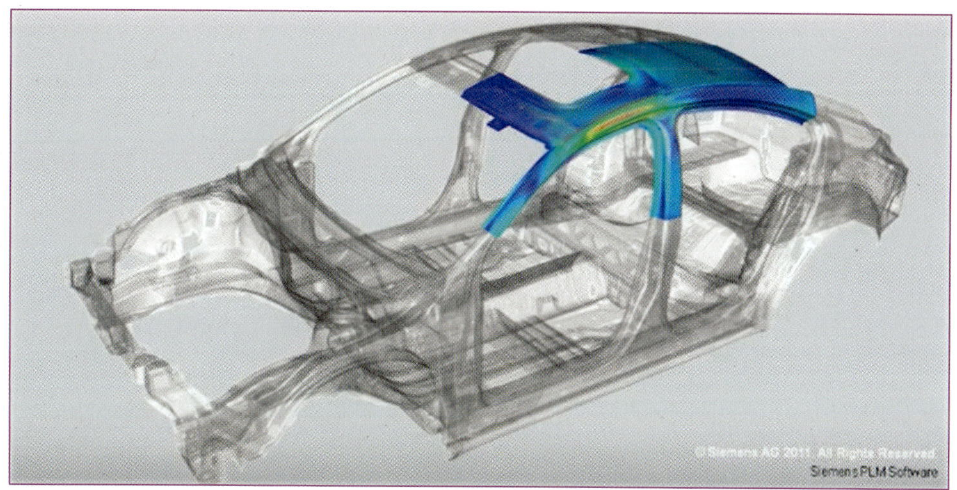

▲ 그림 3.10 CAE를 활용한 자동차 바디 해석

2. CAD를 이용한 3D 모델링 준비

2.1 오토데스크사의 인벤터에 대한 개요

현존하는 3D 모델링 소프트웨어는 다양하며, 그 성능은 우리가 짐작하는 이상의 것들을 구현해준다. 하지만, 이미 언급한 바와 같이 합법적으로 쉽게 구할 수 있으며 우리가 가지고 있는 PC급에서도 만족하게 성능을 발휘할 수 있는 3D 모델링 제품이 그리 많지는 않다. 특히 신제품을 개발하기 위해서 수행되는 제품개발의 중요한 업무를 담당할 소프트웨어를 신중하게 선택하는 것은 어찌 보면 당연한 것이다. 많은 기업들은 제품개발 특성에 맞는 소프트웨어를 선택해서 신제품개발에 활용하고 있다.

오토캐드, 카티아, 솔리드웍스, 크레오 등 다양한 소프트웨어를 활용할 수도 있다. 제품 설계를 하다 보면 제품의 특성을 가장 잘 표현해줄 수 있는 소프트웨어가 어떤 것인지를 알게 될 것이다. 과거 자동차 회사에서 근무할 때 바디 설계에는 카티아를 사용하고 파워트레인(엔진, 트랜스미션 등 구동계를 통칭한 말)을 설계할 때는 Pro/E (Creo)를 사용했었다. 자동차를 개발하는데 각 분야별로 가장 쓰임새가 좋기 때문일 것이다. 솔리드웍스(SolidWorks)도 좋은 도구(Tool)임에 틀림없고, 크레오의 강력한 기능들도 모두가 원하는 도구들이다. 거의 모든 소프트웨어가 그러하지만 CAD를 작성하고 나면 파일이 만들어지는데 이 파일의 호환성은 다양한 표준에 따라 변환이 가능하다. 다른 기종 간의 CAD파일을 변환해서 각각의 보유 시스템에서 활용하기도 한다.

▲ 그림 3.11 오토데스크사의 홈페이지

우리는 3D 프린팅을 위한 원천 데이터 확보를 위해서 오토데스크(AutoDesk)사의 인벤터(Inventor)라는 소프트웨어를 사용하고자 한다. 오토데스크사의 인벤터를 선택한 가장 큰 이유는 첫째로 합법적으로 쉽게 구할 수 있고 3D 모델링을 위한 툴로써 강력한 기능을 가지고 있기 때문이다. 본 저자가 오토데스크사의 판촉사원이 아님을 꼭 기록해 두고 싶다. 둘째로 인벤터는 호환성이 좋은 파일시스템을 지원하기 때문이다. 그리고 셋째로 CAD 렌더링 기능과 설계 도면을 문서화 하는 기능 뿐 아니라 엔지니어링 분야에서 생산성 향상을 위한 조립품 설계, 조립 편의성 검토, 하네스 및 케이블 디자인, 파라메트릭 설계 방법 지원 등 다양한 기능들을 제공하기 때문이다. 특히 파라메트릭 설계의 의미는 매우 크다. 설계했을 때 파라메트릭 설계 기능이 지원 되지 않으면 수정의 어려움이 존재하지만, 파라메트릭 설계 기능이 있을 경우는 해당 설계 내용의 수치 또는 특정 값을 변화시키면 형상이 그에 맞게 자동으로 설계되는 형태를 띤다. 기준 제품 설계 도면이 있으면 지속적으로 파생 도면을 만들어낼 수도 있기 때문에 생산성의 향상에 크게 이바지 하는 기능이다.

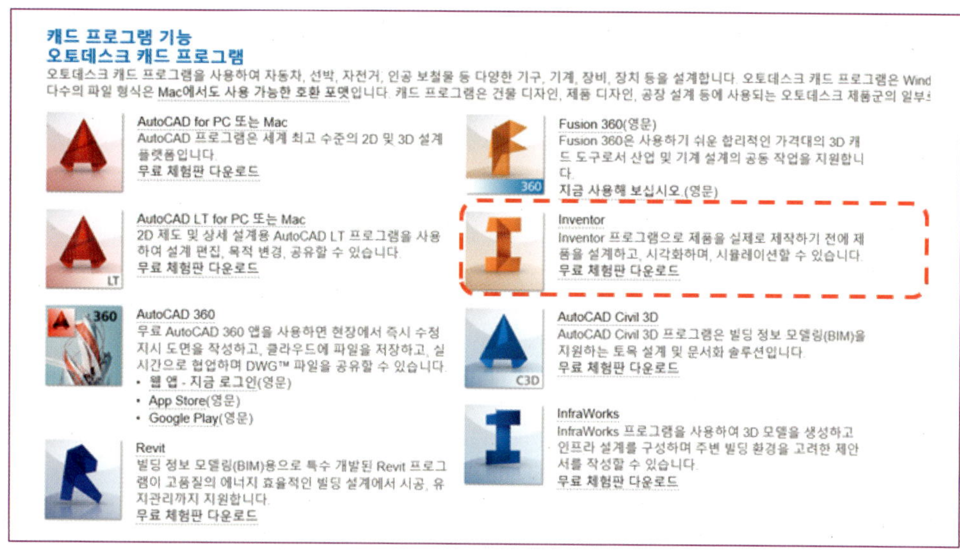

▲ 그림 3.12 오토데스크사의 CAD제품 "Inventor"

오토데스크사의 홈페이지에서 제품 영역의 CAD소프트웨어를 찾아 클릭하면 오토데스크사의 CAD 제품들이 나온다. 오토데스크사는 거의 모든 프로그램에 대하여 무료 체험판을 제공하고 있고, 특히 아카데믹(학생용) 버전의 경우 3년 정도를 사용할 수 있도록 지원해주고 있다. 인벤터 역시 무료체험판 또는 학생용 버전이 제공되고 있으니 간단한 절차를 통해 다운로드 받아 설치해서 사용할 수 있다. 인벤터를 다운로드 받아 보면 알겠지만 거의 10 G의 용량이니 만큼 인내심을 가지고 다운로드 해야 할 것이다.

인벤터가 요구하는 시스템 요구사항은 버전별로 상이하나 대부분의 PC에서는 잘 작동한다. 하지만, 가능한 하드웨어의 사양이 높으면 그만큼 CAD 작업 속도도 빨라진다. 특히 모니터와 그래픽카드는 가능한 사양이 높은 것을 사용하는 것이 좋다. 오랜 시간 CAD작업을 하기 위해서는 꼭 필요한 선택이 될 것이고, 넓은 화면이 제공하는 작업 공간은 생산 효율성의 증대를 가져다 줄 것이다.

본 책자에서는 3D 프린팅을 운용하기 위한 기본적인 기능들만 학습하고 인벤터에 관한 더 포괄적이고 상세한 사항은 별도의 인벤터 책자를 통해 학습할 것을 권한다.

2.2 오토데스크사의 인벤터 설치 및 실행

과거 CAD소프트웨어를 운용하기 위해서는 전문가의 도움을 받아 설치를 하던 때가 있었다. 하지만 최근의 거의 모든 소프트웨어의 설치는 인스톨러(Installer)에 의해 자동으로 설치된다. 인벤터도 마찬가지이다. 오토데스크사의 홈페이지에서 다운받은 파일을 압축해제하면 폴더가 만들어지고 만들어진 폴더를 열어보면 "Setup.exe" 파일이 있다. 단지 이 파일을 더블클릭만 하면 설치가 된다. 설치화면이 나오면 자신이 원하는 다양한 옵션들을 선택해서 설치하면 되는데 일반적으로 설치 시 권장하는 사양을 그대로 설치하는 것이 좋을 듯하다. 설치에 관한 상세한 사항은 직접 경험해보기를 권장한다. CAD는 직접 경험해보는 것이 가장 확실하게 배우는 길이다.

▲ 그림 3.13 Inventor 2015 설치 화면

2.3 인벤터 작업 환경

인벤터를 설치하면 바탕화면 또는 메뉴에 오토데스크 인벤터 아이콘(Autodesk Inventor Icon)이 만들어진다. 만들어진 메뉴를 클릭하거나 아이콘을 더블클릭하면 실행이 되는데 이때 장비의 사양에 따라 속도의 차이가 많이 나게 되므로 정신건강을 위해서라도 가능한 사양이 높은 장비를 권한다.

인벤터를 실행하면 초기 화면이 나타나는데 그 버전에 따라서 조금 차이가 있다. 하지만 거의 비슷한 형태를 가지고 있으므로 해당 버전에 맞게 작업을 진행할 수 있다. 화면에는 부품, 조립품, 도면이 나와 있는데, 인벤터는 기본적으로 약 7가지의 작업 공간을 제공하고 있다.

▲ 그림 3.14 인벤터 아이콘

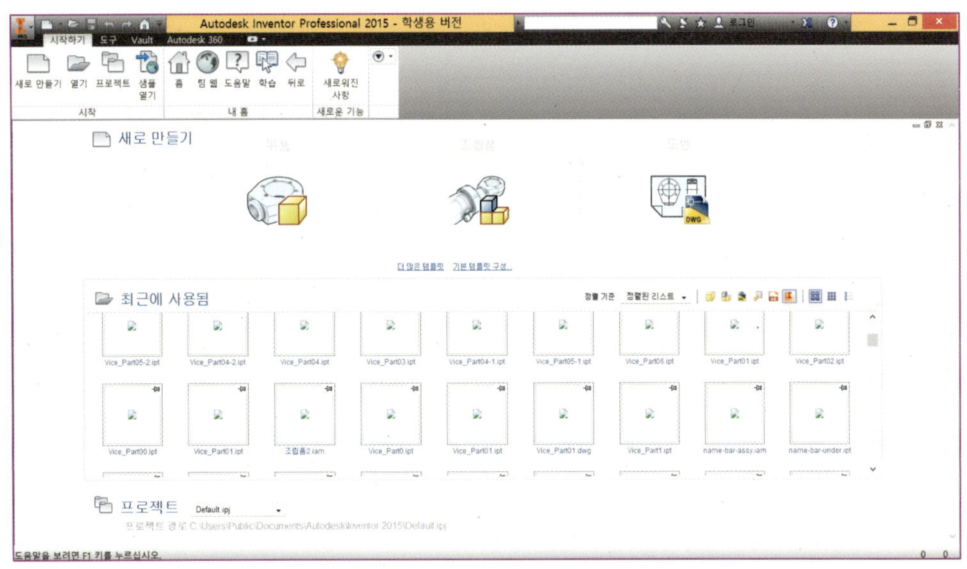

▲ 그림 3.15 인벤터 초기 화면

그림 3.15에서와 같이 상단의 “새로 만들기”를 클릭하면 7가지 형태의 작업 공간을 제공하기 위한 화면(그림 3.16 참조)이 나타난다. Sheet Metal.ipt는 판금을 위한 환경을 제공하는 아이콘이다. 이 환경은 전개될 수 있는 균일한 시트 재질로 조립된 3D 객체를 작성하는데 적합하다. Standard.ipt는 가장 많이 사용되는 환경으로 단위 부품을 만들 때 사용된다. 하나 이상의 본체로 구성된 2D 또는 3D 객체를 작성할 수 있는 환경을 제공한다. Sandard.iam은 정확하게 정렬된 부품과 기타 조립품으로 구성된 집합을 작성한다. Standard.ipt에서 작성된 여러 개의 파일을 조립품의 형태로 배치해서 만든다. Weldment.iam은 정확하게 정렬된 부품과 용접 접합된 기타 조립품으로 구성된 집합을 작성하는 환경을 제공한다. Standard.dwg는 구성요소 뷰와 상세 정보가 포함된 2D 엔지니어링 문서를 작성하는 환경이다. 확장자 dwg는 오토캐드용 파일에서 사용되는 것으로 2D를 기반으로 3D도 표현하는 파일이다. Standard.idw는 dwg와 유사한 형태로 2D 엔지니어링 문서를 작성하는 환경으로 ipt에서 만든 부품을 쉽게 2D 엔지니어링 문서, 즉 도면으로 변환해줄 수 있는 환경을 제공한다. Standard.ipn은 구성요소

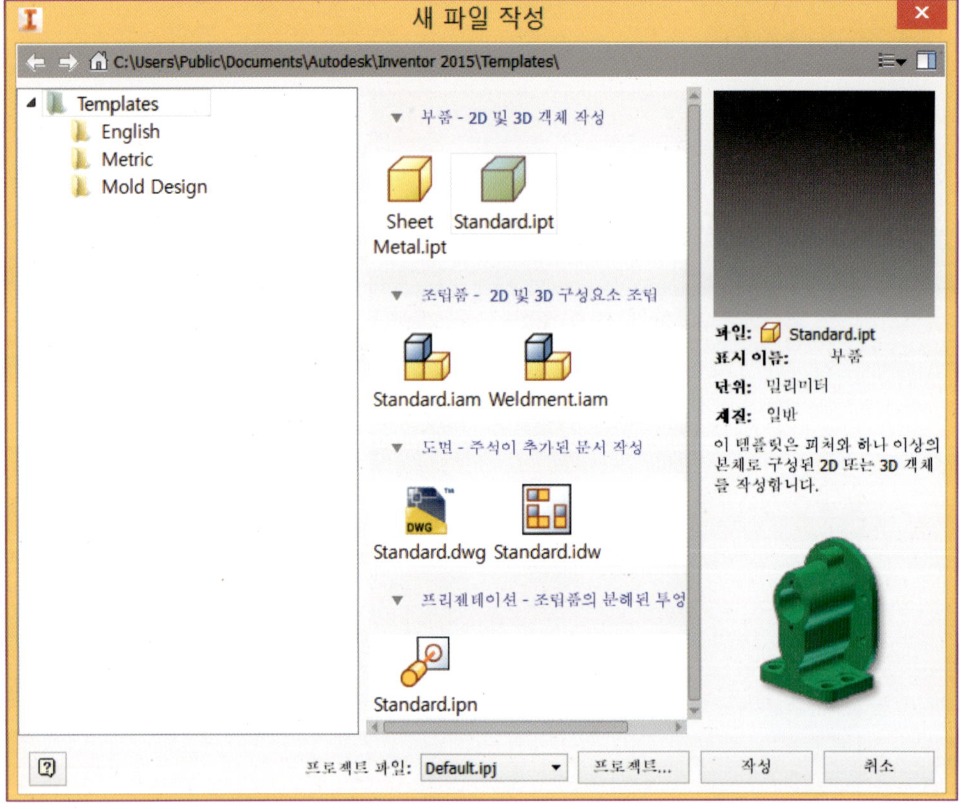

▲ 그림 3.16 7가지 형태의 작업 공간 제공

관계나 조립품 순서를 표시하거나 분해도를 만들기도 하며 이를 애니메이션으로 보여줄 수 있는 프레젠테이션 환경을 제공한다.

이제 조금 구체적으로 인벤터를 활용하기 위한 방법을 알아보자. 설치만 한다고 설계를 알아서 해주는 일은 결코 없다. 인벤터를 설치하고 운용하기 위한 일반적인 작업 순서는 단품 설계를 진행하고 단품을 조립해본 후 검증하는 과정을 거치게 된다. 이제 우리는 간단한 예제를 통해 3D 프린팅을 위한 사례를 진행해볼 것이다. 이미 언급한 바 있지만, 본서는 3D 프린팅에 대한 내용에 중점을 두었으므로 좀 더 고차원적인 설계를 하고자 하는 사람은 다른 서적을 참고하기 바란다.

인벤터는 각 환경별로 다양한 작업 진행을 할 수 있는데, 그 기본적인 인터페이스는 동일하다. 시작에 앞서 잠시 소개를 하고 넘어가기로 한다. 각 환경별로는 따로 설명하지 않고 전반적인 인터페이스를 간단히 설명하면, 상단에 메뉴가 존재하고 메뉴 밑에는 패널 도구가 있다. 이 패널 도구는 작업환경에 따라서 변경되어 다양한 명령을 실행할 수 있다. 그 아래에는 검색기 막대가 있고 오른쪽의 넓은 영역이 작업공간이다. 그리고 하단에 상태 막대가 존재한다.

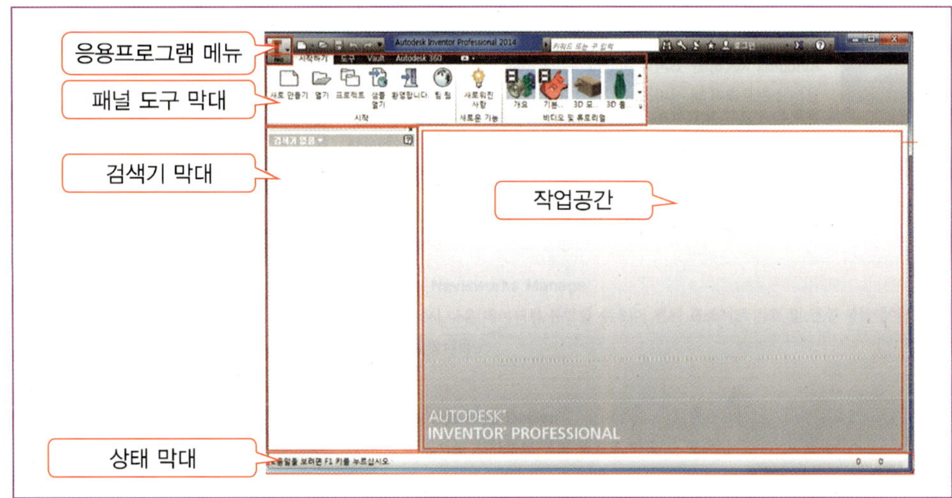

▲ 그림 3.17 인벤터 인터페이스

또 한 가지, 인벤터를 잘 사용하기 위해서 반드시 알아야 할 것이 바로 마우스의 사용법이다. 앞으로 여러분은 수도 없이 마우스를 딸깍거리면서 설계를 할 것이니 반드시 빠뜨리지 않고 숙지를 해두기 바란다. 한 번만 숙지해두면 아주 쉽게 다룰 수 있다. 최근에 많이 사용되는 마우스는 왼쪽 버튼, 오른쪽 버튼 그리고 중간에 돌릴 수 있는 휠이 있는 것으로 이런 제품이 가장 기본적인 마우스의 형태이다. 휠은 워드 프로세스나 다른 소프트웨어에서도 활용을 많이 하고 있지만, 인벤터에서는 특히나 많이 사용된다. 인벤터에만 특별히 사용되는 마우스의 사용법에 대해서 알아본다. 우선 확대 축소를 하기 위해서 휠이 활용되는데, 어떤 상태에 있던 휠을 두 번 연속해서 클릭하게 되면 전체 화면에 설계 내용이 꽉 차게 표시된다. 그리고 마우스 휠을 위로 굴리면 축소, 아래로 굴리면 확대가 된다. 휠을 클릭해서 드래그 하면 화면 시점이 이동된다.

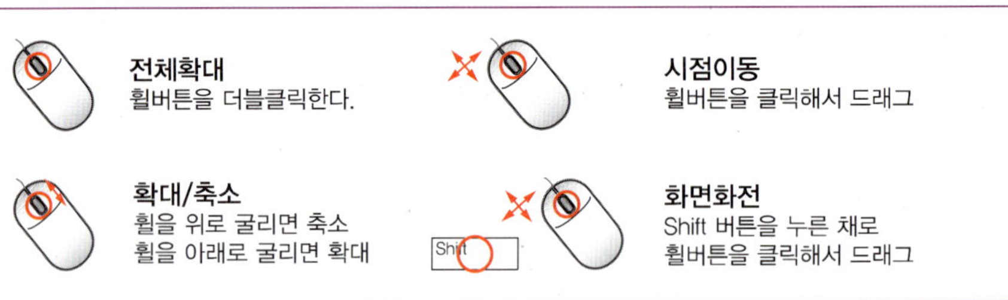

▲ 그림 3.18 인벤터에서의 주요 마우스 사용법

2.4 3D 모델링의 종류

이 정도로 인벤터의 기본적인 내용을 알아보았다. 앞에서도 언급했지만, 본서는 인벤터를 위한 것이 아니라 3D 프린팅을 위한 내용이지만, CAD와 관련된 부분으로 꼭 알고 넘어가야 할 것이 하나 있다. 앞서 논의되었던 3D 그래픽 소프트웨어에서도 잠시 언급이 되었는데, CAD로 3D 설계를 함에 있어서 와이어프레임(Wire-Frame) 모델링, 서피스(Surface) 모델링, 솔리드(Solid) 모델링이라고 하는 3가지 모델링 종류가 있다.

와이어프레임 모델링은 물체의 형태를 표현함에 있어 면과 면이 만나서 이루는 모서리(edge)를 표현하는 모델링으로 점, 직선, 곡선으로 구성된다. 흡사 철사 줄을 엮어서 물체의 형상을 만들어 표현한 것과 유사한 형태이어서 와이어프레임이라고 한다. 점과 점을 연결하는 직선과 곡선으로만 표현하기 때문에 데이터의 구성이 단조롭고 처리속도가 빠른 장점이 있으나 단순 표현에 의한 직관적 해석이 어렵고, 은선(숨어 있는 선)의 표현, 단면도의 작성이 불가능하여 제작용으로는 사용하지 않고 3D 설계를 위한 방법으로만 활용된다.

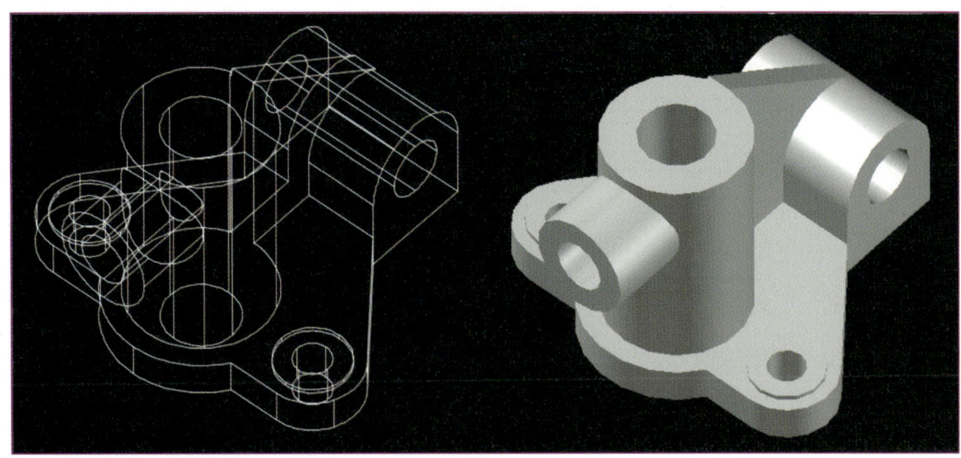

▲ 그림 3.19 와이어프레임(좌), 솔리드모델링(우)

서피스 모델링은 와이어프레임 모델링에서 나타나는 모서리와 점 그리고 직선에 면의 정보를 입력시켜 물체를 나타낸 것으로 선 대신 면을 사용해서 형상을 나타낸 모델링이다. 형상만 존재하고 내부 정보가 없으므로 중량, 중심, 관성모멘트 등의 물리적 성질을 계산할 수 없고 단순히 형상만 나타낸 모델이라고 보면 된다. 와이어프레임 모델링보다는 직관적일 수 있으며 솔리드 모델링과 유사하게 표현되지만, 내부 정보가 없으므로 속도가 빠르게 처리된다.

솔리드 모델링은 물체 내부 정보를 모두 가지고 있어서 와이어프레임 모델과 서피스 모델링에서 불가능했던 다양한 물리적 해석이 가능하다. 모델링 중에서 가장 고급 모델링 기법이며 현재 거의 모든 설계 작업은 솔리드 모델링으로 진행한다고 보아도 무방하다. 처리시간이 오래 걸리는 단점이 있던 모델링 방법이 컴퓨터 성능의 발달로 보완되면서 다양한 설계기법도 개발되었다. 특히 공학적 해석이 가능하며 불린(Boolean) 연산(합집합, 차집합, 교집합)을 통해 복잡한 형상도 다양한 방법으로 표현이 가능하다. 솔리드 모델링은 복잡한 데이터 구조를 가지고 있고 처리해야 할 데이터의 수도 매우 많아 컴퓨터의 메모리를 많이 필요로 하고 있으나 컴퓨터 성능의 발달로 인해 일반적인 PC에서도 솔리드 모델링이 가능할 정도가 되었다.

이러한 3가지 모델링 방식 중에서 향후 우리는 솔리드 모델링 방식을 주로 사용할 것이며, 가끔 숨어있는 객체를 지정하거나 또는 필요에 의해 와이어프레임 모델링 기법을 활용하게 될 것이다.

3. 3D 부품 모델 작성하기

3.1 3D 프린팅을 위한 3D 모델링 기초 예제

이제 3D 프린팅을 위한 3D 형상을 만드는 예제를 진행하고자 한다. 일단 가장 간단하고 일상적인 제품에 대하여 도전해 보도록 하겠다. 바로 컵이다. 컵 중에서도 가장 일반적인 컵을 만드는 것으로 첫 예제를 시작한다. 보기에는 별것 아닌 것 같지만, 3D 프린터로 뽑아보면 상당히 마음에 들 것이다.

▲ 그림 3.20 컵 예제

기본적인 데이터는 하부의 지름이 50 mm, 상부의 지름이 75 mm, 높이 75 mm, 그리고 두께 1 mm이며, 각 모서리는 적절히 라운딩 처리하는 것으로 하였다.

3.2 2D 스케치 도면 그리기 도구

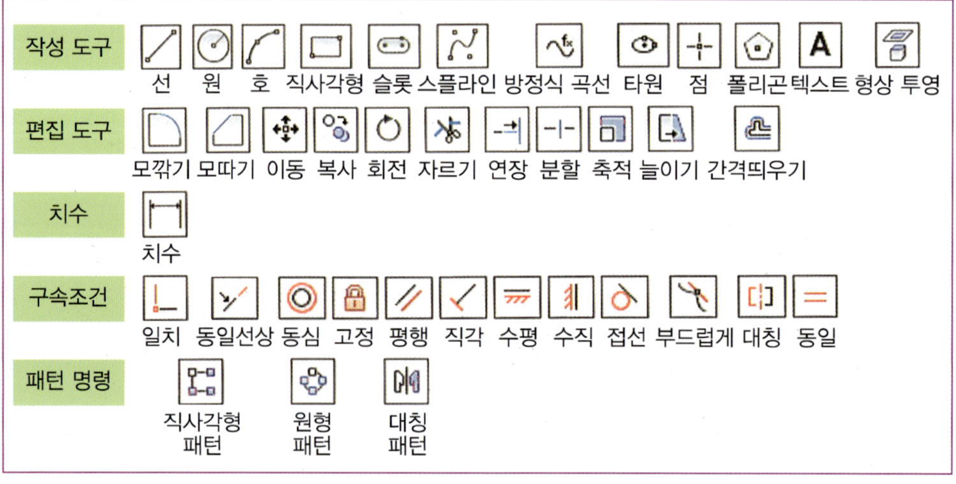

▲ 그림 3.21 스케치 명령 도구

거의 모든 CAD들이 다 마찬가지로 3D의 기본이 되는 것이 2D이다. 2D로 그리고 이후에 각종 3D 명령을 입혀서 설계를 완성한다. 2D로 밑그림을 그리는 것을 "스케치"라고 한다. 스케치를 하기 위한 명령 도구가 다양하게 있는데 크게 작성도구, 편집도구, 치수, 구속조건, 패턴명령의 5가지 정도로 나눌 수 있다.

작성도구로는 선, 원, 호, 직사각형, 슬롯을 비롯해서 텍스트 등을 작성할 수 있고, 편집도구로는 모깎기, 모따기를 비롯해서 자르기, 연장, 분할, 늘리기 등이 있다. 치수와 구속조건은 중요한 명령 중의 하나로 파라메트릭 모델링을 설명하면서 언급하도록 하겠다. 패턴 명령은 직사각형 패턴과 원형 패턴 그리고 대칭 패턴이 있다. 이러한 스케치 명령들을 이용해서 다양한 형태의 2D 스케치도를 그려낸다.

앞서 잠시 언급한 파라메트릭(Parametric) 모델링이란 치수와 구속조건 같은 설계의 기하학적 형상 정의 요소들을 설계 작업을 진행하는 동안 언제나 수정 가능하도록 가변성을 가질 수 있게 설계하는 방식을 이야기 한다. 따라서 솔리드 모델링에서의 파라메트릭 요소에 해당하는 매개변수를 이용하여 기하학적 형상을 설계 의도에 맞게 수정 가능한 모델링으로 진행하는 것이 바로 파라메트릭 모델링이다.

파라메트릭 모델링을 위해서는 기본적으로 4단계의 절차를 거쳐야 하는데, 첫 번째로 템플레이트에 대한 이해가 필요하다. 파라메트릭 설계를 위해서는 기본 템플레이트를 필요로 하게 되는데 인벤터에서는 이러한 기본적인 요소를 자동으로 지원하므로 부품 작성을 위한 Standard.ipt의 환경을 불러오게 되면 템플레이트가 활성화되어 파라메트릭 모델링의 준비 상태가 된다. 두 번째는 스케치 평면에 대한 이해가 필요하다. 평면에 2D로 스케치를 함으로써 파라메트릭 설계의 기초가 된다. 세 번째는 스케치 구속조건, 즉 상호관계에 대한 정의를 해주어야 한다. 이러한 상호관계의 요소는 파라메트릭 모델링의 가중 중요한 요소이다. 네 번째로 구속조건의 일종인 치수를 작성해야 한다. 이후 몇 가지의 파라메트릭 요소 설계를 위한 사항이 있지만, 2D 스케치를 위한 설명은 여기까지로 한다.

3.3 예제 도면 작성

설계를 해본 사람이면 쉽게 예제의 컵을 설계하겠지만 설계를 처음 접하는 사람을 위해서 간단하게 설명한다. 인벤터를 실행하여 "새로 만들기"에서 "부품"을 클릭한다. 그러면 부품을 만들기 위한 기본적인 템플레이트 형태의 화면이 준비된다.

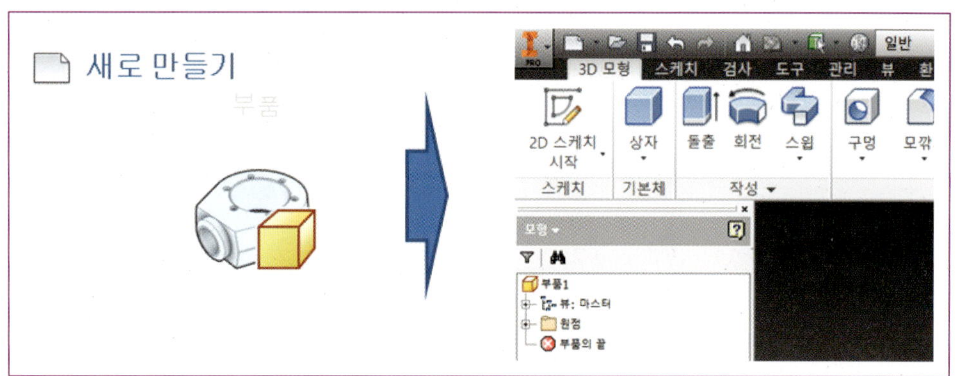

▲ 그림 3.22 부품을 만들기 위한 템플레이트

준비된 기본 화면에서 좌측 박스의 "원점"을 클릭하면 좌표계의 내용이 나타나는데, 적당한 평면을 선택한다. 본 예제에서는 "XY평면"을 선택했다. 우측 작업창에 XY평면의 형태가 나타나고 아이콘이 하나 나타난다. 이 아이콘을 클릭하면 우측 작업창은 XY좌표를 가지는 2D로 그리기 명령을 그릴 수 있는 창으로 바뀌게 된다.

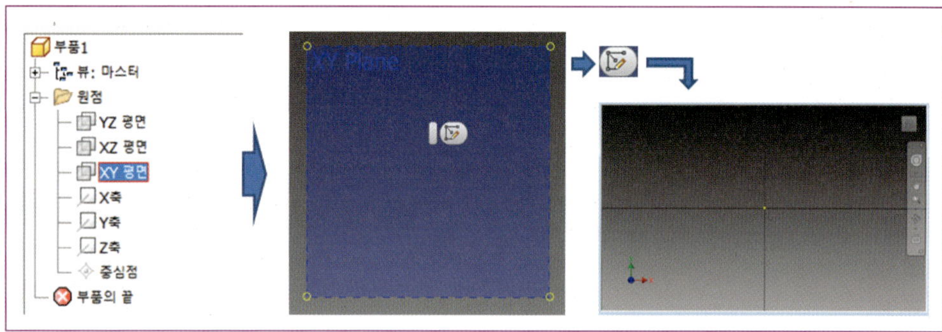

▲ 그림 3.23 2D 그리기 작업 준비

설계를 하는 방법은 다양하게 있지만, 통산 원통이나 원형의 경우는 "회전"을 이용하고 튀어나온 물체를 설계할 때는 "돌출"이라는 3D 명령어를 사용한다. 설계를 하기 전에 어떻게 설계를 할 것인가에 대한 계획을 머릿속에 잘 짜두는 것은 매우 중요한 일이다. 추후 설계를 공부하면서 이러한 개념이 잘 적용되기를 바란다.

3D 설계 명령에 대해서는 별도로 진행할 예정이므로 일단 2D 스케치를 위한 아이디어만 이야기한다. 상기 예제의 경우 컵을 설계할 때 단면을 잘 고민해야 한다. 그래서 나온 결론은 다음과 같다. 직접 실행해보자.

제일 처음 원통형의 컵을 설계하기 위해 상단의 메뉴 아래 있는 “선” 아이콘을 클릭한 후 작업창에 있는 원점에 첫 번째 클릭을 하고 수직으로 쭉 올라가 두 번째 클릭을 하면 기준 축이 되는 선이 하나 그어진다. 이 선은 중심선이 되어야 하므로 “중심선”을 지정해 주고 작업을 시작한다.

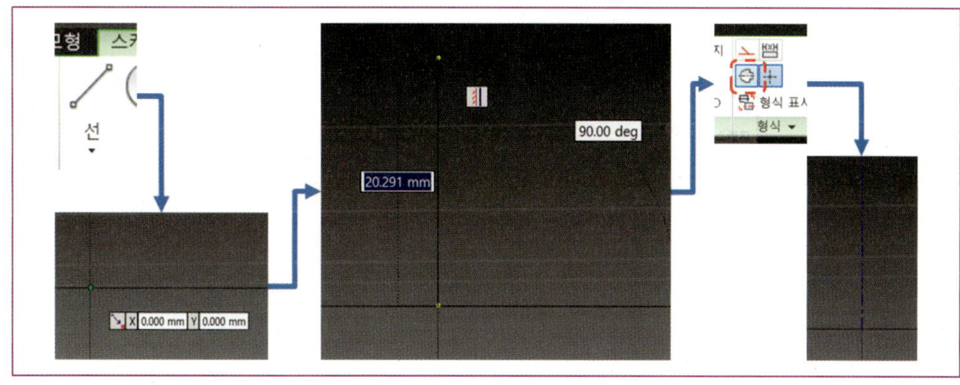

▲ 그림 3.24 중심선 잡기

3.4 2D 도면에서의 구속조건

이제 본격적으로 단면에 대한 작업을 시작한다. 우선 상단의 “선” 아이콘을 클릭한 후 원점에서 오른쪽으로 선을 긋고 다음 왼쪽 상단에 비스듬하게 적당한 크기로 선을 긋는다. 이때 치수나 각도는 고려하지 않아도 된다. 파라메트릭 설계가 어떤 것인지를 알 수 있을 것이다.

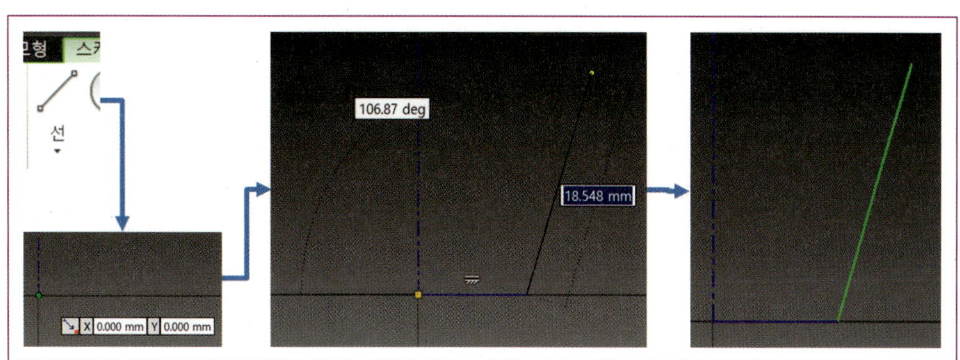

▲ 그림 3.25 예제 단면의 형태 잡기

이제 기본적인 형태의 단면을 완성했다. 이제부터는 파라메트릭 설계의 가장 기본이 되는 치수를 넣는 작업을 진행한다. 치수는 점과 점간의 거리와 점과 선의 거리, 선과 선의 거리, 선과 선의 각도 등 다양하게 줄 수 있으므로 이 점을 잘 확인해둔다.

우선 상단의 메뉴 아래 있는 "치수" 아이콘을 클릭한다. 이후 하단에 있는 선을 클릭하고 마우스를 아래로 내리면 치수가 표시되고 한 번 더 클릭하면 해당 선의 치수를 입력할 수 있으므로 '25'를 입력한다. 이번에는 선이 아닌 점과 점에 대한 치수를 기입한다. 하단의 점을 클릭하고 상단의 점을 클릭하면 높이가 나오고 한 번 더 클릭하면 수정할 수 있으므로 '75'를 입력한다.

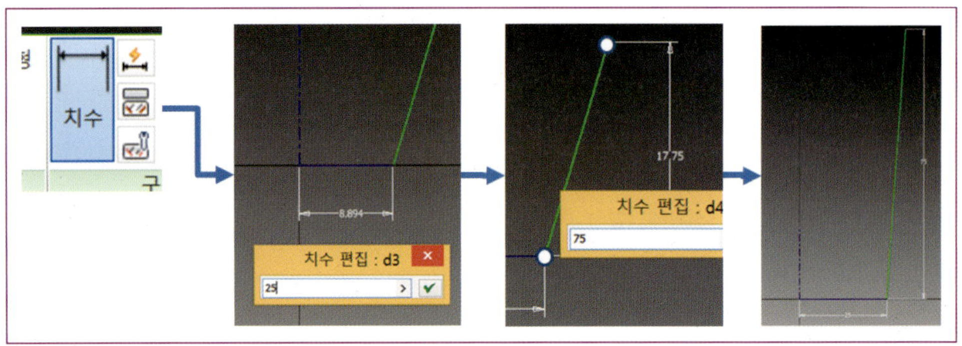

▲ 그림 3.26 단면에 대한 치수 정의

지금까지 진행한 것은 일반적인 치수를 넣는 방법이었다. 이번에는 기준선과 점 또는 선에 대한 치수 넣는 방법에 대한 설명이다. 일반적인 치수 넣는 방법과 동일하지만, 기준선이 있을 때는 지름의 치수를 기록한다는 것을 잘 이해해두자. 계속해서 "치

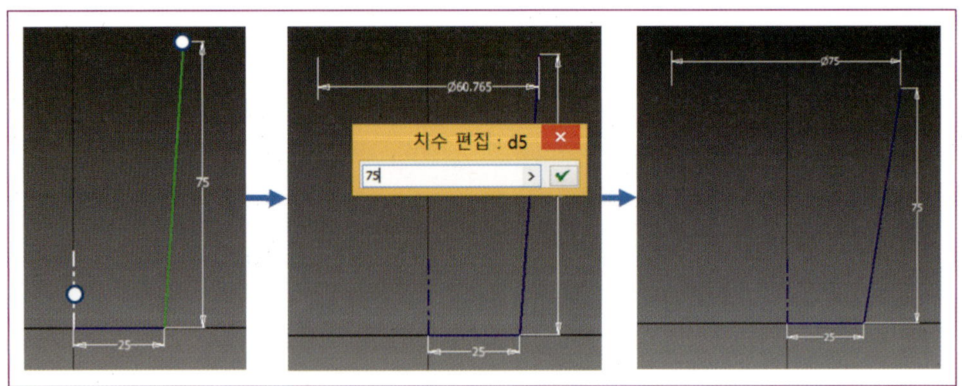

▲ 그림 3.27 기준선에 대한 점 또는 선의 치수 넣기

수" 아이콘은 활성화 되어 있는 상태일 것이다. 기준선과 연관된 치수를 넣기 위해서 기준선을 클릭하고 지름이 되어야 할 점을 클릭한다. 그러면 기존의 치수와는 다르게 파이(ϕ)가 나타나 지름임을 암시한다. 이후 한 번 더 클릭하면 치수를 편집할 수 있는데 여기에는 '75'를 입력한다.

사실 여기까지의 작업으로 다 끝난 것이 아니다. 지금까지는 컵 단면의 외관에 해당하는 선만 그어서 작업을 했다. 이제는 단면의 두께를 주는 작업을 진행할 것이다. 그러기 위해서 먼저 해야 할 일이 현재 도면에서는 원점에서 기준선과 밑변에 해당하는 선이 연결이 되어 있어 상호 구속이 되어있다. 이를 확인하는 방법은 마우스를 원점에 가져가면 한번 클릭하면 자동으로 구속조건에 대한 내용이 나온다. 이때 구속조건 표시에 마우스를 대고 우측 클릭을 하여 삭제를 시켜준다. 상단 메뉴의 간격띄우기를 클릭한 후 기존의 컵 외형 선을 클릭하고 마우스를 이동하면 띄울 간격을 입력할 수 있다. 여기에 '1'을 입력한다.

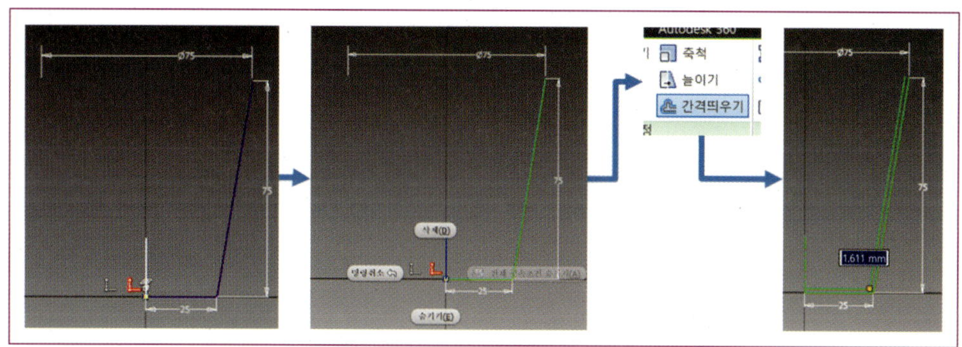

▲ 그림 3.28 두께를 주기 위한 간격띄우기

간격을 입력하면 선이 하나 더 만들어지고, 두 개의 선 간격이 입력한 치수만큼 간격을 두게 된다. 만들어진 선의 끝단으로 가면 일정한 간격이 벌어져 있는 것을 확인할 수 있다. "선" 명령으로 양 끝단의 점과 점을 이어 연결한다. 마찬가지로 하단 부분도 기준선이 있어 잘 보이지는 않지만, "선" 명령을 사용해서 끝단의 점을 연결해준다. 그러면 연결된 선들은 모두 초록색으로 변하고 완전히 작성이 되었다는 것을 알 수 있다. 이후 상단 메뉴에 있는 "스케치마무리" 아이콘을 클릭하면 2D의 스케치가 완전히 끝나게 된다. 더 복잡하고 어려운 스케치도 하나하나 꼼꼼히 해나가면 상상하는 모든 것이 가능해진다.

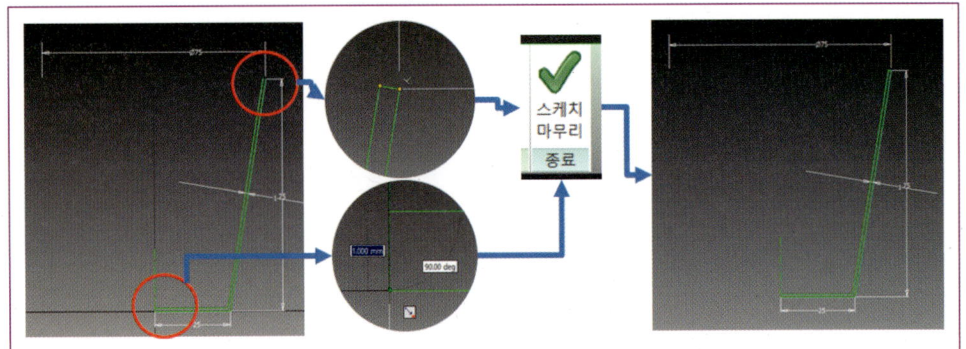

▲ 그림 3.29 스케치 마무리

2D 스케치는 3D를 만들기 위해서 행해지는 가장 기본적인 사항이다. 2D 스케치가 얼마나 잘되었는지에 따라 다양한 3D 모델링이 가능하기도 하고 아예 3D 모델링이 불가능한 경우도 발생한다. 이에 2D 스케치 기능과 구속조건들에 관한 사항을 반드시 익혀 두길 바란다.

3.5 2D 기본 스케치를 활용한 3D 명령

2D 스케치가 완성되었으면 3D를 만들기 위한 또 다른 명령어가 필요하다. 각 CAD마다 용어가 조금씩 다르긴 하지만, 유사한 명령들이 있고 해당 명령에 따른 결과도 유사하게 나타난다. CAD에 따라서 복잡한 과정을 쉽게 만들어줄 수 있는 기능을 가지고 있을 수도 또는 없을 수도 있으니 제품 개발에 맞는 CAD가 필요하다. 인벤터에서는 3D로 작업되는 객체를 파라메트릭하게 만들기 때문에 피처(Features)라는 용어를 사용하고 이를 위한 명령어 체계인 피처명령어를 5가지로 구분한다.

원점 자원으로는 3D 객체를 만들거나 수정하거나 다양한 용도로 활용하기 위한 좌표의 형태로 중심점과 x축, y축 그리고 z축을 기준축으로 선택할 수 있는 기준축과 yz평명, xz평면 그리고 xy평면을 기준평면으로 선택할 수 있는 기준평면이 있고, 스케치 피처로는 돌출, 회전, 로프트, 스윕, 리브, 코일, 엠보싱 그리고 다른 스케치 피처들이 있다. 스케치 피처는 2D로 스케치된 내용을 3D의 형태로 만들어주는 중요한 역할을 한다. 특히 돌축, 회전 그리고 로프트 같은 명령어는 매우 많이 사용되는 것들이다. 기본체 피처에는 육면체를 만들 수 있는 상자를 비롯해서, 원통, 구 그리고 도넛 모양의

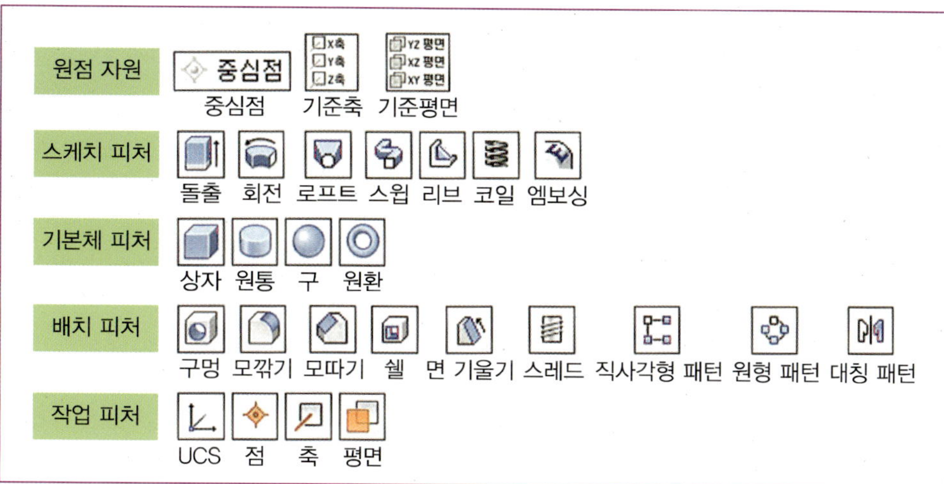

▲ 그림 3.30 피처 명령어

원환과 같은 명령어들이 존재한다. 배치 피처에는 구멍, 모깎기, 보따기, 쉘, 면 기울기, 스레드 등과 패턴을 만들 수 있는 직사각형 패턴, 원형 패턴, 대칭 패턴이 있으며, 작업 피처에는 사용자 좌표계(User coordinate system, UCS), 점, 축 그리고 평면과 같은 다양한 명령들이 있다. 이러한 명령들을 조합해서 잘 활용하여 다양한 3D 모델링 작업을 수행한다. 역시 본서에서는 간단히 내용만 소개하고 3D 설계를 위한 다른 서적을 통해 그 기능을 익히기 바란다.

3.6 3D 부품 모델링 작업

앞서 만들어둔 2D 스케치 내용을 계속해서 3D로 만들어 나가는 작업을 진행하겠다. 스케치가 마무리된 상태가 되면 상단의 메뉴화면에 3D 명령어들이 나타난다. 그 중에서 돌출, 회전, 스윕 등이 있는 작성 그룹에서 "회전"을 선택하면 회전이라는 창이 나타나고 기본적으로 회전된 모양을 만들게 된다. 회전창에서 프로파일을 선택하고 2D 스케치된 단면의 영역을 선택하면 회전할 영역이 지정되고, "축"을 선택한 후 이미 만들어져 있던 "기준축"을 선택하게 되면 3D 모델링이 완성되게 된다. 인벤터에서는 자동화되어 있어 영역에 대한 프로파일링과 더불어 기준축이 만들어져 있으므로 자동으로 3D를 만들어주게 된다.

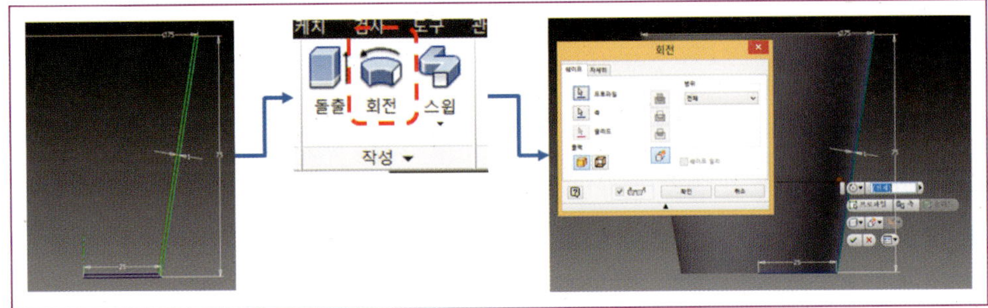

▲ **그림 3.31** 3D명령어 '회전'을 이용한 3D 모델링

회전창에서 확인 버튼을 클릭하게 되면 완성된 3D 객체가 나타나고 마우스를 이용해서 회전 시켜 보면 뚜렷하게 3D로 만들어진 컵을 확인할 수 있다. 완성된 모형에 배치 피처 명령어인 "모깎기" 명령어를 실행해서 날카로운 부분을 둥글게 만들어주는 작업을 한다.

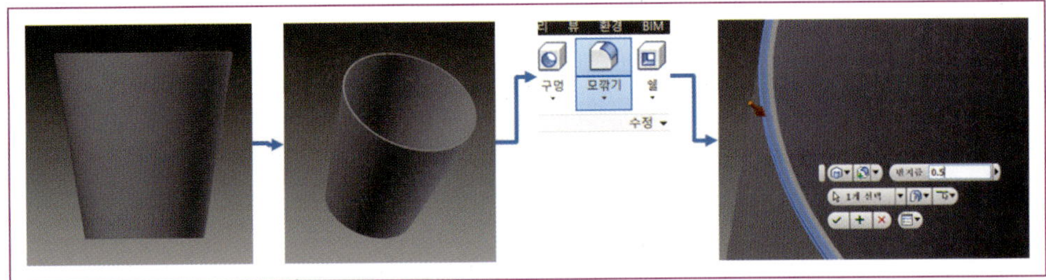

▲ **그림 3.32** 배치 피처 모깎기 명령어를 이용한 마무리

마우스를 이용해서 3D 모델의 각 부분을 살펴보고 원하는 부분에 모깎기를 실행하여 완전한 형태의 3D 모델링을 진행한다. 이로써 3D 모델링을 통한 완벽한 컵이 만들어지는 과정을 하나하나 확인해 보았다.

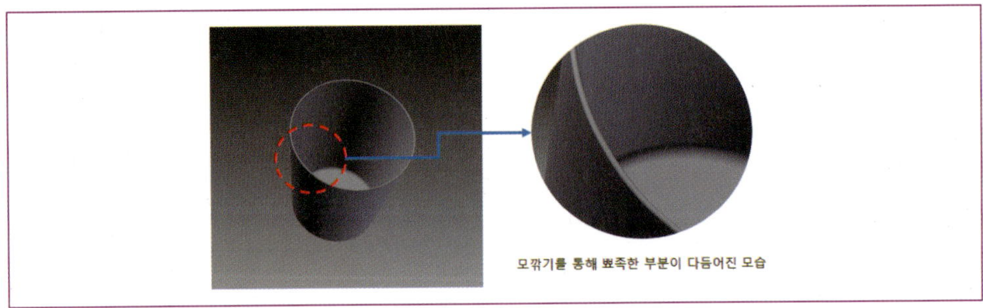

▲ **그림 3.33** 완성된 예제의 모습

3.7 설계 변경 작업

완전한 컵 모양이 완성된 것을 이미 앞서 3D 형상을 통해 확인했다. 하지만, 과연 이러한 3D 형상의 컵이 완벽한지 또는 생산 과정에서 어떤 문제점을 내포하고 있을지에 대한 확신을 가지기란 어려울 것이다. 이럴 때 엔지니어들 또는 CAD로 설계를 한 사람들은 이를 확인해보고 싶을 것이다. 만약 이 상태로 제품을 만들기 위해서 수천만 원을 들여 금형을 제작한다거나 양산을 위한 준비를 한다거나 전통적 방법으로 시제작품을 만들어본다는 것은 많은 비용과 노력이 수반된다는 것을 직감할 것이다. 이럴 때 우리는 우리가 배우는 3D 프린터를 활용해서 시제작품을 만들어 확인을 하는 것이다. 실제 예제로 만든 컵의 경우 3D 프린팅 작업을 통해 확인해보면 3D 프린터의 출력 품질에 따라 차이가 나겠지만 나쁘지 않은 결과물이 출력될 것이다. 하지만, 설계자의 의도가 조금 더 튼튼하고 묵직한 감이 있는 컵을 만드는 것이라면 기존의 설계를 변경시켜서 의도를 반영하게 된다.

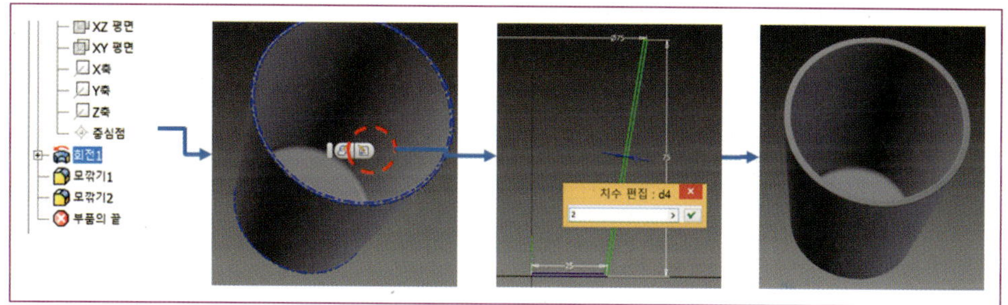

▲ 그림 3.34 설계 변경 작업

예를 들어, 기존의 두께가 1 mm였지만, 2 mm로 하고 싶을 경우 이미 만들어진 3D 도면을 불러와서 수정작업을 진행한다. 수정하기 위해선 파일을 불러오고 왼쪽의 트리 형태에 있는 "회전1"을 선택하면 작업창에 아이콘이 생기는데 왼쪽이 회전에 대한 수정 아이콘이고, 오른쪽이 스케치 수정 아이콘이다. "스케치 수정" 아이콘을 클릭하면 2D스케치 화면이 다시 나오고 원하는 값인 두께를 2로 변경한 후 스케치를 마무리 한다. 그러면 두께가 변경된 형태의 3D 모델링 결과물인 컵의 형상이 나타남을 알 수 있다. 이미 앞에서도 설명했듯 이와 같이 쉽게 설계 변경이 이루어질 수 있는 것은 바로 파라메트릭 설계를 지원하기 때문이다.

우리는 간단한 컵 하나를 예제로 설계해 보았다. 그러나 고객이 요구하는 제품은 복잡하고 그 형태도 다양하다. CAD를 활용해서 다양한 제품을 만들 때 반드시 거쳐야 하는 작업이 바로 시제작품을 만드는 것이고, 시제작품을 쉽게 만들기 위한 방법 중의 하나가 바로 3D 프린팅 기술을 활용하는 것이다. 3D 프린팅에 의한 결과물, 즉 출력물을 확인하고 설계변경 과정을 거침으로써 완전한 제품을 만들게 된다.

4. 3D 모델링 예제

4.1 '나만의 스탠드' 설계하기

많은 학생들이 CAD를 이용해서 3D 모델링을 잘 할 수 있는 방법을 물어온다. 그럴 때마다 하는 대답은 많은 부품과 제품을 설계해 보라는 것이다. 많은 경험이 무엇보다 좋은 교육이 된다. 과거 완성차 업계의 연구소에서 근무할 당시 필자가 느낀 바로는 CAD를 사용하는 연구원들의 대다수가 실제로 설계를 하면서 설계의 기법이나 기술이 늘어간다는 것이다. 학교를 졸업하고 설계자로 입사를 하더라도 실질적인 제품 설계는 다양한 경험을 한 이후에나 가능한 것이다. 결국 3D 모델링을 잘 한다는 것은 그만큼의 경험이 필요한 것이고, 배우는 학생의 입장에서는 무조건 CAD 프로그램을 구동해서 실무를 진행해 보는 것이 최고의 배움이 될 것이라 확신한다.

3D 모델링을 위한 예제는 '나만의 스탠드'를 제작해보는 것이다. 이는 아주 쉽게 구현할 수 있지만, 제작자의 의도에 따라서는 좀 더 차원 높은 형태의 작품이 될 수도 있으리라 생각한다.

▲ 그림 3.35 '나만의 스탠드' 만들기 예제 완성품

4.2 개념 설계와 제품 사양

본서의 2장에서 언급한 바와 같이 하나의 제품을 만들기 위해서는 가장 먼저 필요로 하는 것이 요구사항의 분석이다. 즉, 시장 조사를 통해 요구사항을 도출하는 작업이 우선되어야 하나 본 과정에서는 예제를 실행하게 되므로 요구사항에 대해서는 생략하고 진행하도록 한다. 하지만, 제품을 만들 때 구조 및 기능 그리고 기술을 정의함에 있어 요구사항이 정리되어 있으면 더 구체적이고 세련된 제품의 설계가 가능할 것이라는 것을 알게 될 것이다.

제품을 개발함에 있어 가장 우선해야 할 시장조사 다음으로 구조 및 기능 정의가 있고, 이후 기술 정의를 진행하도록 한다. 우선 예제의 제품을 위한 구조 및 기능 정의를 다음과 같은 양식(Template)을 통해 작성하길 권고한다.

표 3-1 구조 및 기능 정의

제품 디자인	크기	• 가로 × 세로 × 높이 : 80 mm × 80 mm × 150 mm • 손바닥 위에 올려놓을 수 있는 크기 • 각 부품별 사이즈는 설계 시 지정
	형상	• 육면체 형태를 띠며 발광부는 사용자 취향에 따라 별도 제작 • 제어본체와 발광부가 분리되는 형상 • 제어본체 하단에 배터리를 장착 • 전기장치로는 배터리 및 발광 LED를 활용 • 스위치는 전기장치부분의 앞쪽에 설치
	색상	• 전기장치부는 검정색(발광 차단) • 발광부는 밝은 계열의 색상을 이용

표 3-2 제품 기능 요소 정의

제품 기능	제어 본체	• 기능 : 전기장치를 설치하는 부분 • 성능 : LED의 빛이 차단 • 품질 : 요건 없음 • 원재료 / 재질 : PLA $t = 1.5$ mm
	발광부	• 기능 : LED의 빛을 외부로 비춰 주는 기능 • 성능 : LED의 빛이 은은히 퍼질 수 있게 함 • 품질 : 요건 없음 • 원재료 / 재질 : PLA $t = 0.8$ mm
	전기장치	• 기능 : 스위치, LED, 배터리로 구분되며 전선으로 연결(연결은 납 용접으로 함), 전원은 1.5 V AAA사이즈 배터리 2개를 이용함 • 성능 : 스위치 on/off에 따라 LED 동작 • 품질 : 요건 없음 • 원재료 / 재질 : 전기장치

상기와 같이 간략하나마 구조 및 기능 정의와 제품 기능 요소에 대한 정의를 진행하였다. 제품을 기안하고 개발해 나갈 때 반드시 구조 및 기능 정의와 제품 기능 요소 정의는 별도로 만들어 두는 것이 좋으며, 이를 지속적으로 변경하고 반영해 나가는 것이 필요하다.

실제 대규모 프로젝트에서는 개발 기간을 정해두고 다양한 부문의 기획자들과 협의를 통해 이러한 작업을 구체화할 뿐만 아니라 주기적으로 일정을 정해두고 변경작업을 진행한다. 이렇게 진행된 각종 정의 작업들은 향후 새로운 제품을 개발할 때 그 근간이 되며, 신제품의 정의에 따라 개선 제품 뿐 아니라 완전히 새로운 제품에도 그 역할을 톡톡히 하게 된다.

4.3 자재명세서 구성하기

제품 기능 요소 정의에 의해 구분된 기능 단위가 하나의 큰 그룹 단위 또는 부품 단위가 된다. 일반적으로 기능 단위를 그룹으로 보고 BOM을 구성하는 것이 타당할 것이다.

표 3-3 예제 제품의 BOM

Part No.	Level	Name	Material	Process	Weig.	Cnt.	etc.
MS000	0	My stand					
MS010	1	Control Body	PLA	3D Printing		1	
MS020	1	LED Cap	PLA	3D Printing		1	
MS030	1	Electric Group					
MS031	2	LED	elect.	Outsourcing		1	
MS032	2	Switch	PP	Outsourcing		1	
MS033	2	W/harness	Wire	Outsourcing		3	
MS034	2	Battery	–	Outsourcing		2	
MS035	2	Battery case	PP	Outsourcing		1	

우선 가장 우선하는 것이 제품이다. 제품의 경우 최상위 레벨로 구성되므로 레벨을 0으로 둔다.

기능 단위로 분류된 부품 또는 그룹은 1레벨로 지칭한다.

최상위 레벨인 제품을 시작으로 제어본체(Control Body, 부품번호 : MS010)와 발광부(LED Cap, 부품번호 : MS020)는 각각 한 개의 부품으로 구성되어 있고, 전기장치(Electric Group, 부품번호 : MS030)의 경우는 하부 레벨의 5가지 부품으로 구성되어 있음을 알 수 있다. BOM을 기반으로 단위 부품별 설계계획을 세운다.

4.4 단위 부품별 설계 계획

우리는 단순히 설계 계획만 수행하겠지만, 복잡하고 다양한 형태의 제품들은 이러한 설계 계획이 기본이 되어 외주(Outsourcing)에 해당하는 부품들은 구매행위가 이루어진다. BOM에서 외주로 다루어지는 대부분의 부품은 표준 부품으로 취급할 수 있다. 이러한 표준 부품의 경우 대부분 규격이 정해져 있으며, 쉽게 도면을 구할 수 있다. 설계를 전문으로 하는 연구소의 경우 자체적으로 라이브러리를 형성하고 있어 쉽게 CAD에서 활용할 수 있게 되어 있는 것이다. 부품별 설계 계획을 수립할 때 표준 부품의 도면이 사전에 준비되지 않으면 설계를 하던 중간에 해당 부품의 취부를 위하여 그때서야 찾아야 하는 번거로움이 발생하므로 미리 정의를 해두는 것이 필요하다.

표 3-4 부품별 설계 계획

<table>
<tr><th rowspan="2">Part No.</th><th rowspan="2">Name</th><th rowspan="2">Process</th><th colspan="5">일정</th><th rowspan="2"></th></tr>
<tr><th>D</th><th>D+1</th><th>D+2</th><th>D+3</th><th>D+4</th></tr>
<tr><td>MS010</td><td>Control Body</td><td>3D Printing</td><td></td><td>설계</td><td>3D 프린팅</td><td>설계 변경</td><td rowspan="7">조립 및 완성</td><td>LLI</td></tr>
<tr><td>MS020</td><td>LED Cap</td><td>3D Printing</td><td></td><td></td><td>설계</td><td>3D 프린팅</td><td></td></tr>
<tr><td>MS031</td><td>LED</td><td>Outsourcing</td><td rowspan="5">표준 부품 도면 확보</td><td colspan="3" rowspan="5">표준 부품 구매</td><td></td></tr>
<tr><td>MS032</td><td>Switch</td><td>Outsourcing</td><td></td></tr>
<tr><td>MS033</td><td>W/harness</td><td>Outsourcing</td><td></td></tr>
<tr><td>MS034</td><td>Battery</td><td>Outsourcing</td><td></td></tr>
<tr><td>MS035</td><td>Battery case</td><td>Outsourcing</td><td></td></tr>
</table>

부품별 설계 계획을 하나하나 살펴보면, 우선, 우리가 직접 설계해야 할 부품은 MS010과 MS020 부품으로 제어본체와 발광부이다. 발광부는 단순 설계의 경우로 볼 수 있는 반면에 제어본체의 경우는 각종 전기부품 등이 장착되어야 하며 정교하게 설계되어야 할 부분이 다소 있을 것으로 예상된다. 이러한 부품은 다른 부품에 비해 설계 시간과 시제작품 제작에 드는 시간이 많이 걸리는 것이 일반적이다. 그래서 이러한 부품을 일컬어 LLI (Long lead item)이라고 한다. LLI을 잘못 판단하는 경우 LLI 때문에 전체 공정이 지연되는 경우가 발생하게 되므로 가능한 앞서 설계를 시작하여 전체 공정이 지연되는 일이 없도록 하는 것이 중요하다.

4.5 표준 부품의 준비

표준부품 중에서 MS031, MS032 그리고 MS035에 대해서는 외관의 크기가 있어야 MS010을 설계할 수 있다.

우선 MS031을 선정하기 위해서 제품 기능 요소 정의에 따라 3V를 지원하는 고휘도 LED를 선택한다. 이러한 선택의 기준은 첫째 품질, 둘째 경제성, 셋째 조립성 등이 기준이 된다. 인터넷을 통해 찾은 부품은 국산 고휘도 LED이다.

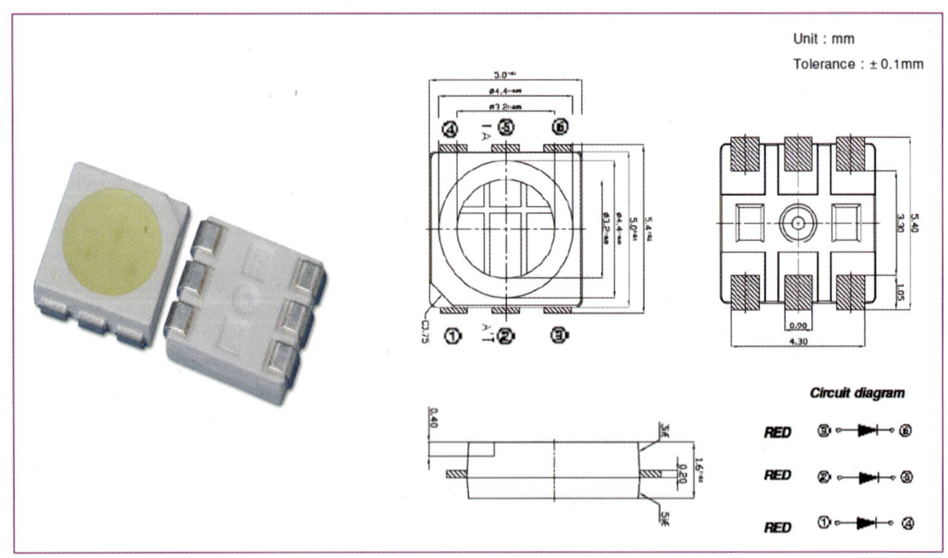

▲ 그림 3.36 MS031 표준부품 도면(LED)

두 번째로 필요한 것은 MS032의 외관 크기가 있어야 한다. 스위치류는 작동방식과 모양 그리고 기능들이 다양하다. 그러므로 어떠한 스위치를 쓰느냐에 대해서도 기본적인 원칙을 정해서 부품을 찾는 것이 중요하다. 기능 중심의 부품은 앞서 언급되었던 품질, 경제성, 조립성 등이 중심이 되지만, 외부에 나타나는 부품의 경우는 외관 또한 중요한 요소임에 틀림없을 것이기 때문이다. 예제에서는 on/off가 표시되어 있는 소형이며 단순하게 작동하는 스위치로 선정했다.

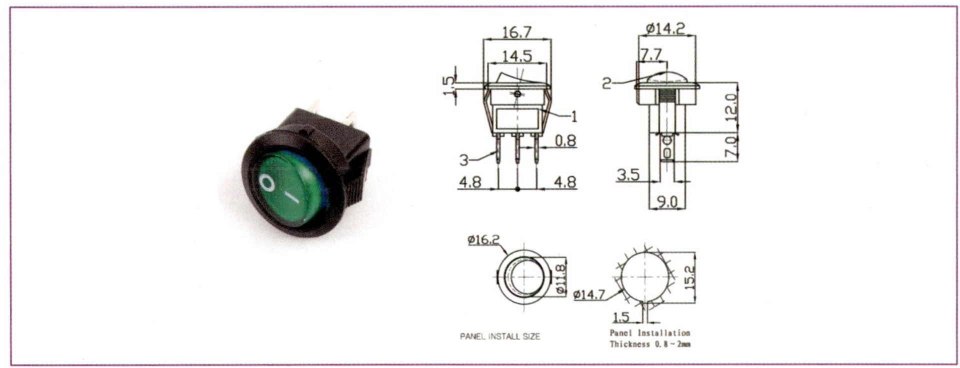

▲ 그림 3.37 MS032 표준부품 도면(스위치)

세 번째로 필요한 부품은 MS035인 배터리 케이스이다. 앞에서 언급했던 부품과 마찬가지로 제품 기능 요소 정의에 따라 3V를 지원하고 AAA사이즈 배터리가 2개 들어갈 수 있는 케이스를 선택한다.

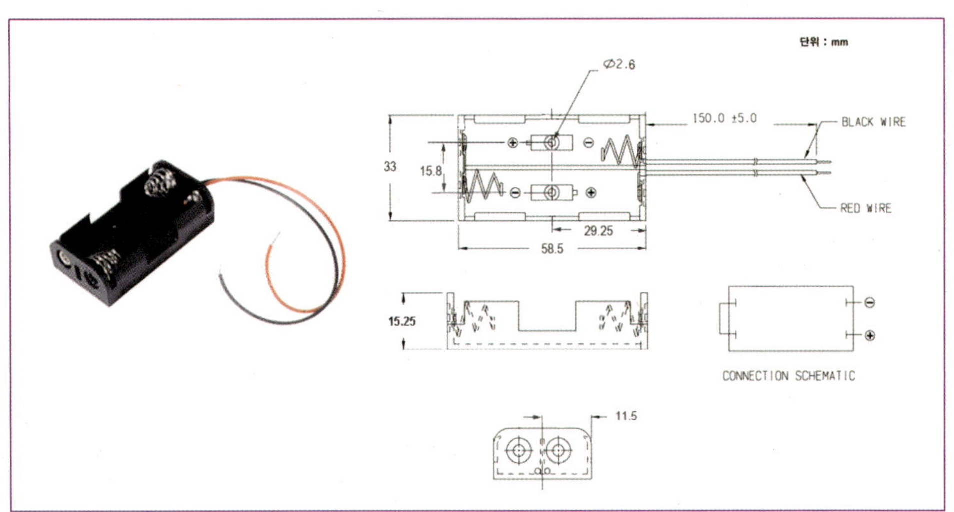

▲ 그림 3.38 MS035 표준부품 도면(배터리 케이스)

표준 부품에 대한 기본적인 도면 준비가 되었으며, 설계를 진행함과 동시에 구매를 진행한다. 여기서 언급하지 않은 것 중의 두 개가 MS033 부품과 MS034 부품이다. MS033은 일반적인 전선으로 준비하면 되고, MS034는 AAA사이즈 배터리이므로 필요 시 구매할 수 있도록 준비한다. 부품을 주문하게 되면 설계를 진행하는 동안 부품 준비가 될 수 있을 것이다. 이렇게 부품을 미리 준비하고 추후 조립을 위한 사전 작업을 하는 것은 기업에 있어서 시간을 단축할 수 있는 방법이 된다.

4.6 MS010 부품의 설계

부품별 설계 계획에 따라 외주에 대한 기본적인 준비는 완료되었으며, 실제로 설계해야 할 두 가지의 부품을 준비해야 할 차례이다. 이미 정해 놓은 부품별 설계 계획에 따라 LLI로 분류된 MS010 부품을 설계하고 MS020 부품을 설계하도록 한다.

설계를 진행하기 위해서는 CAD 프로그램이 필요한데 이미 학습한 바 있는 오토데스크의 인벤터를 이용하여 설계를 하도록 하겠다.

MS010 부품은 제품 기능 요소 정의에서 정해진 전기부품을 모두 포함해야 하는 부품이다. 이러한 부품의 경우는 미리 대략적인 형태의 방안을 가지고 설계를 시작하는 것이 타당하나 여기서는 교육의 목적상 설계를 바로 진행하는 것으로 한다.

우선적으로 고려해야 할 사항이 배터리 케이스, 스위치 및 LED가 MS010부품에 들어가야 하고, 전선에 의해 전기부품들이 연결되어야 한다. 이러한 구조를 미리 생각하고 설계를 시작하게 되는데, 간단한 부품의 경우는 바로 설계가 가능하겠지만, 복잡한 부품의 경우는 레이아웃(Layout)을 미리 잡고 설계를 하는 방법을 사용한다. 이러한 설계 방법은 별도의 설계 방법론을 통해 학습하기를 바란다.

1) 바닥면 설계

바닥면은 평평하지만 배터리가 들어갈 수 있는 공간을 확보하는 것이 필요하다. 인벤터를 실행하고 “새로 만들기”의 부품 아이콘을 클릭한다.

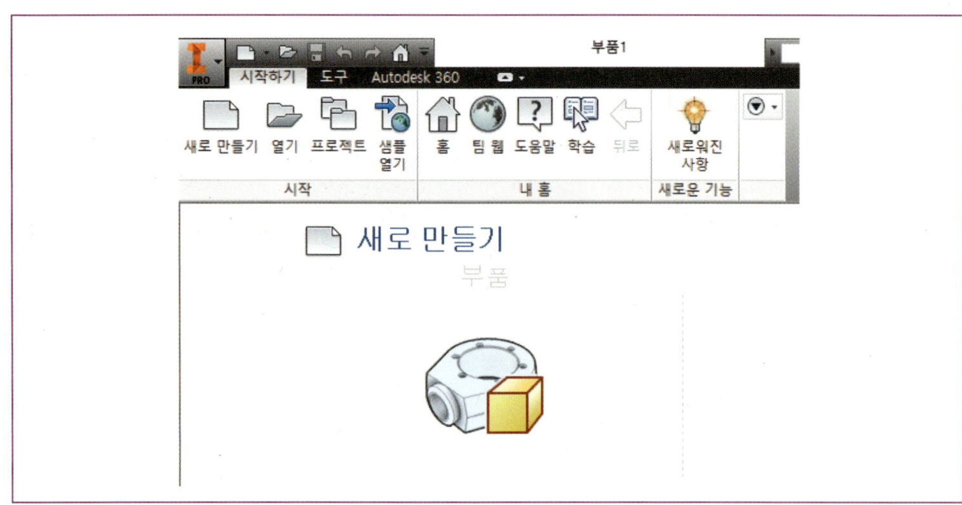

▲ 그림 3.39 인벤터의 부품 새로 만들기

부품 새로 만들기를 클릭하면 설계를 하기 위한 작업환경이 준비되고 이미 학습한 바 있는 화면이 나타난다.

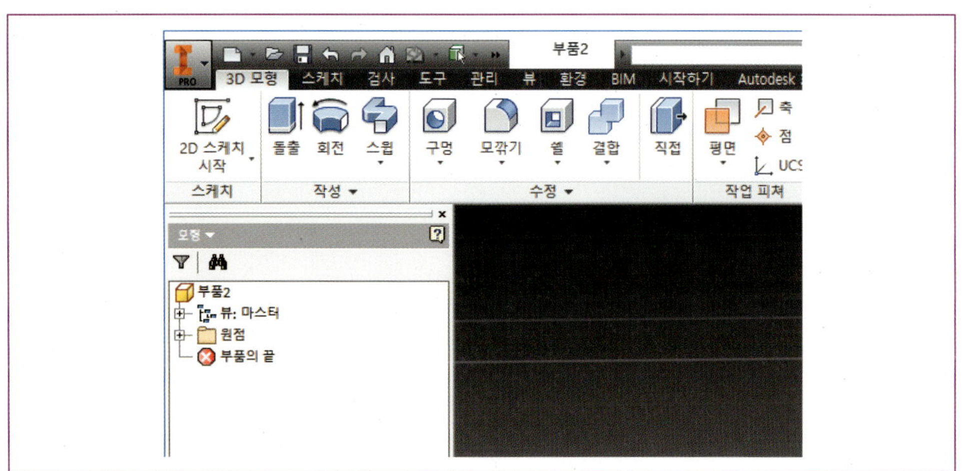

▲ 그림 3.40 부품 설계를 위한 작업환경 화면

왼쪽의 내비게이션 박스 내에 있는 "원점"을 클릭하여 나타나는 "XY평면"을 선택하면 우측 작업창에 XY평면이 나타나고 2D작업 아이콘이 나타난다. 이를 클릭하면 우측 작업창은 XY좌표를 가지는 2D로 그리기 명령을 사용할 수 있는 창으로 변경이 된다.

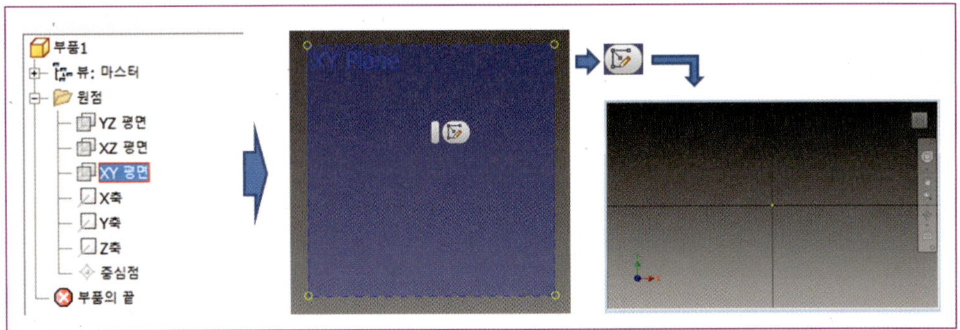

▲ 그림 3.41 2D 그리기 작업 준비

준비가 완료되었으면, 2D 그리기 작업부터 시작한다. 우리가 목적으로 하는 제품의 바닥부터 만들어 갈 것이므로 스케치 탭의 하부에 있는 "직사각형" 메뉴를 클릭한다. 다음으로 원점(0,0)에 마우스를 한 번 클릭한 다음 마우스를 옮겨가는데, 이때 마우스를 움직일 때 마다 치수가 변경되는 것을 확인할 수 있을 것이다. 이 치수는 향후 변경이 가능하므로 적당한 위치에 두 번째 클릭을 하면 사각형의 모양이 완성된다.

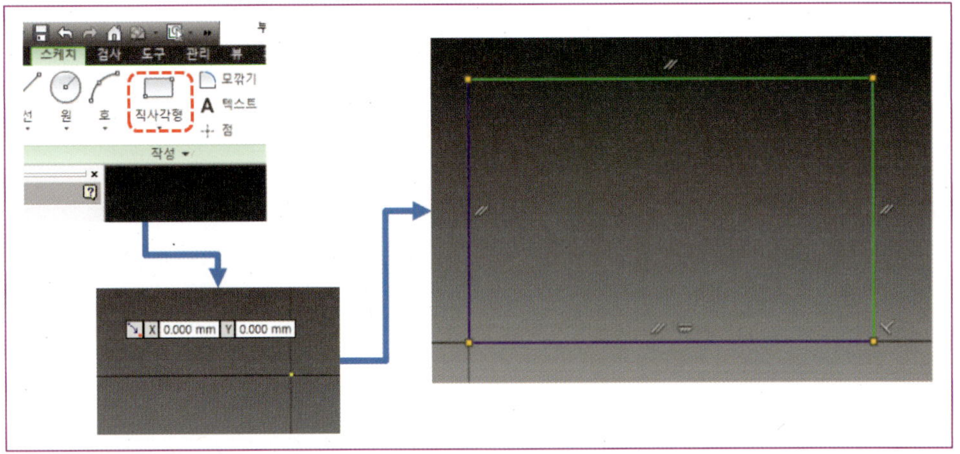

▲ 그림 3.42 직사각형 그리기

우리가 구조 및 기능 정의에서 정의했던 것처럼 가로와 세로의 길이가 각각 80 mm이다. 그러므로 2D 그리기에서의 사각형은 각각 80 mm의 변을 가지는 정사각형이 되어야 한다. 상단의 메뉴 중 "치수"를 클릭하고, 이미 만들어진 사각형의 상단의 선에 마우스를 클릭한 후 마우스를 위쪽 또는 아래쪽으로 움직이면 치수선이 나타난다. 이때 다시 한 번 마우스를 클릭하면 치수를 편집할 수 있는 “치수 편집” 창이 나타난다. 여기에 ‘80’이라고 입력을 하고 엔터 키를 누르게 되면 80 mm로 확정이 되고 해당 길이만큼 2D 그리기 화면에 반영이 되어 나타나는 것을 확인할 수 있을 것이다.

높이 또한 같은 방법으로 치수를 ‘80’으로 설정하면 그리기 화면에서 자동으로 변의 길이가 80 mm가 되어 정사각형의 형태를 만들게 된다. 설계 과정을 학습하기 위해 직사각형을 그리고 치수를 이용해서 크기를 조절하는 형태를 알아보았는데, 정사각형을 그릴 때는 메뉴 바에 나타나 있는 “직사각형” 글씨를 클릭하면 하단으로 하위 메뉴인 다각형의 메뉴가 다양하게 나오는 것을 볼 수 있을 것이다. 이를 이용해서 정사각형을 그려도 됨을 알 수 있다.

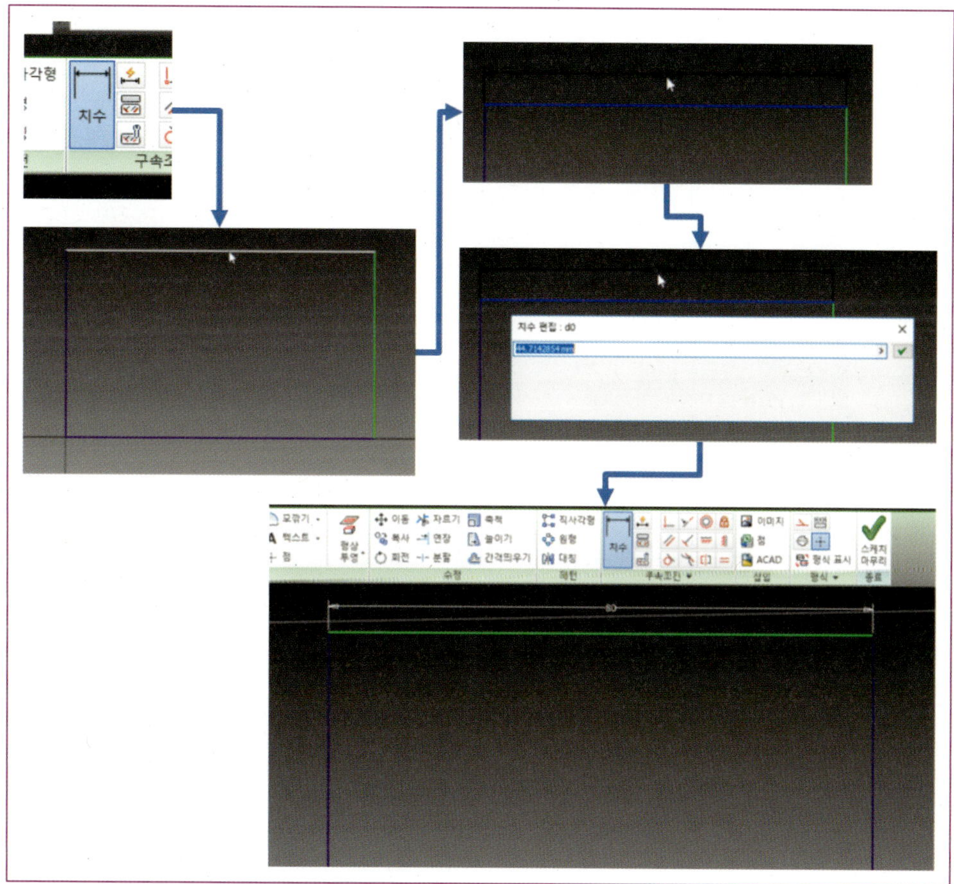

▲ 그림 3.43 치수 편집하기

일단 정사각형의 형태로 2D가 그려졌으면 이제 하단과 연결되는 주요 부품인 배터리 케이스를 넣을 수 있는 형태를 만들어준다. 이를 위해서는 배터리 케이스의 크기를 알아야 하는데, 이미 조사해 놓은 바로는 33 mm × 58.5 mm임이 확인되었다. 그래서 33 mm × 58.5 mm의 크기에 해당하는 사각형을 만들어주어야 하는데 해당 사각형은 배터리 케이스가 들어갈 곳이므로 그 크기가 너무 정확할 경우 나중에 조립이 어려울 수도 있다. 이는 제품을 만들기 위한 오차 범위인 표준공차에 해당하는 여유분을 미리 생각해서 설계를 할 필요가 있다. 3D 프린팅의 경우 출력물에 따른 오차 범위가 전통적 제품 가공 방법에 의한 오차보다 크다고 할 수 있다. 그래서 여기서는 오차 범위를 0.2 mm 정도로 두기로 한다.

적당한 위치에 배터리 케이스를 위치시키기 위한 사각형을 그린다. 메뉴의 "직사각형"을 클릭하고 이전과 동일한 방법으로 사각형을 그린다. 그린 사각형에 "치수"를 줄 때, 가로는 33.2 mm를 주고 높이는 58.7 mm를 기입해서 공차를 줘서 설계를 한다. 그리고 외곽선과 배터리 케이스를 넣기 위한 사각형과의 간격은 5 mm로 둔다. 두 선에 대한 치수를 주는 방법은 메뉴의 "치수"를 클릭하고, 첫 번째 선을 클릭한 다음 치수를 주기 위한 두 번째 선을 클릭하면 치수 화면이 나타나고 치수를 지정할 수 있다.

이제 기본적인 밑면의 스케치는 끝이 났다고 할 수 있겠다.

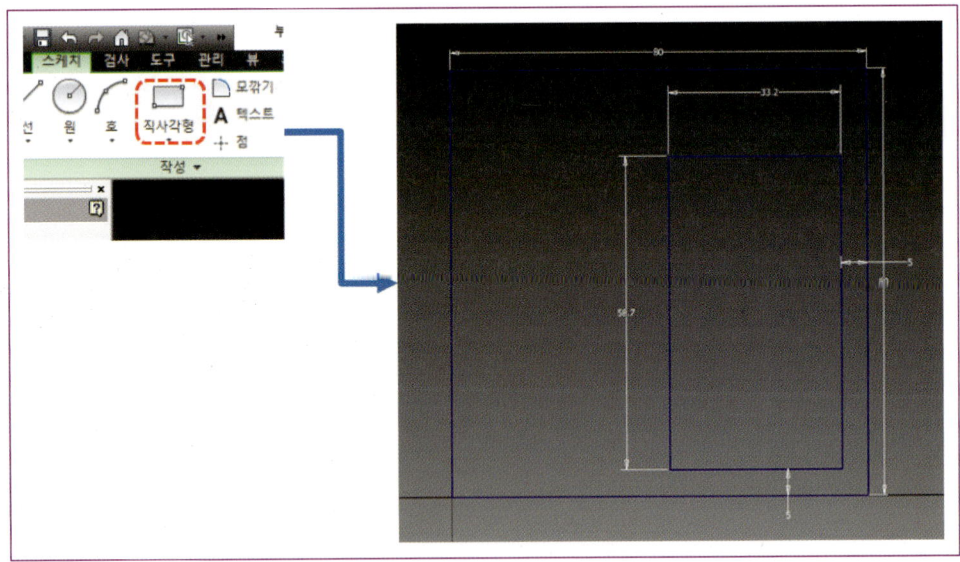

▲ 그림 3.44 배터리 케이스를 위한 사각형 작성

2) 밑면 만들기

기본적인 스케치가 끝이 나면 상단의 "스케치 마무리" 메뉴를 클릭해서 스케치를 끝낸다. 그러면 스케치 된 내용이 그대로 나타나고, 상단의 메뉴는 "3D 모형" 탭으로 변경되면서 3D 설계를 할 수 있는 메뉴로 변경된 것을 확인할 수 있을 것이다. 상단의 메뉴 중에서 "돌출" 메뉴를 클릭하고, 돌출하고자 하는 면에 마우스를 위치시키고 클릭한다.

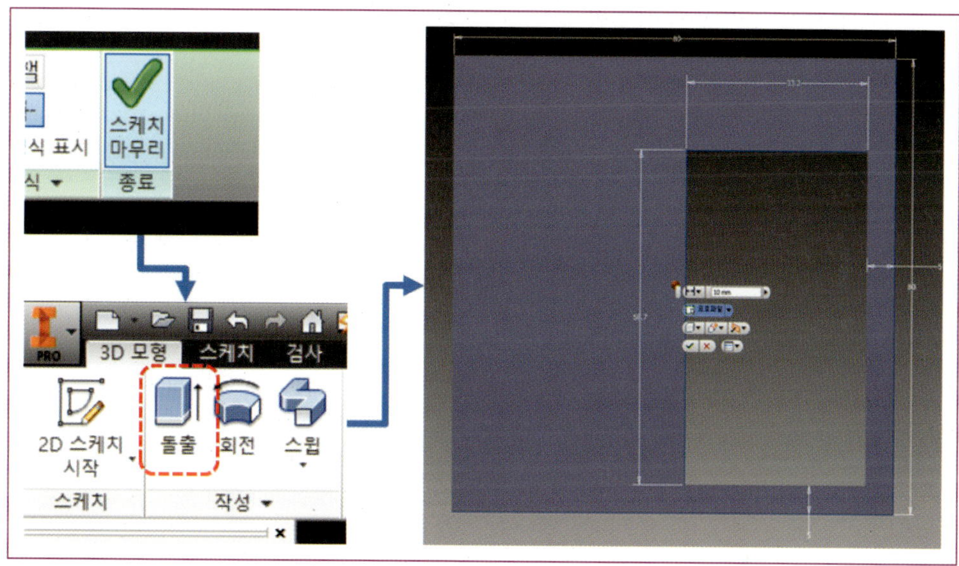

▲ 그림 3.45 밑면 돌출시키기

키보드의 Shift 키를 누른 상태에서 마우스의 휠 버튼을 눌러 마우스를 움직이면 작업 공간에서 돌출시킨 면이 3D 형태로 회전되는 것을 볼 수 있을 것이다. 이미 제품 기능 요소 정의에서 정의한 바와 같이 제어 본체의 두께를 $t = 1.5$ mm로 정의한 바 있다. 그러므로 돌출의 양을 1.5로 변경한다. 이로써 우리가 만들고자 하는 밑면의 기본적인 작업이 완료되었다.

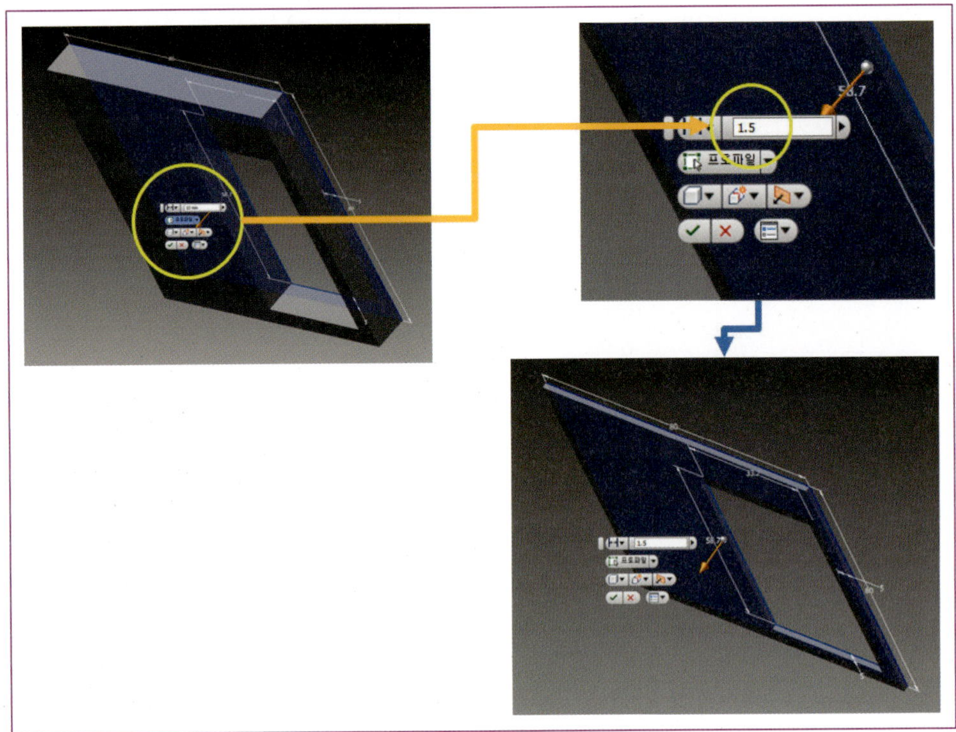

▲ 그림 3.46 밑면 두께 조절

3) 제어 본체 외형 만들기

하단부가 완성된 상태에서 이제 제어 본체의 전체적인 외형을 만든다. 외형을 만들기 위해서는 기본적으로 제어 본체에 들어갈 부품들의 높이를 알아야 하는데 이는 이미 확보된 표준 부품의 치수에 의해 확인이 가능하다. 제어 본체의 옆쪽 면에 스위치가 위치할 것을 염두에 두고 있기 때문에 스위치의 크기를 고려해야 한다. 스위치의 전체적인 크기 중 외관 지름이 16.7 mm로 되어 있다. 스위치의 크기에 따라 조금의 여유를 두기 위해 16.7 mm보다 양쪽에 적당한 높이를 조금 더 두어 설계하는 것이 좋을 것으로 보여 전체 높이를 22 mm로 지정하기로 한다. 이러한 검토는 배터리 케이스의 높이 부분을 제어 본체가 포함해야 하므로 그 높이인 12.25 mm를 고려해서 설계가 되어야 한다.

다시 인벤터로 돌아와서 돌출이 일어나 있는 밑면의 한쪽 면을 클릭하여 다시 해당 면에 2D 스케치를 진행한다.

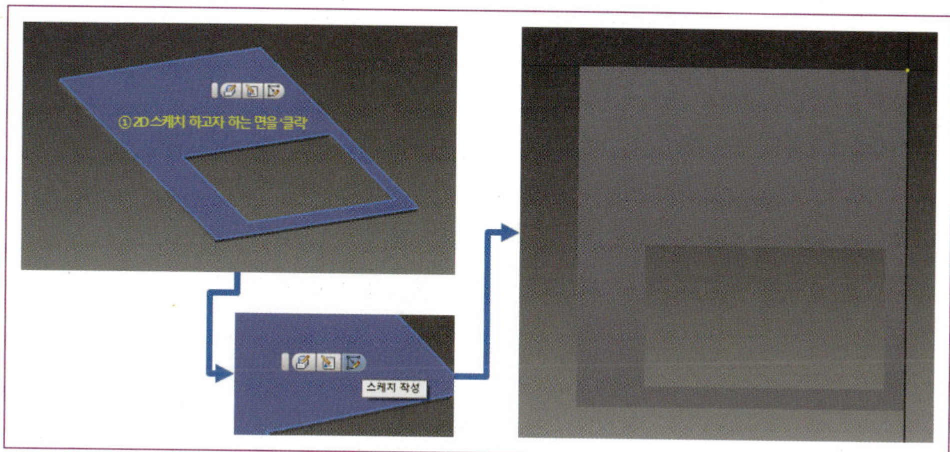

▲ 그림 3.47 2D 스케치를 위한 면 선택

면이 선택되었으면 제어 본체의 외부 벽을 만들기 위한 스케치를 진행한다. 선택된 면에 사각형을 그리는데 이는 이미 했던 작업과 동일하게 진행한다. 메뉴의 "직사각형"을 클릭해서 첫 번째 모서리와 두 번째 모서리를 클릭해주면 쉽게 사각형을 그릴 수 있다.

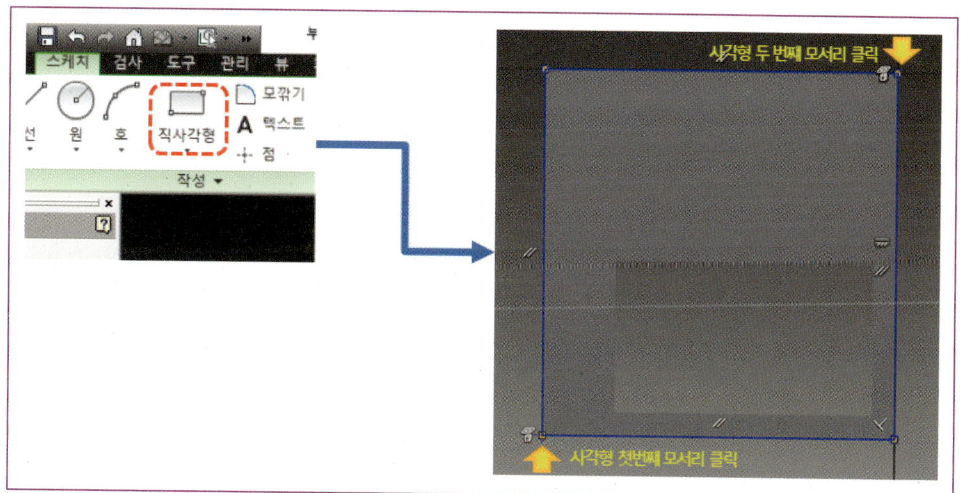

▲ 그림 3.48 외부 벽을 만들기 위한 직사각형 그리기

다음으로 벽을 세우기 위해서는 일정한 두께를 주어야 하는데, 이미 제품 기능 요소 정의에서 정의된 $t=1.5$ mm를 적용하면 된다.

설계에서는 다양한 방법으로 스케치를 할 수 있겠지만, 이번에는 "간격띄우기" 메뉴를 사용해서 진행해보겠다.

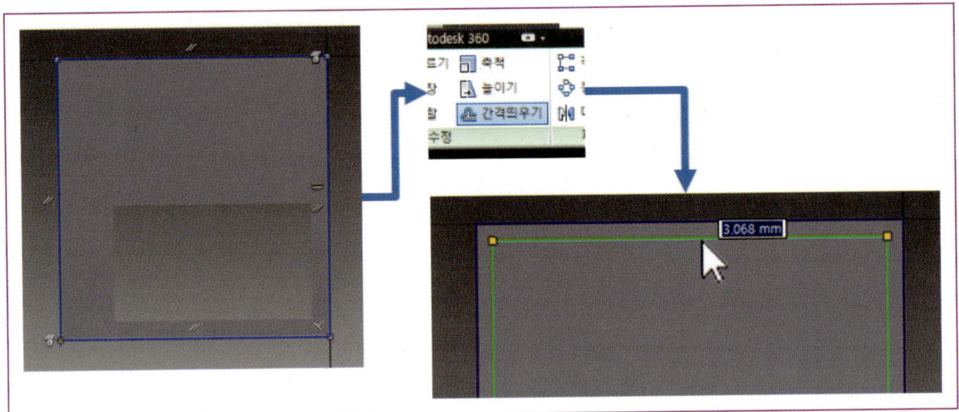

▲ 그림 3.49 "간격띄우기" 실행

외부 벽을 만들기 위해 직사각형을 그린 후 메뉴의 "간격띄우기"를 클릭한다. 그 다음으로 직사각형의 선을 마우스로 클릭한 후 움직이면 얼마만큼의 간격을 띄울 것인지에 대한 입력 창이 나오고 여기에 우리가 원하는 크기인 '1.5'를 입력한 후 엔터 키를 누르면 된다. 외부 벽을 만들기 위한 스케치는 이것으로 완료된 것이다.

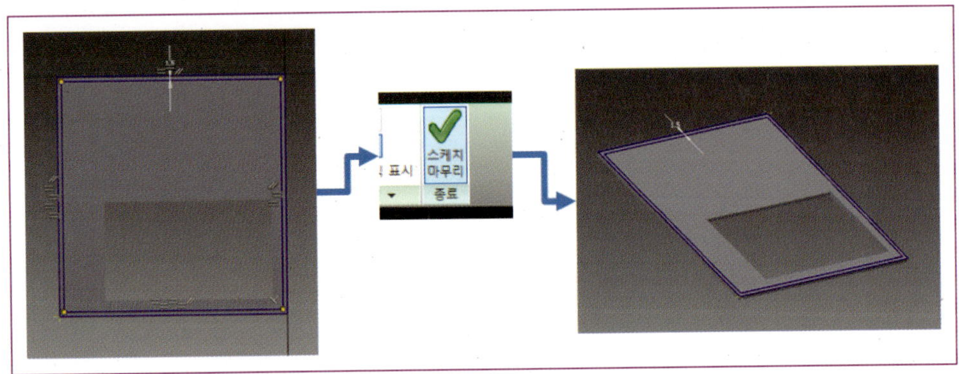

▲ 그림 3.50 스케치 마무리 상태

스케치가 완료된 상태에서 상단의 "스케치 마무리" 메뉴를 클릭한다. 이후 스케치 화면에서 빠져나오면 3D 모형을 만들 수 있는 메뉴들이 나타나게 된다. 이미 앞서 작업했던 내용들과 동일한 형태의 내용임을 알 수가 있을 것이다. 즉, 설계는 2D 스케치를 하고 이를 이용해서 3D화 시키는 작업을 진행하는 것이 대부분의 절차이다. “3D 모형” 탭에서 “돌출”을 클릭하고 돌출시키기 원하는 부분에 마우스를 위치시키면 선택되는 면의 색상이 변하게 되는데, 해당 부분을 확인하고 마우스를 클릭한다. 이때 돌출되는 양을 ‘22’로 변경한다.

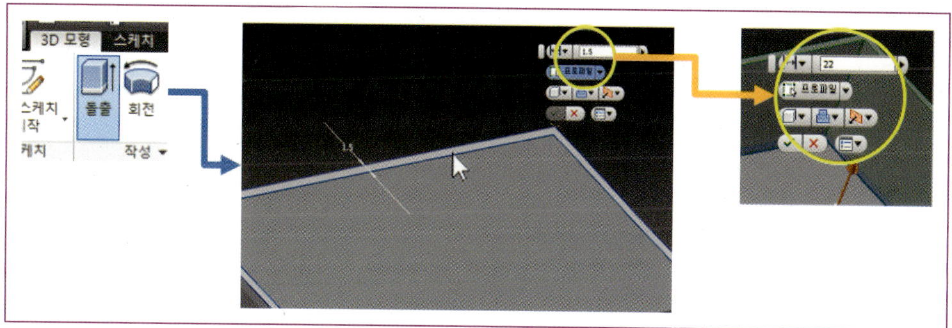

▲ 그림 3.51 외부벽 돌출

외벽이 돌출되면 3D 형태가 어느 정도 갖추어진 것을 확인할 수 있게 된다. 이제 외부 형태가 일단 갖추어졌으며, 추후 발광부가 설치될 수 있도록 제어 본체 외벽 상단부에 요철 형태의 형상을 만들어준다.

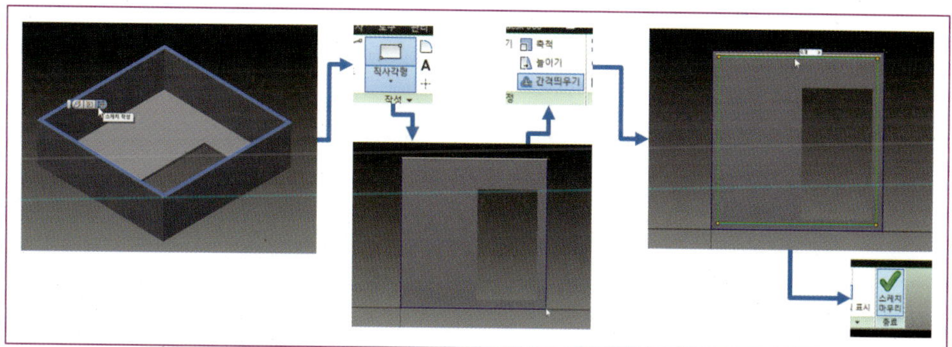

▲ 그림 3.52 발광부 조립을 위한 요철 부위 스케치

이를 위해 외벽 최상단의 면을 선택한다. 스케치를 하기 위해서 메뉴의 “직사각형”을 클릭하고 외곽의 모서리를 각각 클릭함으로써 사각형을 만들 수 있다. 또한 “간격띄우기”를 클릭해서 마우스를 옮기면 입력창이 나타나며 이때 입력창에 ‘0.9’를 입력

한다. 실제 발광부의 두께는 0.8 mm로 되어 있으나, '0.9'로 입력하는 것은 3D 프린팅에 대한 공차를 미리 생각해둔 것으로 생각하면 된다.

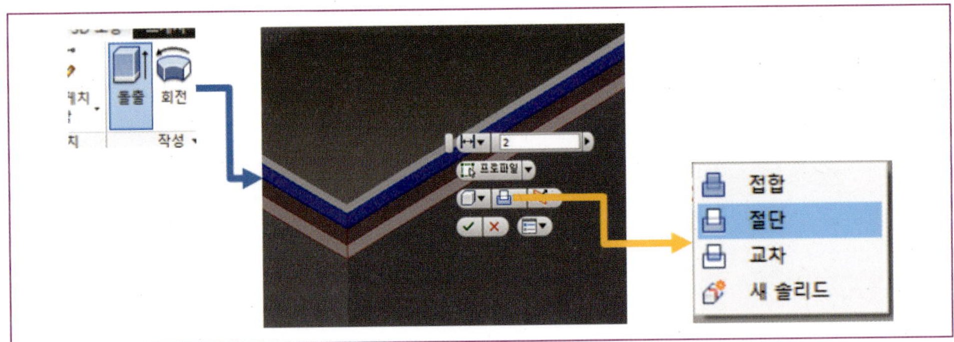

▲ 그림 3.53 발광부 조립을 위한 요철 부위 돌출

스케치가 마무리 되면 "3D 모델"탭이 나타나고 여기에서 "돌출"을 선택한다. 스케치한 영역의 면을 선택하면 "돌출"명령이 실행 가능한데, 이때 요철을 만드는 작업이므로 "절단"을 선택하고 돌출 크기는 '2'를 입력한다. 이로써 기본적인 외형은 갖추어졌으며, 이후부터는 전기부품이 자리 잡을 수 있는 자리를 설계하는 작업을 진행한다.

4) 배터리 케이스 취부 만들기

이미 만들어진 제어 본체 외형에 전기부품을 넣을 수 있는 곳을 만들어야 한다. 다시 2D 스케치를 하기 위해서 평면을 결정해야 하는데, 제어 본체의 바닥 안쪽 면을 선택한다. 2D 스케치를 위한 면을 정하였으면 마우스로 클릭한다.

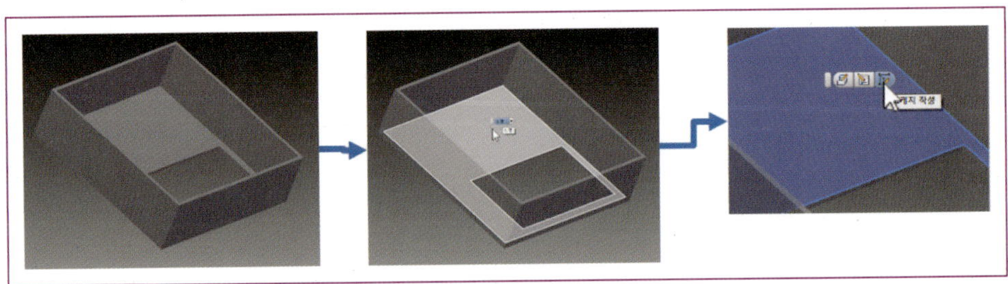

▲ 그림 3.54 면의 선택 및 스케치 작업

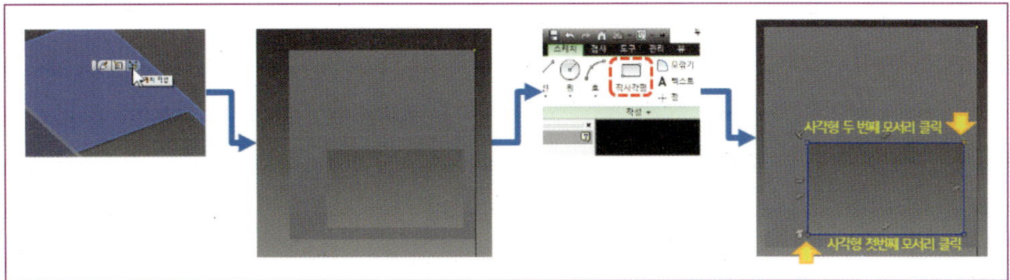

▲ 그림 3.55

"스케치 버튼"을 클릭하면 스케치 준비 상태가 되고, 이미 앞에서 작업한 것과 동일하게 "직사각형" 메뉴를 클릭해서 배터리 케이스가 들어갈 부분에 사각형을 그린다. 이번에는 그려진 사각형의 바깥쪽으로 "간격띄우기"를 해서 배터리 케이스 높이인 12.25 mm보다 조금 더 올라가게 돌출을 할 것이다. 그렇게 해야만 배터리 케이스가 내부로 들어갈 수 있기 때문이다. "간격띄우기"를 클릭한 다음 이미 그려둔 사각형의 선을 마우스로 클릭한다. 그러면 띄울 간격을 입력하는 창이 나타나고, 해당 입력란에 '1.5'를 입력하고 엔터 키를 누른 후, 스케치를 마무리한다.

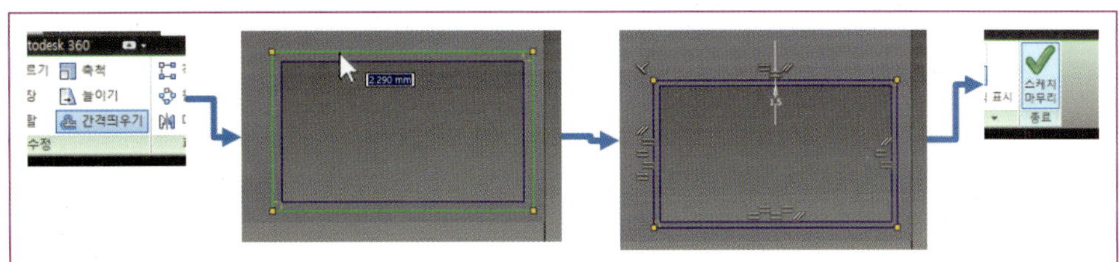

▲ 그림 3.56 배터리 케이스 취부 스케치

스케치가 마무리 되었으면, 다시 "3D 모형" 탭이 나타나고 이에 해당하는 메뉴들이 나타나는 것을 볼 수 있다. 앞서 돌출 작업과 마찬가지로 돌출하고자 하는 면을 선택하고 해당 면의 돌출 양을 정의하면 돌출은 끝난다. 여기서 중요한 것은 돌출의 양인데, 배터리 케이스의 높이가 12.25 mm로 되어 있음은 이미 알고 있으므로 이에 상응하는 높이로 돌출을 시키면 될 것이다. 예제에서는 14 mm로 지정해서 돌출을 하는 것으로 한다.

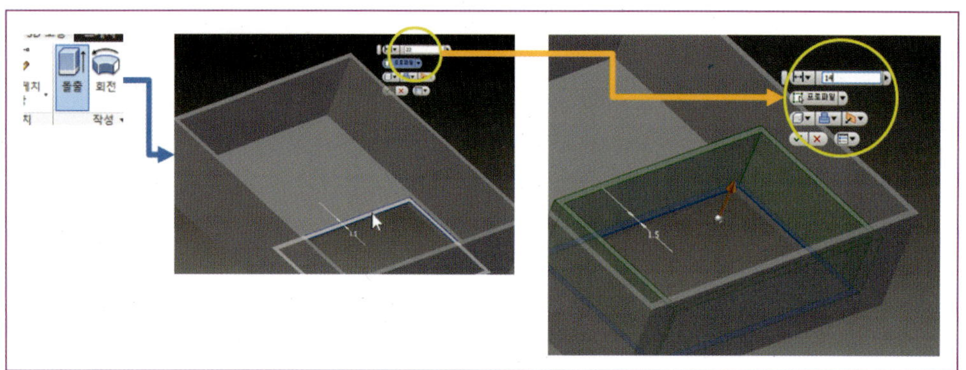

▲ 그림 3.57 배터리 케이스 취부 돌출 실행

설계 과정에서 기본적인 부분만을 설계해 나가고 있지만, 설계 능력이 되는 사람들은 조금씩 응용해서 나름대로의 설계로 이어가도 좋을 것이다. 배터리 케이스 부분에 취부 되는 위치에 배터리 케이스가 들어가게 되면 한쪽이 막히지 않아 고정될 수가 없게 될 것이다. 그러므로 위쪽이 막히게 설계를 한다.

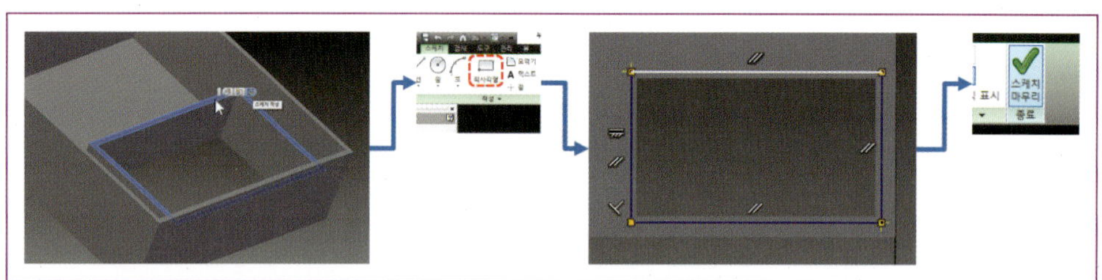

▲ 그림 3.58 배터리 케이스 위쪽 스케치

먼저 면을 선택해야 하는데, 개인의 차이가 있겠지만, 예제에서는 돌출된 결과물에 의해 만들어진 면을 선택해서 스케치를 한다. 면을 선택해서 클릭한 후 "스케치작성" 버튼을 클릭해서 2D 스케치화면으로 들어간다. 스케치화면이 나타나면 "직사각형" 메뉴를 클릭하고 배터리 취부 쪽 왼쪽상단 모서리 약간 상단과 약간 좌측에 마우스를 가져가면 해당 위치에 모서리 점이 초록색으로 나타나고, 이 점을 클릭한다. 다시 사각형의 우측 하단 쪽에 마우스를 가져가면 우측하단 모서리 약간 하단과 약간 우측에 마우스를 가져가면 해당 위치에 모서리 점이 초록색으로 나타나고 이를 클릭하면 직사각형이 그려지게 된다. 그리고 스케치를 마무리 한다. 스케치된 사각형을 돌출시키는데 이때 돌출 크기는 '1.5'로 수행한다. 수행된 결과는 사각형을 여러 개 조합해서 만든 형태가 됨을 알 수 있다.

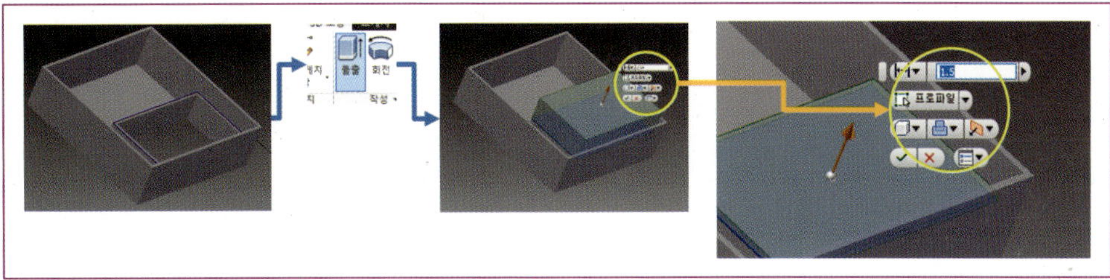

▲ 그림 3.59 배터리 케이스 위쪽 돌출

기본적인 배터리 케이스 취부는 만들어졌지만, 전기 장치에서는 항상 배선을 고려해야 한다. 배터리 케이스를 미리 살펴 본 결과, 상단부 가운데 쪽에 전선이 연결되어 있으며 이 전선이 제어 본체의 내부로 들어올 수 있게 설계되어야 한다. 그래서 설계된 제어 본체에 배선이 될 수 있도록 공간을 확보한다.

그림 3.60과 같이 배터리 케이스 취부 상단부의 면을 선택해서 해당 부분에 다시 스케치를 시작한다. 면을 선택하고 '스케치작성' 버튼을 클릭한다. 그러면 다시 스케치화면이 나타나는데 평면도의 형태로 나타나게 되어 현재의 설계 내용이 어떻게 되어 있는지 알 수 없는 경우가 생기므로 키보드의 Shift키를 누른 상태에서 마우스의 휠 버튼을 눌러 회전해 가면서 형상을 파악한다. 한쪽 모서리를 활용해서 해당 평면에 사각형을 그리면 되는데 이때는 이미 이전에 했던 "직사각형" 메뉴를 사용해도 되고, 또 다른 메뉴를 사용해서 스케치를 해도 된다. 거의 모든 메뉴가 그렇지만, 어렵고 복잡하게 스케치할 수도 있고, 메뉴를 통해 간단하게 스케치할 수도 있으므로 설계를 진행하는 사람들은 지속적으로 직접 경험해보고 가장 편하고 본인이 잘 할 수 있는 방법을 사용하는 것도 하나의 방법이 된다. 스케치가 완료되었으면 해당 사각형을 다시 돌출시킴으로 인해 공간을 확보할 수 있다. 다만 이때 돌출 명령을 실행함에 있어 지금까지는 돌출된 오브젝트가 기존의 오브젝트와 결합되는 형태였다면, 이번에는 공간을 확보해야 하므로 "절단" 버튼을 선택한다. 절단은 기존의 오브젝트에 현재 작성한 오브젝트만큼을 없애주는 역할을 하는 것이다. 그리고 돌출의 크기는 별도의 수치로 정하지 않고 수치를 입력하는 좌측의 팝업 메뉴를 통해 "선택한 면/점까지"를 선택한 후 돌출 크기를 지정할 면 또는 점을 마우스로 선택해 줌으로써 크기가 정해진다. 예제에서는 제일 하단의 면을 선택해서 돌출을 진행했다.

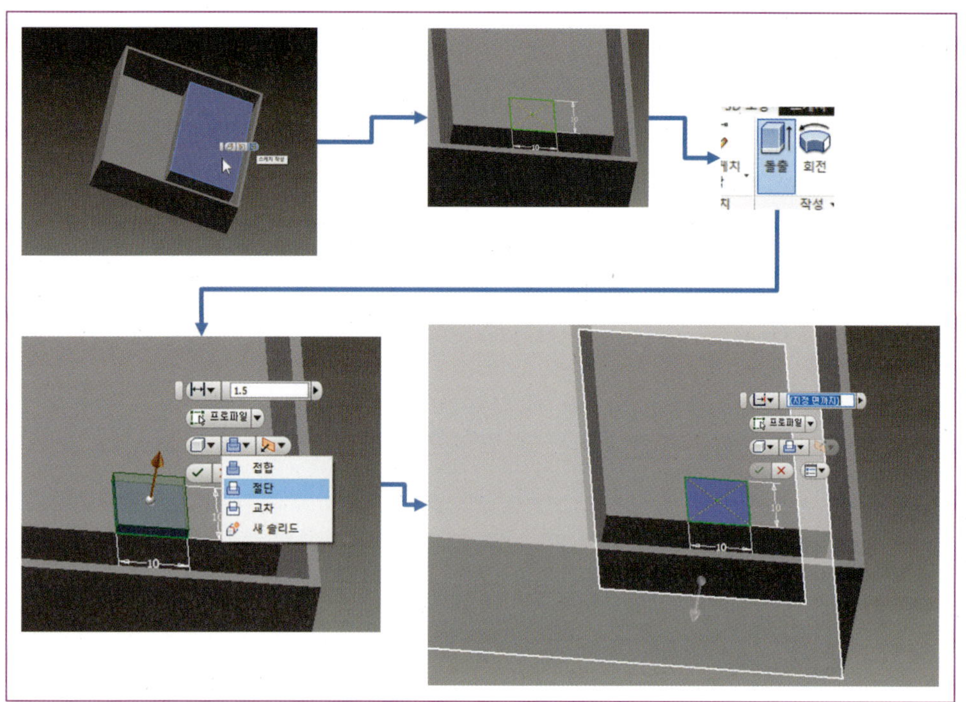

▲ **그림 3.60** 배선을 위한 돌출 설계

지금까지 설계된 내용을 전체적으로 살펴보면 제어 본체의 전반적인 외형이 어느 정도 갖추어지고 배터리 케이스가 위치할 수 있도록 취부를 만들어준 상태까지 완료가 된 것이다. 실제 제품화를 진행하면서 고려해야할 부분이 디자인 감각과 상품성 등 다양한 분야가 존재하지만, 예제의 성격상 반드시 있어야 하는 부분만을 대상으로 예제를 진행하니 필요 시 설계자의 의도를 잘 반영해서 설계하는 방법을 선택하도록 한다.

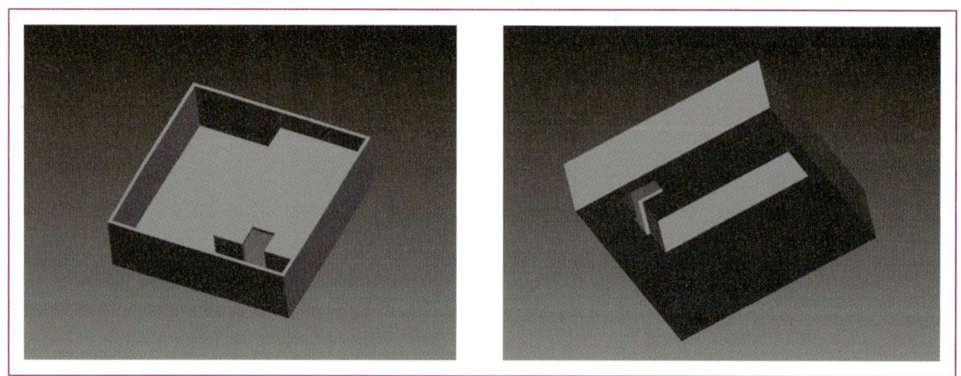

▲ **그림 3.61** 상단 및 하단에서 바라본 제어 본체

5) 스위치 취부 만들기

이미 만들어진 제어 본체에 이제는 우리가 목적으로 하는 스탠드의 전원을 on/off 할 수 있는 스위치를 부착할 수 있게 설계해야 할 것이다. 이는 생각보다 쉽게 진행할 수 있다. 우선 제어 본체의 어디에 스위치를 부착할 것인가를 고민한다. 예제에서는 배터리 케이스가 위치하는 반대편의 중앙 지점에 스위치를 만들고자 한다.

다시 인벤터로 돌아와서 스케치를 하고자 하는 면을 선택하면 메뉴가 나타나고 이때 "스케치 작성"을 클릭한다. 그러면 선택한 면에 스케치를 할 수 있도록 평면도의 형태로 화면이 나타날 것이다. 상단의 메뉴에 "원"이 있고 이를 활용해서 스케치를 한다. 이때 원의 지름은 스위치 도면에서 취부되는 지름으로 15.2 mm를 지정한다.

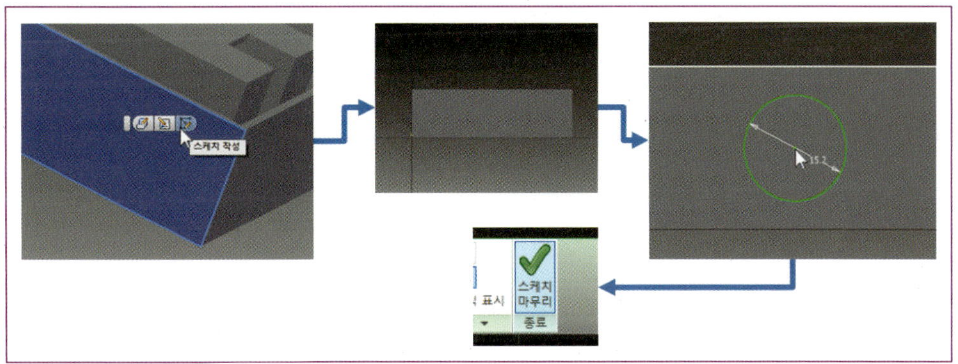

▲ 그림 3.62 스위치 취부 스케치

스케치가 마무리 되었으면 다시 "돌출" 명령을 사용해서 원을 돌출 시킨다. 이때 돌출의 옵션을 구멍을 내는 작업이므로 "절단"을 선택하고, 돌출 방향도 목적에 맞게 선택해 주어야 한다.

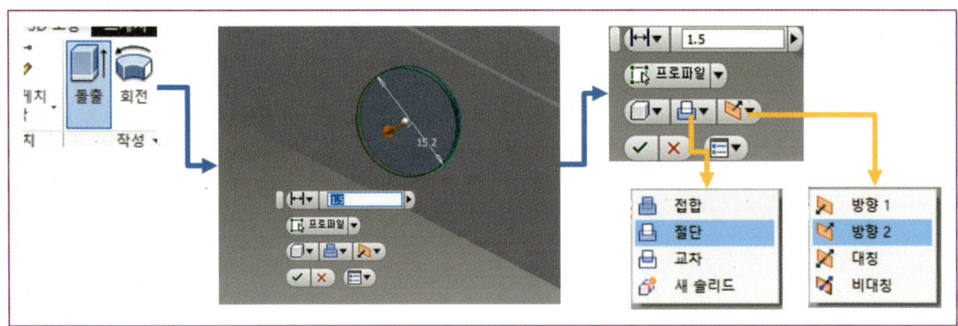

▲ 그림 3.63 스위치 취부 돌출 방법

스위치 취부는 단순히 구멍을 뚫어 완료할 수 있으므로 위와 같은 방법을 사용하지 않아도 된다. 면에 구멍 중심을 미리 정하고 여기에 "3D 모형" 탭의 "구멍"이라는 메뉴를 이용해도 목적을 달성할 수 있으니, 다양한 방법으로 시도를 해보는 것이 설계를 하는데 많은 도움이 된다.

▲ 그림 3.64 스위치 취부 설계 완료 형상

6) LED 취부 만들기

제어 본체에 장착될 배터리 케이스와 스위치의 위치가 잡혔고, 이제 마지막으로 스탠드의 제일 중요 부품이라 할 수 있는 발광체인 LED를 설치할 수 있는 취부를 만들어야 한다. LED는 빛을 내는 부분으로 제어 본체의 상단 중앙 부분에 위치하는 것이 가장 적절할 것이므로 그 위치를 미리 구상해보고 설계를 시작한다. 또한 LED의 크기가 어느 정도인지 미리 파악하는 것이 중요하고, LED에 연결될 배선에 대해서도 고려를 해주어야 한다.

LED의 도면을 확인한 바, 가로와 세로의 높이가 각각 5.4 mm, 5.0 mm로 되어 있고, LED의 접촉 단자가 하단에 위치하고 있음을 파악할 수 있다. 또 높이는 1.6 mm로 나타나 있고, 공차는 0.1 mm로 표시되어 있다. 이러한 사전 정보를 통해 LED의 장착을 위해 가로와 세로 그리고 깊이가 각각 5.6 mm, 5.2 mm 그리고 1.8 mm의 취부가 필요하다고 판단된다. 또한 배선을 위한 공간을 따로 마련해서 조립이 쉽게 이루어지게 해야 한다.

우선 LED 장착을 위한 원 기둥을 하나 만들고 그 기둥의 위쪽에 LED를 장착하는 것으로 구상하였다. 이에 제어 본체의 바닥 안쪽 면에 스케치를 시작한다.

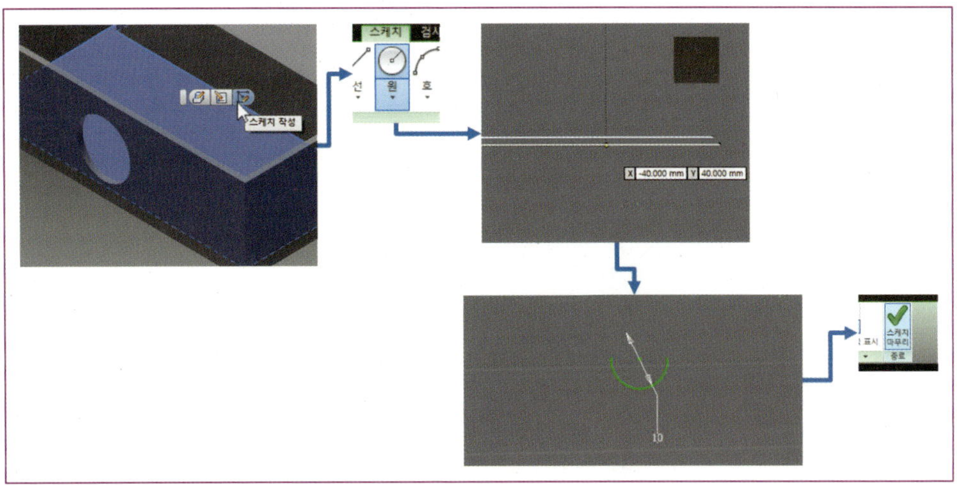

▲ 그림 3.65 LED 장착을 위한 기둥 스케치

우선 기둥에 대한 설계를 하기 위하여 면을 선택해야 한다. 제어 본체의 바닥면을 클릭하여 면을 선택한 다음, "스케치 작성" 버튼을 클릭해서 스케치화면으로 진입한다. 통상적으로 스케치화면은 평면도의 형태를 띤다고 이미 설명했으므로 회전을 통해 확인해도 되고 머릿속에 구상이 되어 있을 경우 바로 설계를 진행해도 무방하다.

스케치를 위해 메뉴의 "원"을 클릭하고 평면도의 중심(－40.000, 40.000)의 위치에 중심점을 찍은 다음 지름 10 mm의 원을 그린다. 이로써 원기둥을 만들기 위한 스케치는 끝이 났다고 봐도 무방하다.

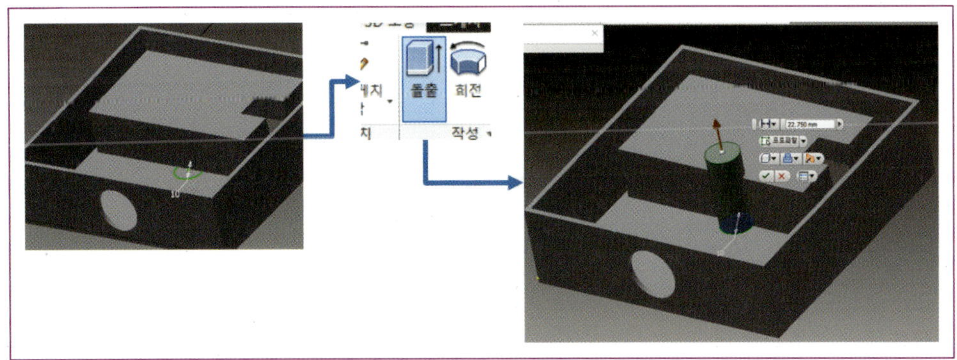

▲ 그림 3.66 LED 장착을 위한 기둥 돌출

스케치가 완료된 후 “3D 모형” 탭의 “돌출”을 선택한다. 그리고 돌출 크기를 정해야 하는데, LED가 발광부에서 빛이 나고 가능한 제어 본체 쪽 바로 위부터 나게 하기 위해서는 제어 본체의 최상단 면 정도의 위치에 LED를 위치시키는 것이 좋을 것으로 판단된다. 그래서 높이는 ‘22’를 입력해서 돌출을 진행한다.

그런데 문제는 설계한 제어본체를 아래쪽에서 바라볼 경우 해당 돌출 작업이 배터리 케이스의 안쪽까지 침범되어 있는 것을 확인할 수 있다. 이럴 경우 해당 부분을 잘라내는 작업이 필요하다. 우선 돌출에 의해 침범되어 있는 부분을 확인하고, 이를 삭제하기 위하여 스케치할 면을 선택한다. 다음으로 메뉴의 “원”과 “선”으로 잘라낼 부분에 대하여 스케치를 진행한다. 이때 원의 경우 이미 이전에 한 번 그려졌던 원이기 때문에 원의 중심을 찾으면 지름 10 mm의 원을 쉽게 그릴 수 있을 것이다. 또한 선의 경우 배터리 케이스를 설계할 때 이미 작성되어 있던 직선 위의 선이기 때문에 이 또한 원과 직선의 교차점을 찾아 쉽게 작도할 수 있을 것이다.

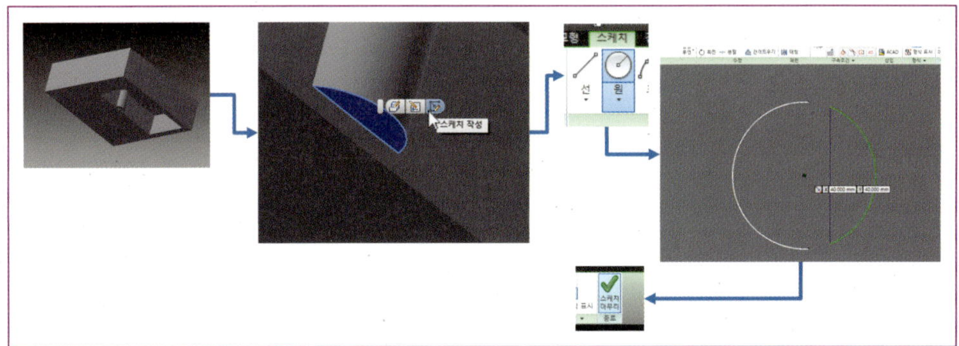

▲ 그림 3.67 튀어나온 기둥 삭제 스케치

스케치가 완료되면 “3D 모형” 탭의 “돌출”을 클릭한다. 이미 앞에서 언급한 바와 같이 돌출의 경우 접합, 절단, 교차 등이 있는데 불필요한 부분을 삭제하기 위해서 우리는 “절단”을 선택하고 돌출의 크기를 지정하기 위해 “선택한 면/점까지”를 선택해서 불필요한 기둥 부분을 제거해준다.

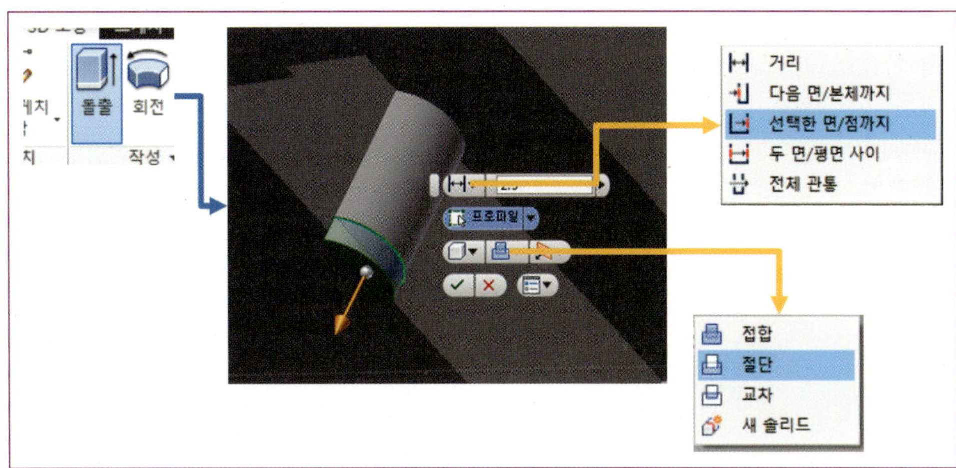

▲ 그림 3.68 돌출을 이용한 기둥 삭제

원기둥에는 상단에 LED를 장착할 수 있는 취부가 필요한데 이에 대한 작업을 진행해야 한다. 기둥의 상단에 있는 면을 선택하고 "스케치 작성" 버튼을 클릭해서 스케치를 할 수 있도록 준비한다. "스케치 작성"을 클릭하게 되면 다시 평면도가 나오는데, 우리가 지정한 평면은 원기둥의 상단이고 해당 원안에 가로 5.6 mm, 세로 5.2 mm의 사각형이 들어가야 한다. 메뉴에서 "직사각형"을 선택해서 원하는 형태의 사각형을 그린다.

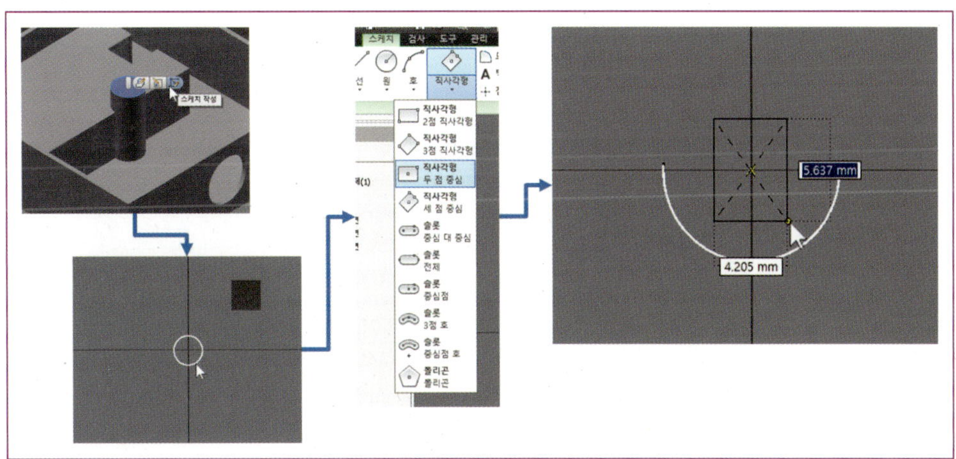

▲ 그림 3.69 LED 취부를 위한 사각형 스케치

LED를 장착하기 위한 사각형의 크기를 가로 5.6 mm, 세로 5.2 mm로 각각 정해 입력한다. 스케치를 마무리 하고, 돌출을 하게 되는데, 이때 돌출은 "절단"을 선택해서 진행하고 크기는 이미 정의된 바와 같이 '1.8'을 입력해서 마무리 한다. 돌출에 대한 사항은 이미 몇 번 진행해봐서 간단히 설명하였다.

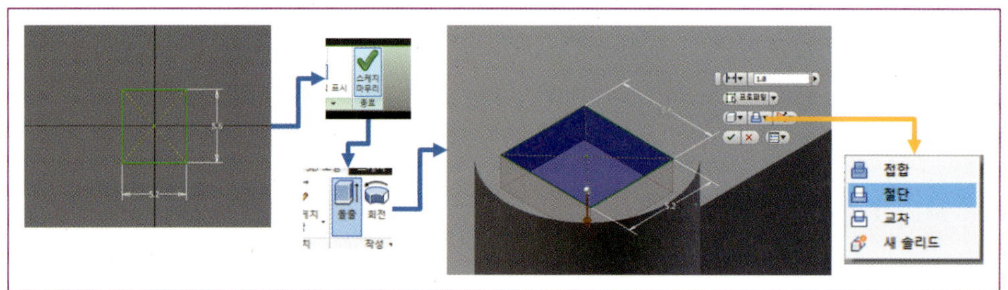

▲ 그림 3.70 LED 취부를 위한 돌출

이제 마지막으로 배선을 위한 공간 확보 작업을 해야 할 필요가 있다. 지금까지 완료된 LED 장착 부위 최상단을 스케치 작성 면으로 선택한다. 기존의 경계선을 마우스로 클릭하면 선이 그어지지 않더라도 확인할 수 있으므로 이러한 방법을 잘 활용토록 한다. LED와 연결될 배선 공간을 확보하기 위해 사각형을 LED의 좌우측에 각각 하나씩 그리는데, 배선의 두께를 생각해서 한 개당 1.5 mm 정도의 두께로 그리고 스케치를 마무리 한다.

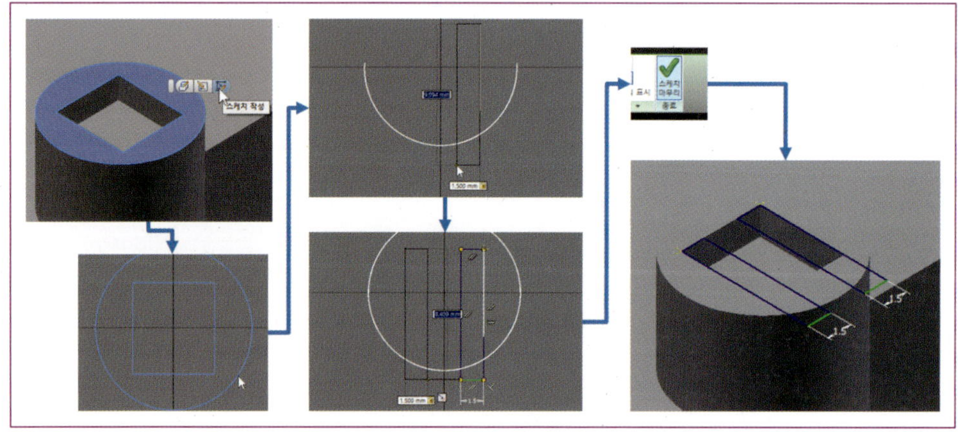

▲ 그림 3.71 LED 배선 공간 확보 스케치

배선 공간 확보를 위한 스케치가 마무리 되었으면 기존과 마찬가지로 "돌출" 명령을 통해 3D 모형 작업을 진행한다. '돌출'을 클릭하고 스케치되어 있는 사각형 부분을 클릭하면 되는데, 이때 기존과 달리 두 개의 영역으로 나뉘어져 있더라도 각각을 영역을 클릭하게 되면 해당 영역이 동일하게 돌출되게 되어있다. 분할되어 있는 영역을 각각 클릭하고 배선 부분의 공간을 확보하는 작업이므로 "절단"을 선택한다. 그리고 돌출의 크기를 지정할 때, 일반적으로 숫자를 사용하게 되는데, 스케치한 면에서 LED 장착 면까지의 깊이가 1.8 mm이었고 이에 추가적으로 1.5 mm를 더 돌출시키기 위해서 수치 입력을 '1.8 + 1.5'로 입력을 하였다. 이는 수식을 입력한 것으로 이러한 방식으로도 활용할 수 있음을 알 수 있다.

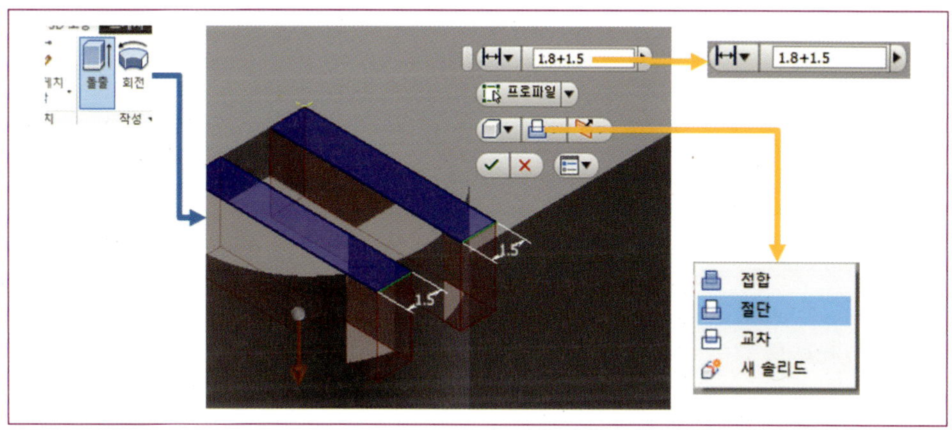

▲ 그림 3.72 LED 배선 공간 확보 돌출

지금까지 진행한 제어 본체 부분의 설계를 전체적으로 살펴보면 하단으로 배터리 케이스가 들어갈 수 있는 부분과 배선을 위한 공간이 만들어졌고, 옆쪽에는 스위치가 부착될 수 있도록 구멍이 뚫어져 있으며, 중심부에 LED가 장착될 수 있도록 기둥이 만들어지고 배선을 위한 공간까지 설계가 완료된 것을 확인할 수 있다.

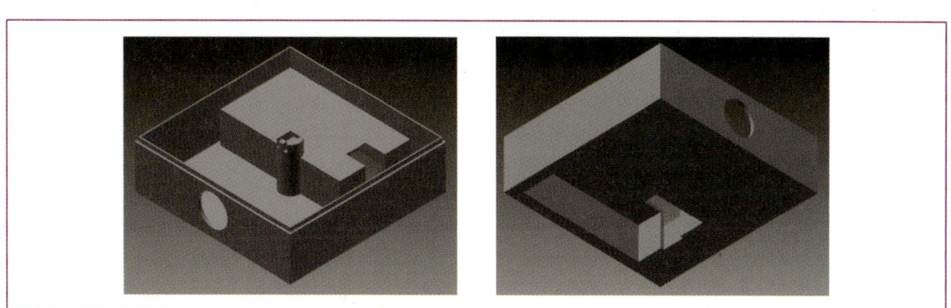

▲ 그림 3.73 제어 본체에 대한 설계 완료 형상

4.7 MS020 부품의 설계

MS020 부품은 제품 기능 요소 정의에서 은은한 빛이 밖으로 전달되게 하는 부품이다. 이러한 부품의 최우선 고려사항은 디자인성이다. 하지만, 예제의 진행을 위해 최대한 간단하게 설계를 진행하도록 한다.

1) 발광부 덮개 설계

앞서 설계한 MS010부품인 제어 본체의 경우는 약간 복잡한 과정을 거쳤지만, 발광부 설계는 몇 번의 마우스 클릭으로 부품을 완성할 수 있다. 일단 상단의 판을 설계하고, 외벽을 설계하는 것으로 마무리 할 수 있기 때문이다.

MS010에서와 마찬가지로 인벤터로 시작한다. 인벤터를 실행하고 "새로 만들기"의 부품 아이콘을 클릭한다. 부품 새로 만들기를 클릭하면 설계를 하기 위한 작업환경이 준비되고 작업 화면이 나타난다.

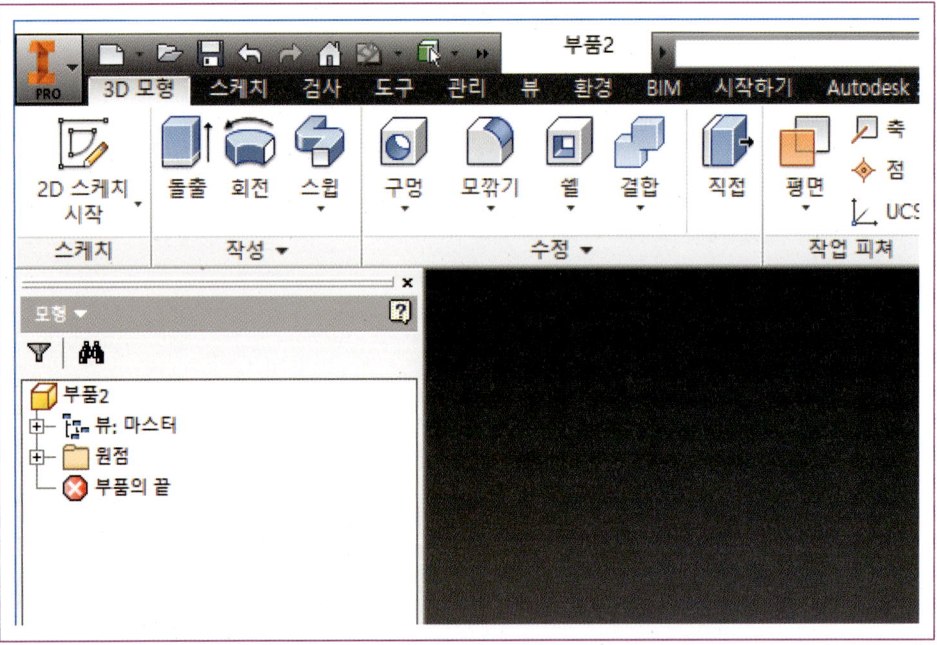

▲ 그림 3.74 부품 설계를 위한 작업환경 화면

왼쪽의 내비게이션 박스 내에 있는 "원점"을 클릭하여 나타나는 "XY평면"을 선택하면 우측 작업창에 XY평면이 나타나고 2D작업 아이콘이 나타난다. 이를 클릭하면 우측 작업창은 XY좌표를 가지는 2D로 그리기 명령을 사용할 수 있는 창으로 변경이 된다.

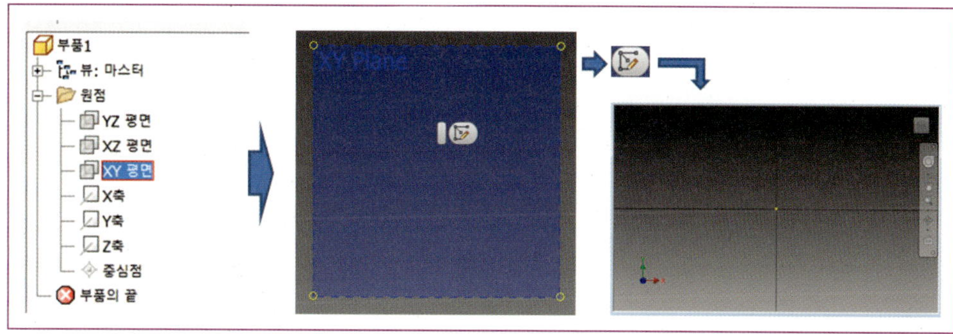

▲ 그림 3.75 2D 그리기 작업 준비

스케치 탭의 하부에 있는 “직사각형” 메뉴를 클릭한다. 다음으로 원점(0,0)에 마우스를 한 번 클릭한 다음 두 번째 클릭을 하면 사각형의 모양이 완성된다.

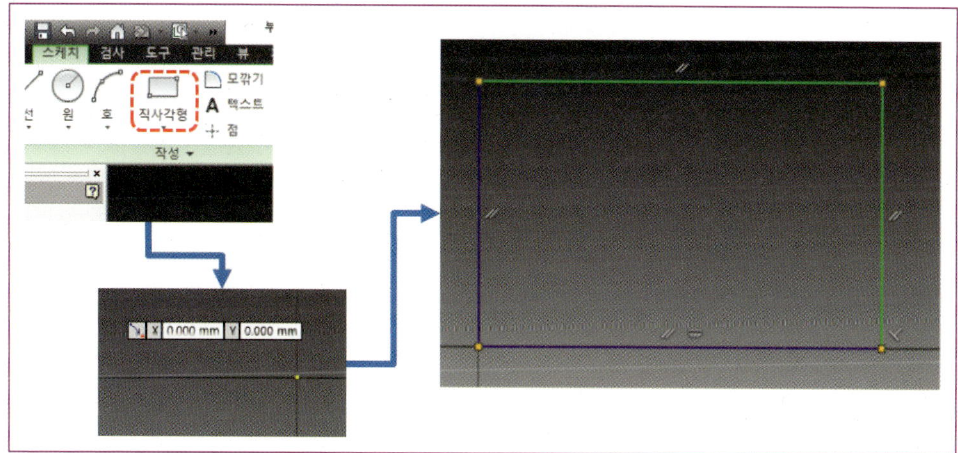

▲ 그림 3.76 직사각형 그리

우리가 구조 및 기능 정의에서 정의했던 내용으로 가로와 세로의 길이가 각각 80 mm인 사각형을 만든다. 상단의 메뉴 중 “치수”를 클릭하고, 치수를 ‘80’으로 입력하면 그 크기가 80 mm로 확정이 되고 해당 길이만큼 2D 그리기 화면에 반영이 되어 나타나는 것을 확인할 수 있을 것이다.

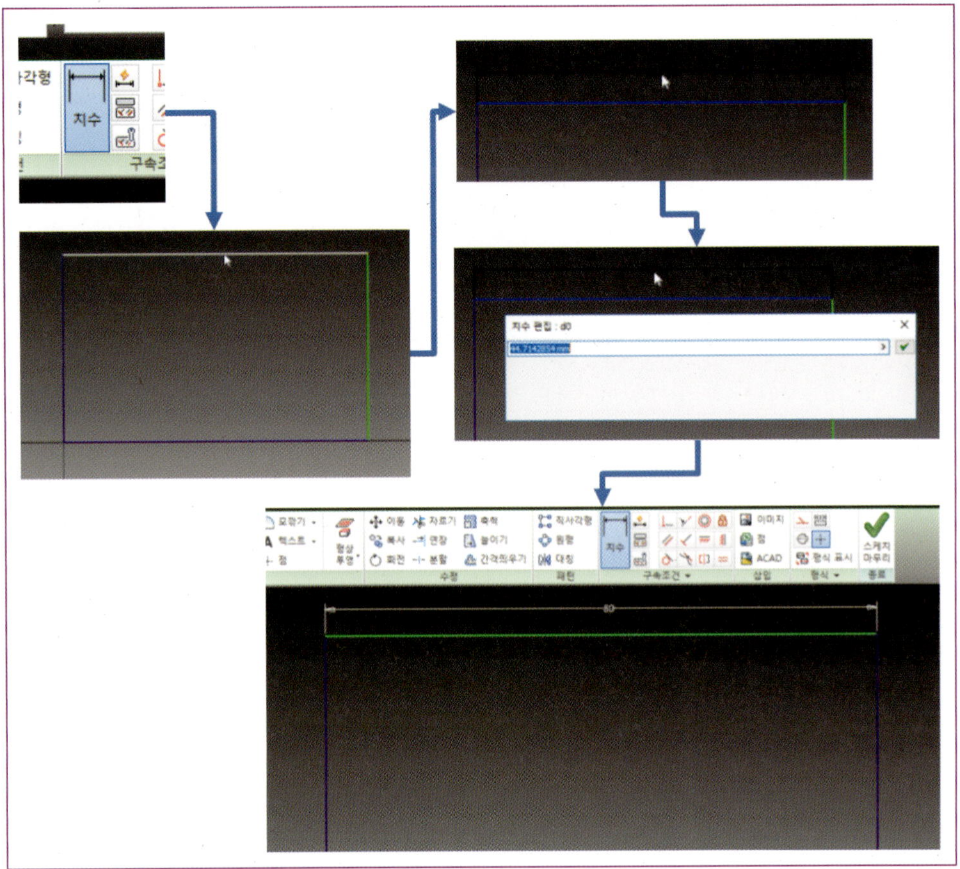

▲ 그림 3.77 치수 편집하기

높이 또한 같은 방법으로 치수를 '80'으로 설정하면 그리기 화면에서 자동으로 변의 길이가 80 mm가 되어 정사각형의 형태가 만들어 진다. 이 과정을 거치면 스케치는 완성된 것이다.

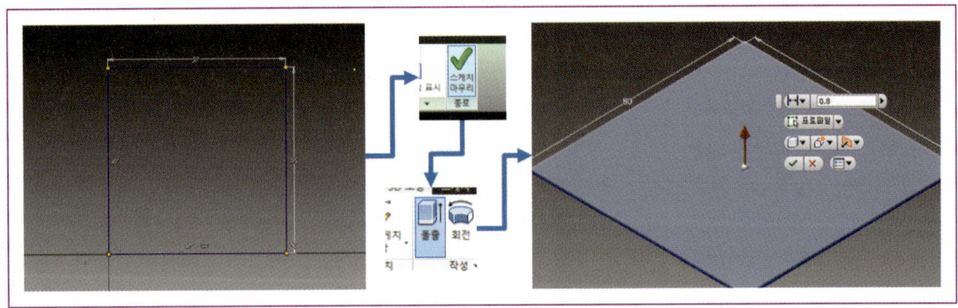

▲ 그림 3.78 발광부 스케치 마무리 및 돌출

마무리된 스케치는 단순히 사각형으로 표현되고 "3D 모형"의 "돌출"을 클릭하면 사각형 전체가 돌출된다. 이때 돌출의 크기는 '0.8'로 입력하여 설계를 완료한다.

2) 발광부 외벽 설계

이제 외벽을 만들기 위해 두께가 있는 사각형 판의 윗부분 면을 선택한다. 그리고 외곽선의 크기에 맞게 사각형을 그리고 "간격띄우기" 명령을 이용해서 간격을 띄운다. 이때 간격은 '0.8'로 입력하도록 한다.

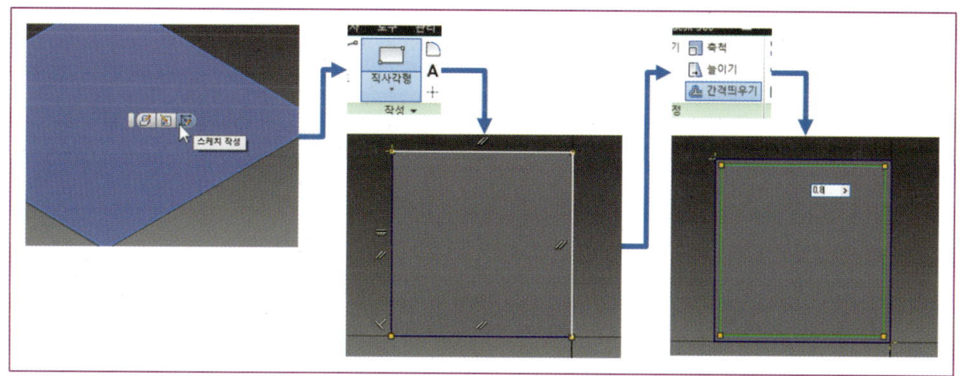

▲ 그림 3.79 발광부 외벽 스케치

여기서 '0.8'로 간격띄우기를 하는 이유는 제품 기능 요소 정의에서 발광부의 두께 $t=0.8$ mm로 정의가 되어있기 때문이다. 이러한 기준은 다른 부품과의 연관성 또는 조립성에 영향을 미치기 때문에 반드시 정의에 의한 기준을 따르는 것이 필요하다.

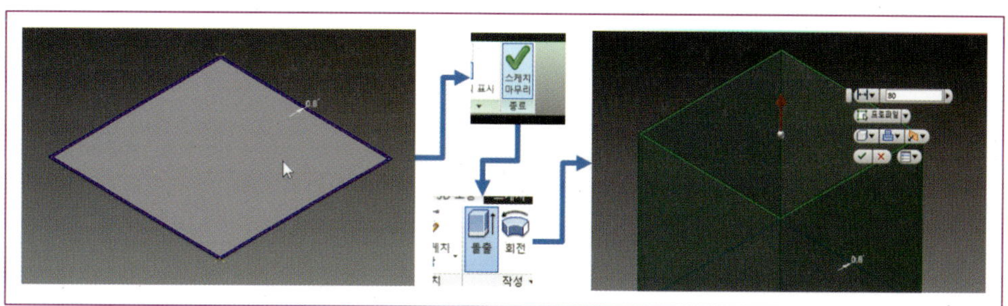

▲ 그림 3.80 발광부 외벽 돌출

스케치 작업이 완료되었으면, 메뉴의 "스케치 마무리"를 클릭한다. 그러면 "3D 모형" 탭이 활성화되고 여기서 "돌출"을 클릭해서 우리가 원하는 0.8 mm의 외벽을 만든다. 이때 돌출 크기는 발광부의 높이가 되므로 정의에 의한 크기 또는 원하는 크기에 따라 치수를 정한다. 예제에서는 80 mm로 설계하였다. 돌출이 완료됨으로 인해 발광부의 설계가 완료되었다.

지금까지 '나만의 스탠드'를 만들기 위해 설계되어야 하는 부품 MS010과 MS020의 두 가지를 3D 모델링 해보았다. 두 개의 부품모델은 5장에서 3D 프린팅을 위한 출력 예제로 사용될 것이므로 잘 저장해두길 바란다.

참고문헌

- Chandler, J., &Fryer, J. (2013). Autodesk 123D catch: how accurate is it. *Geomatics World*, *2*(21), 28-30.
- Clair, E. S., Maloney, A., &Schade, A. (2012). An introduction to building 3D crime scene models using SketchUp. *J. Assoc. Crime Scene Reconstr*, *18*, 29-47.
- Evans, S. V. (1993). SETOR: hardware-lighted three-dimensional solid model representations of macromolecules. *Journal of molecular graphics*, *11*(2), 134-138.
- Flavell, L. (2011). *Beginning Blender: Open Source 3D Modeling, Animation, and Game Design*. Apress.
- Gahan, A. (2008). *Game art complete: all-in-one: Learn Maya, 3ds Max, ZBrush, and photoshop winning techniques*. Focal Press.
- Jo, J. L. (2012). *KeyShot 3D Rendering*. Packt Publishing Ltd.
- KANA, M. G. Z. (1988). Introduction to solid modeling.
- Mangan, A. P., & Whitaker, R. T. (1999). Partitioning 3D surface meshes using watershed segmentation. *IEEE Transactions on Visualization and Computer Graphics*, *5*(4), 308-321.
- McNeil, R. (1998). Rhinoceros: www. rhino3d. com, Seattle.
- Pettersson, T. (2010). Sculptris. *URL www. sculptris. com.*
- Rogers, D. F., &Adams, J. A. (1989). *Mathematical elements for computer graphics*. McGraw-Hill Higher Education.
- Santagati, C., &Inzerillo, L. (2013). 123D Catch: efficiency, accuracy, constraints and limitations in architectural heritage field. *International Journal of Heritage in the Digital Era*, *2*(2), 263-289.
- Schmidt, R., &Singh, K. (2010, July). Meshmixer: an interface for rapid mesh composition. In *ACM SIGGRAPH 2010 Talks* (p. 6). ACM.
- Spencer, S. (2011). *ZBrush Character Creation: Advanced Digital Sculpting*. John Wiley &Sons.
- Systemes, D. (2016). Catia Systems Engineering Dymola. *Dassault Systemes, Vélizy-Villacoublay, France.*
- Tsai, S. W. (1988). *Composites design* (Vol. 5). Dayton, OH: Think composites.
- Waguespack, C. (2013). *Mastering Autodesk Inventor 2014 and Autodesk Inventor LT 2014: Autodesk Official Press*. John Wiley &Sons.
- Wang, H., &Rosen, D. W. (2002, January). Parametric modeling method for truss structures. In *ASME 2002 International Design Engineering Technical Conferences and Computers and Information in Engineering Conference* (pp. 759-767). American Society of Mechanical Engineers.

3D 프린팅 출력을 위한 하드웨어 구축 04

1. FDM방식의 3D 프린터 구조
2. 렙랩의 전자기술 구성
3. 렙랩의 기계기술 구성
4. 렙랩의 압출기 구성

1. FDM방식의 3D 프린터 구조

1.1 FDM방식의 3D 프린터 개요

이미 앞서 간단히 설명한 바 있는 다양한 방식의 3D 프린터 방식 중 유독 FDM (Fused deposition modeling)방식 또는 FFF (Fused filament fabrication)방식의 3D 프린터가 가장 보편화 되어 있는 것은 몇 가지 이유가 있다. 그 중에서 가장 큰 이유는 부품을 저렴한 가격에 구하기 쉽다는 것과 장비의 구성이 복잡하지 않고 재료 또한 상대적으로 저렴하다는 것이다. 또한 렙랩 프로젝트와 같은 오픈 소스들이 많이 보급됨으로 인해 사용자가 확연히 늘어나고, 이에 따라 보다 기술력이 향상되고 있기 때문이다.

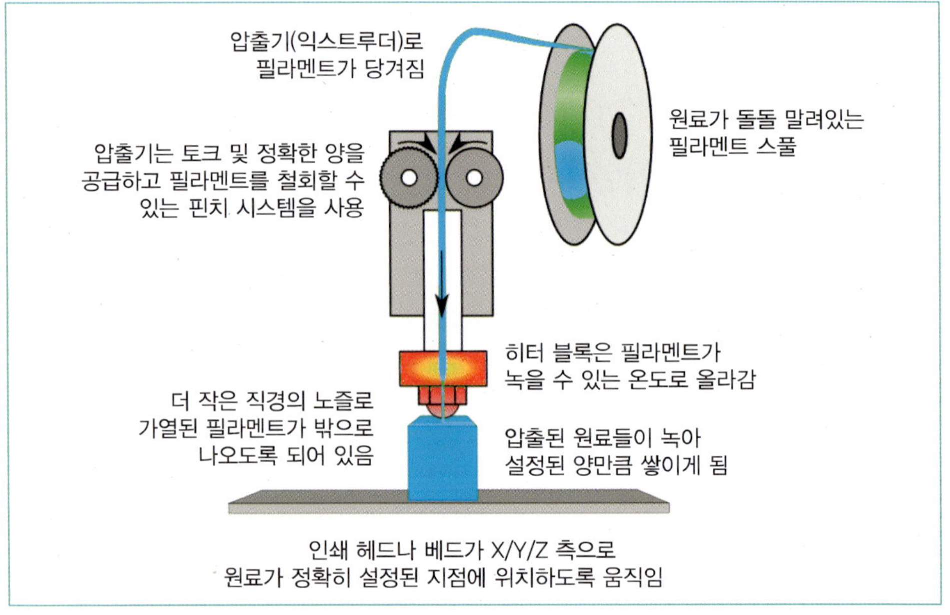

▲ 그림 4.1 FDM방식 3D 프린터 구조

FDM방식의 프린터에는 크게 카르테시안(Cartesian) 방식과 델타(Delta) 방식의 두 가지 형태로 나눌 수 있다. 카르테시안 방식의 경우 이름에서처럼 직교 좌표계를 활용하는 방식으로 직교좌표계를 기반으로 베드나 헤드가 움직이게 된다. 하나의 층을 쌓는데 직교 좌표계를 활용해서 노즐에서 나오는 재료로 한 개의 층(Layer)을 그리고 수직으로 한 개의 층간 간격을 띄운 뒤 다시 하나의 층을 만드는 형태를 취한다. 델타 방식의 경우에는 3개의 축에 헤드가 연결되어 있고, 그 축의 높낮이를 조절함으로 인해 헤드를 원하는 방향으로 이송해서 프린팅 하는 방식이다. 델타 방식은 3개의 Z축이 이동함으로 인해 X, Y, Z축의 위치가 결정되는 방식이다. 델타 방식은 카르테시안 방식보다 조금 더 높은 수직크기와 좀 더 빠른 출력 및 곡선 출력에 장점이 있는 반면, 구조상 베드 크기가 카르테시안 방식보다 작고 프린팅 품질이 다소 떨어지는 경향이 있다.

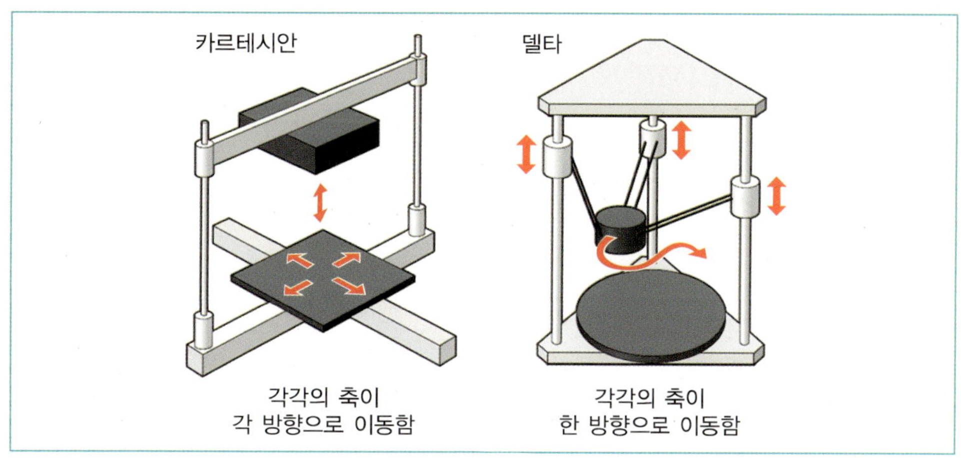

▲ 그림 4.2 카르테시안(Cartesian) 방식과 델타(Delta) 방식의 3D 프린터

1.2 렙랩 3D 프린터 구성

FDM방식의 3D 프린터는 다른 방식에 비해 그 구조와 부품구성이 간단할 뿐만 아니라 부품 또한 구하기 쉬운 것이 사실이다. 그러한 장점을 중심으로 렙랩 프로젝트가 고안된 것이다. FDM방식 3D 프린터의 대중화를 이끌다시피 한 렙랩프로젝트는 앞서 이미 소개한 바 있다. 렙랩에서는 3D 프린터의 구조를 소프트웨어(Software), 전자기술(Electronics), 기계기술(Mechanics) 그리고 압출기(Extruder)의 4가지로 나누고 있다.

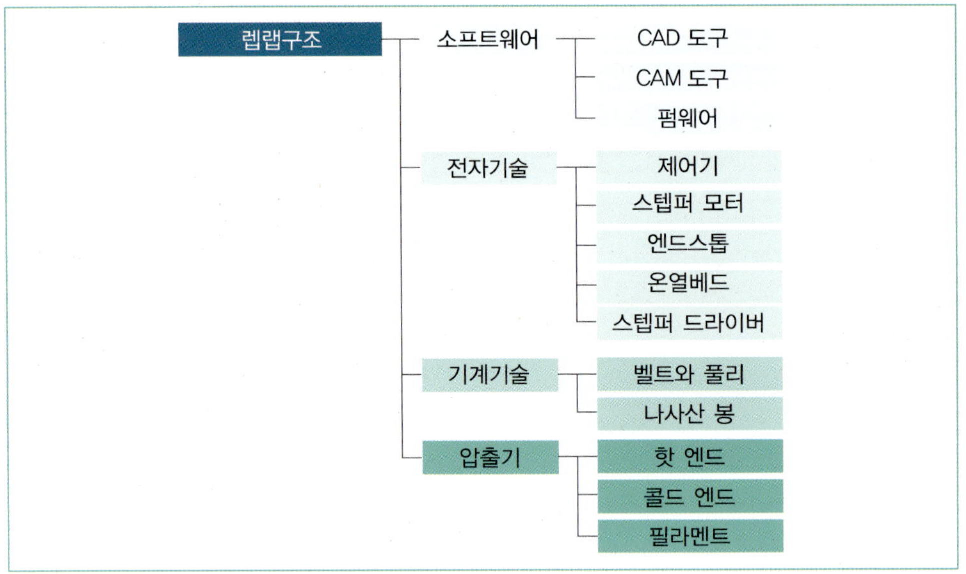

▲ 그림 4.3 렙랩 구성(참조 : reprap.org)

렙랩 구조에서 소프트웨어는 3D파일을 생성하는 CAD 도구(Tools ; 이미 3장에서 언급이 되었음)와 CAM 도구(Tools) 그리고 펌웨어(Firmware)로 나뉜다. 전자기술(Electronics) 구성에는 프린팅을 제어하는 제어기(Controller ; 렙랩에서는 주로 아두이노를 사용함)와 스텝퍼 모터(Stepper Motor), 엔드스톱(End Stops), 온열베드(Heated Bed), 스텝퍼 드라이버(Stepper Drivers)로 전자 부품, 스위치 및 센서 등으로 구성되어 있다. 기계기술(Mechanics)에는 X, Y, Z 축의 구동을 위한 벨트(Belts)와 풀리(Pulleys) 그리고 나사산 봉(Threaded rod)으로 이루어져 있다. 압출기(Extruder)는 필라멘트를 녹이기 위한 핫 엔드(Hot end)와 필라멘트를 공급해주는 콜드 엔드(Cold end) 및 필라멘트(Filament)로 이루어진다.

렙랩 구조에서 나열된 바와 같이 3D 프린터는 다양한 구성요소로 이루어져 있다. 구성요소를 이루는 주요부품들이 주위에서 손쉽게 구할 수 있는 것이어서 저렴하고, 쉽게 구해서 3D 프린터를 만들 수 있다는 장점이 있다. 주요 부품 이외에는 전원공급 장치, 온열베드, 액정 화면(Display) 및 방열 팬 등이 필요하며, 추가적으로 각종 센서 및 장치를 활용함으로써 고가의 3D 프린터를 만들어내기도 한다.

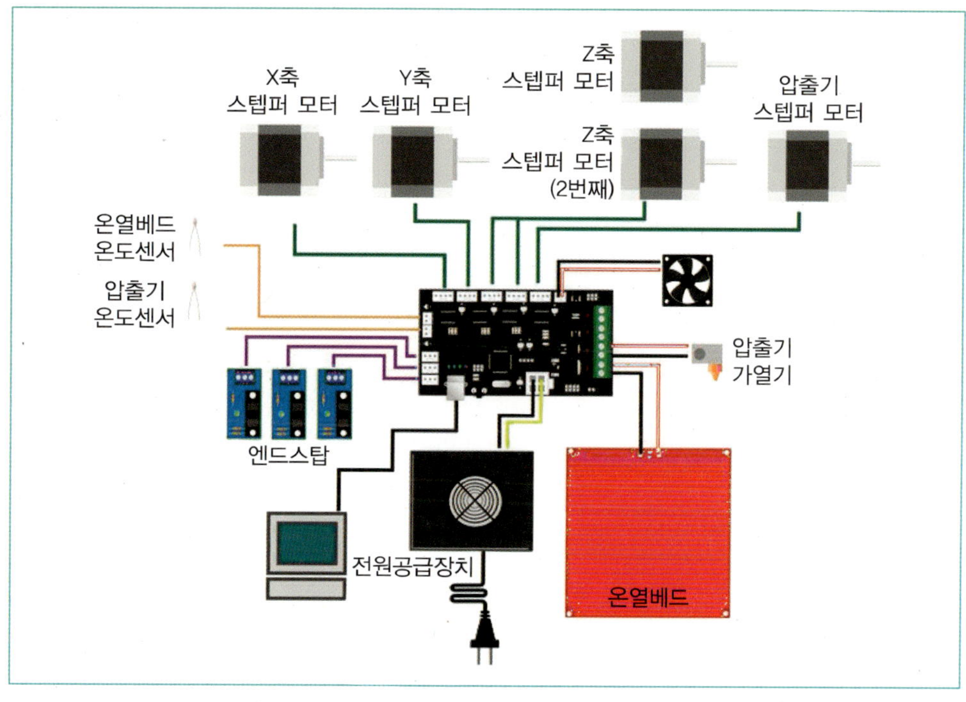

▲ 그림 4.4 FDM방식의 3D 프린터 구성도(렙랩 홈페이지 발췌)

2. 렙랩의 전자기술 구성

2.1 제어기

제어기(Controller)는 렙랩의 두뇌와 같다. FDM방식의 3D 프린터 개요에서 설명한 바와 같이 렙랩기반의 3D 프린터에서는 제어를 위하여 아두이노 보드를 많이 사용한다. 아두이노는 사용하기 쉬운 하드웨어와 소프트웨어를 기반으로 하는 오픈 소스 기반의 플랫폼이다. 아두이노 보드는 입력 신호(빛, 버튼, 기압, 전압, 초음파 등에 의해 작동되는 센서의 신호)를 읽고 계산한 뒤 출력으로 변환하여 모터를 활성화하고 발광다이오드(Light emitting diode, LED)를 켜고 온라인으로 제어할 수 있으며, 이를 위해 아두이노 프로그래밍 언어(Wiring 기반)와 아두이노 소프트웨어 통합개발 환경(Arduino software integrated development environment, IDE)을 이용해 순차 처리 방식으로 동작하게 된다.

수년에 걸쳐 아두이노는 일상적인 물건부터 복잡한 과학 도구에 이르기까지 수천 가지 프로젝트의 두뇌 역할을 해왔다. 오픈 소스 플랫폼을 중심으로 학생, 아두이노 애호가, 예술가, 프로그래머 및 전문가와 같은 세계적인 제작자 커뮤니티가 형성되어 있으며, 그들의 자발적 공헌은 초보자와 전문가 모두에게 큰 도움이 될 수 있는 놀라운 지식을 제공하고 있다.

아두이노는 이탈리아의 Interaction Design Institute Ivrea에서 전자적 시제작품(Electronic prototype development)에 대한 배경 지식이 없는 학생들을 대상으로 빠른 시제작품 완성을 위한 쉬운 도구로 아트멜(Atmel)사의 마이크로컨트롤러를 기반으로 만들어진 소형보드이다. 광범위한 커뮤니티가 형성되자 아두이노는 단순한 8비트 보드에서 사물인터넷(InterNet of things, IoT) 애플리케이션, 웨어러블, 3D 프린팅 및 임베디드 환경을 위한 제품으로 차별화하여 새로운 요구와 과제에 적응하기 위해 변화하기 시작했다.

모든 아두이노 보드는 완전히 오픈 소스이므로 사용자가 독립적으로 빌드하여 특정 요구에 맞게 사용할 수 있다. 소프트웨어도 오픈 소스이며 전 세계 사용자들에 의해 지속적으로 성장하고 있다. 아두이노는 빠른 시간에 쉽게 마이크로컨트롤러 기반의 하드웨어 제어장치를 만들 수 있는 장점이 있다. 아두이노는 오픈소스를 지원하므로 다양한 입출력을 통해 각종 장치를 제어하게 된다. 아두이노를 이용해서 다양한 형태의 제품을 만들기도 하는데, 그 대표적 산물이 바로 3D 프린터가 될 수 있다. 렙랩의 3D 프린터에는 아두이노 메가(Arduino Mega)가 주로 사용된다.

▲ 그림 4.5 Arduino Mega

이미 언급된 렙랩 구조의 소프트웨어 구성요소인 펌웨어(Firmware)는 제어기(Controller)인 아두이노에 탑재되어 동작하게 된다. 3D 프린터 가동을 위해 많이 사용되는 펌웨어 중에 오픈 소스인 마르린(Marlin) 펌웨어가 있다. Marlin은 웹브라우저를 통해 홈페이지 http://marlinfw.org/meta/download 사이트에서 다운로드 받을 수 있으며, 다운로드 후 압축을 풀어 아두이노에 설치하기 위한 준비를 해둔다. 다운 받은 Marlin 펌웨어를 아두이노에 올리는 것만으로 3D 프린터의 프로세싱 과정이 완료된다. 국내에 제작되는 대부분의 3D 프린터가 아두이노 보드에 Marlin을 채택하고 있다.

Marlin은 일반적으로 잘 알려진 렙랩 호환 3D 프린터에 사용되는 오픈 소스 펌웨어이다. Marlin은 초기부터 렙랩에 간단하고 안정적이며 적응력이 좋은 3D 프린터 드라이버로 설계되었다. 그 품질에 대한 증거로 Marlin은 Ultimaker, Printrbot, AlephObjects (Lulzbot) 그리고 Prusa Research와 같은 상용 3D 프린터에 적용되고 있음을 확인할 수 있다.

Marlin의 인기를 좌우하는 핵심 요소 중 하나는 저렴한 8비트 프로세스(Atmel AVR) 마이크로 컨트롤 유닛(Micro control unit, MCU)에서 작동한다는 것이다. 즉, 저렴한 Atmel AVR 마이크로 컨트롤러를 채용한 아두이노에서 작동이 된다는 이야기다. Marlin의 대표적인 참조 플랫폼은 RAMPS 1.4의 Arduino Mega 2560이다. Marlin은 최대한 많은 보드 및 구성에 적응할 것을 목표로 지속적으로 발전(Upgrade)되고 있다. 오픈 소스 기반으로 공급 업체 및 사용자에 의해 정의 가능하고, 확장 가능한 장점이 있다.

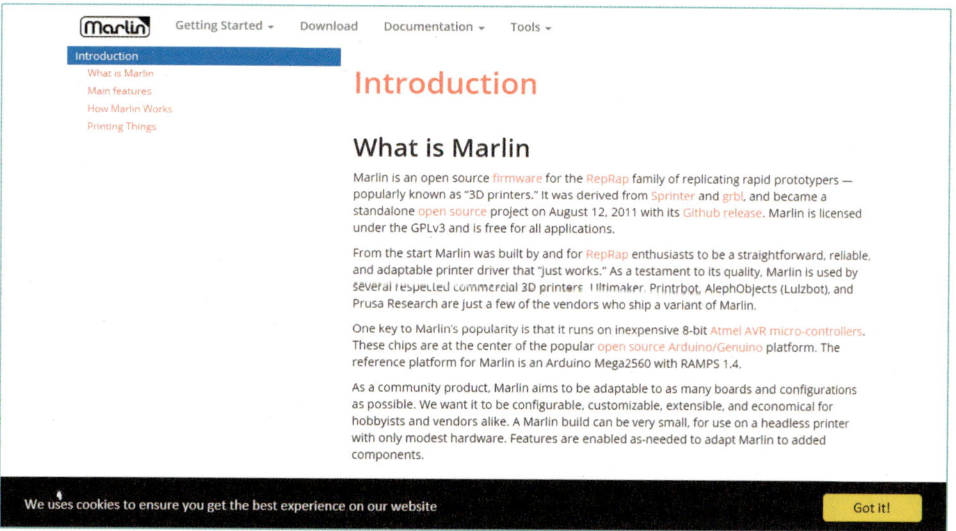

▲ 그림 4.6 Marlin 홈페이지

아두이노에 Marlin 설치를 위해서 아두이노 소프트웨어를 활용한다. 아두이노 소프트웨어는 http://arduino.cc/en/Main/Software에서 다운로드 받을 수 있다. 일반적인 프로그램과 유사한 형태로 다운로드 받은 아두이노 소프트웨어는 쉽게 설치할 수 있다.

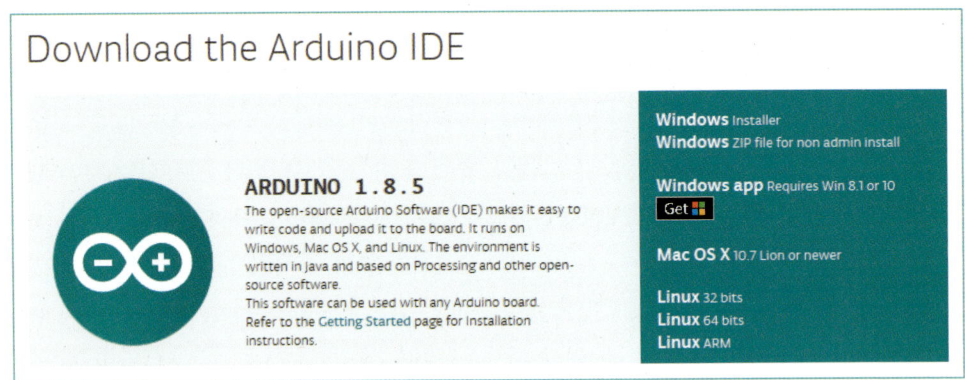

▲ 그림 4.7 아두이노 소프트웨어 다운로드

아두이노 프로그램은 설치 후 실행시키면 그림 4.8과 같이 초기화면이 나타나고, 여기서 "툴"을 선택한 뒤 적합한 "보드", "프로세스" 및 "포트"를 설정한 후, 아두이노 소프트웨어의 "파일" 메뉴에서 "열기"를 클릭한 후 Marlin 홈페이지에서 다운받아 압축을 풀어놓은 폴더에서 "marlin.ino" 파일을 연다. 그러면 아두이노 소프트웨어에 Marlin이 로드된 상태이고, 메뉴의 "스케치" 또는 단축 메뉴에서 "업로드"를 클릭하면 컴퓨터에 있던 Marlin이 아두이노 보드로 업로드가 된다. 정상적으로 수행되었다면 "업로드 완료"가 나타난다. 에러가 발생했을 경우 "보드", "프로세스" 및 "포트"를 재확인 한 후 재설정 한 뒤 다시 업로드를 수행한다. 이로써 3D 프린팅을 위한 기본적인 아두이노 세팅은 끝이 났다고 볼 수 있다.

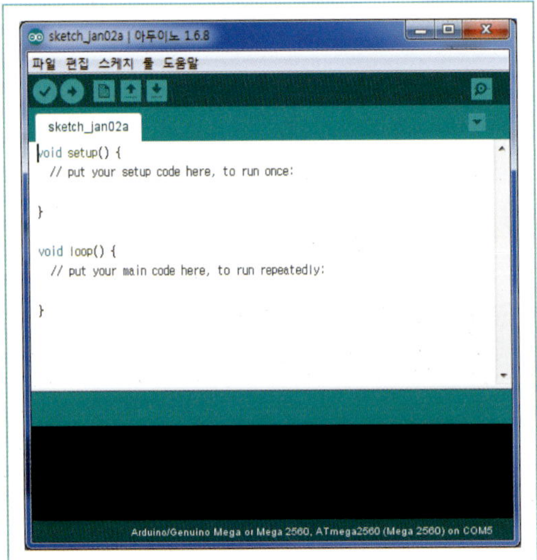

▲ 그림 4.8 아두이노 초기화면

3D 프린터를 제어하기 위해서는 X, Y, Z축을 구동하기 위한 액추에이터(Actuator)가 필요하다. 액추에이터는 시스템을 움직이거나 제어하는데 사용되는 기계를 의미하며 전기나 유압, 압축 공기 등을 이용하는 원동 구동장치를 두루 일컫는 용어이다. 우리는 3D 프린터를 움직이게 하고, 제어하기 위해서 스텝퍼 모터(Stepper Motor)를 사용한다. 3D 프린터의 원활한 동작을 위해서는 모터, 노즐 히터 및 베드 히터에 전원이 공급되어야 할 필요가 있다. 아두이노 보드에서 이러한 전원을 직접 공급하기에는 무리가 따르므로 렙랩에서는 모터, 노즐 히터 및 베드 히터에 전원을 공급하기 위해 확장보드를 개발했는데 이것이 바로 RAMPS (RepRap Arduino Mega Pololu Shield) 보드이다. RAMPS는 렙랩에 필요한 전체 전자 장치를 하나의 작은 패키지에 저비용으로 맞출 수 있도록 설계되었다. RAMPS는 Arduino Mega와 연결되어 강력한 확장성이 보장된다. 모듈형 설계를 통해 쉬운 서비스, 부품 교체, 업그레이드 및 확장이 가능하며, 스텝퍼 드라이버(Stepper driver)를 장착할 수 있다. RAMPS 보드는 외부전원을 공급받아 아두이노의 제어를 통해 모터, 노즐 히터 및 베드 히터에 전원이 공급되는 방식이다. RAMPS 보드에서는 모터 및 히터 제어를 위한 전원 공급뿐만 아니라, 각종 센서를 부착하는 핀도 함께 지원하고 있다. 즉, 아두이노와 RAMPS 보드를 이용해서 스텝퍼 모터와 베드 온도를 제어하게 된다.

RAMPS 보드는 12～35 V DC 범위의 전원을 사용할 수 있게 설계되어 있지만, 실제 12 V를 사용하고 있다. 일반적인 컴퓨터용 전원 공급장치(Power Supply)를 사용할 수 있는데 노랑(+)케이블과 검정(−)케이블의 사이의 전압이다.

RAMPS 보드는 초기 개발 이후 RAMPS 1.2, RAMPS 1.3, RAMPS 1.4 및 가장 최신인 RAMPS 1.5까지의 버전이 공개되어 있다.

▲ 그림 4.9 RAMPS

2.2 스텝퍼 모터

스텝퍼 모터(Stepper Motor)는 액추에이터(Actuator)로 3D 프린터에 사용된다. 스텝퍼 모터는 한 바퀴의 회전이 많은 수의 스텝들로 나누어져 있는 브러시리스 직류 전기모터(Brushless DC motor, BLDC motor)이다.

1902년 영국에서 처음 개발되어 1960년대 일본에서 수치제어(Numeric control, NC) 공작기계에 처음 도입하여 사용되었다. 교류(Alternating current, AC) 서보, 직류(Direct current, DC) 서보 모터에 비해 저렴하고 정확한 각도제어에 유리하여, 기계적인 이동량을 정밀하게 제어하는 곳에 많이 사용된다.

일반적인 직류 브러시 모터는 전극의 전압이 작용됨에 따라 연속적으로 회전하는 반면, 스텝퍼 모터는 다수의 톱니바퀴 모양의 전자석이 위치하고 이를 중심으로 영구자석이 회전함으로써 브러시를 필요로 하지 않는다. 모터의 한 축을 돌리기 위해서는 전자석이 전력을 받게 하여 기어의 톱니를 전자석으로 끌어당기게 한다. 첫 번째 전자석에 기어의 톱니가 일직선으로 맞춰지면 기어는 서서히 다음 전자석으로 치우쳐지게 된다. 따라서 다음 전자석이 전력을 받게 되면 이전의 전자석은 꺼지게 되며, 다시 기어의 톱니는 다음 전자석에 전력이 공급되는 순차적인 작용들이 반복되게 된다. 이때, 각 톱니에 해당하는 회전의 작용을 스텝이라 하며, 수많은 스텝들이 전체의 회전을 만들어낸다. 이를 통해서 모터는 정밀하게 톱니에 의해 정해진 각도만큼 회전할 수 있게 된다.

전자석의 경우 속도제어기와 같은 제어회로로부터 전류를 받아 작동하게 된다. 회전속도가 속도제어기의 펄스 속도에 비례하므로 간편하게 제어할 수 있으며, 어떠한 피드백 장치가 없더라도 아주 정확하게 조절이 가능한 장점이 있다. 이러한 장점으로 3D 프린터뿐만 아니라, 로봇과 같은 정밀도를 요구하는 제어에 많이 사용되는 모터이다.

3D 프린터뿐만 아니라, 로봇 및 다양한 기기의 정밀 제어를 위해서 스텝퍼 모터를 직접 구동해보는 것은 반드시 필요한 사항이다. 일반 DC 브러시 모터의 경우 전압에 의해 속도가 제어되지만, 스텝퍼 모터의 경우는 제어회로가 필요하다.

제어회로에는 펄스를 인가하여 각상의 여자신호를 발생시키는 여자신호 발생부와 신

▲ 그림 4.10 스텝퍼 모터(Stepper Motor)

호를 받아서 권선에 여자 전류를 흘려주는 구동 회로부가 존재한다. “여자”에서 “자”는 자석을 의미하고, “여”는 ‘만들다’, ‘힘쓰다’는 의미이다. 따라서 “여자”는 ‘자석을 만들다’, ‘자기장을 만들다’의 의미이다. 여자신호란 자기장 안의 물체가 자기를 띠는 일 또는 그 결과로 생긴 단위 체적당의 자기 모멘트를 가질 수 있도록 전달되는 신호를 말한다. 또한 펄스를 발생시키기 위한 마이크로 컨트롤러가 필요하다.

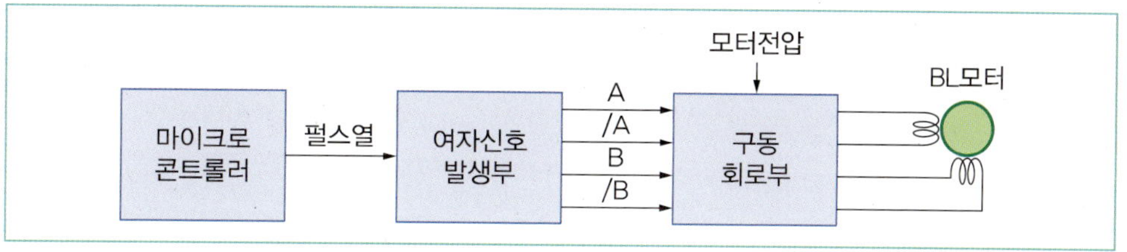

▲ 그림 4.11 스텝퍼 모터 제어회로 구성

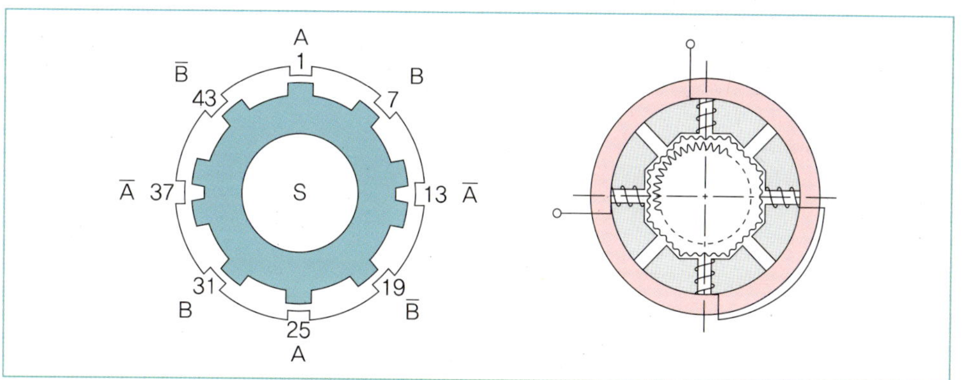

▲ 그림 4.12 스텝퍼 모터 구조 및 고정자와 회전자

스텝퍼 모터 구동을 위해서는 가장 기본적인 1개의 코일에만 여자하는 방식인 1상 여자방식과 2개의 코일을 동시에 여자하는 방식인 2상 여자방식 그리고 하나의 상과 두 개의 상에 교대로 전류를 흐르게 하는 방식인 1-2상 여자방식이 존재한다.

1상 여자방식의 경우 1개의 코일만을 차례로 여자하는 방식으로 소비 전력이 낮고 1 스텝 당 각 정밀도가 높은 반면 감쇠 진동이 크고 탈조하기가 쉽다. 1상 여자방식에서의 고정자에 가해지는 전류의 형태는 STEP_A → STEP_/A → STEP_B → STEP_/B → … 로 반복된다.

구분	1	2	3	4	5	6	7	8	9
STEP_A	1	0	0	0	1	0	0	0	1
STEP_/A	0	1	0	0	0	1	0	0	0
STEP_B	0	0	1	0	0	0	1	0	0
STEP_/B	0	0	0	1	0	0	0	1	0

▲ 그림 4.13 1상 여자방식의 동작을 위한 신호 체계

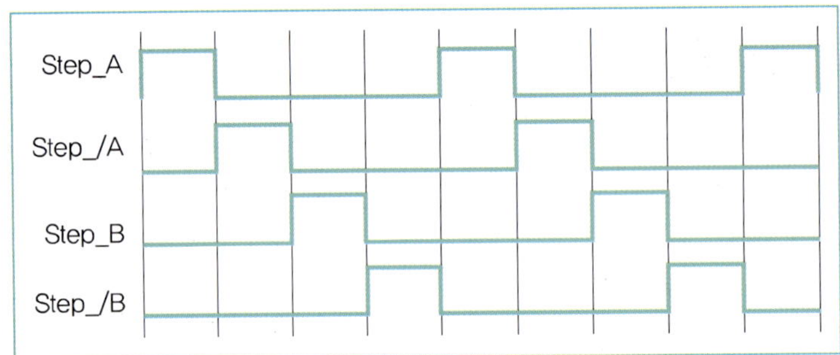

▲ 그림 4.14 1상 여자방식의 동작 타이밍

2상 여자방식은 항상 2상이 여자되므로 기동 토크가 주어져 난조가 일어나지 않으며 항상 2개의 상에서 전류가 흐르도록 되어 있다. 고정자에 가해지는 전류의 형태는 STEP_A, STEP_/A → STEP_/A, STEP_B → STEP_B, STEP_/B → STEP_/B, STEP_A → … 로 반복된다. 1상 여자 구동 방식에 비해 2배의 전류가 필요하지만 토크가 크고 감쇠진동이 적으며 주파수 특성이 양호하여 가장 널리 사용되고 있는 방식이다.

구분	1	2	3	4	5	6	7	8	9
STEP_A	1	0	0	1	1	0	0	1	1
STEP_/A	1	1	0	0	1	1	0	0	0
STEP_B	0	1	1	0	0	1	1	0	0
STEP_/B	0	0	1	1	0	0	1	1	0

▲ 그림 4.15 2상 여자방식의 동작을 위한 신호 체계

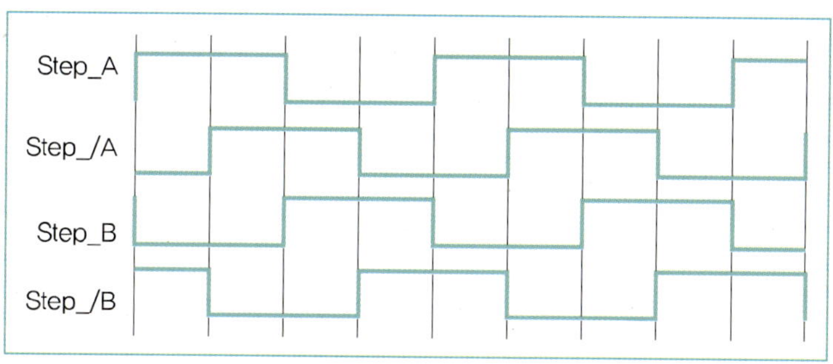

▲ 그림 4.16 2상 여자방식의 동작 타이밍

1-2상 여자방식의 경우 하나의 상과 두 개의 상이 교대로 전류를 흐르게 하는 방식으로 스텝각은 1상, 2상 여자방식의 반이며 응답 스텝 비율은 1상, 2상 여자방식의 2배이다. 1상 여자방식에 비해 전류가 1.5배 더 소모되나 1펄스에 대한 스텝각을 1상 여자와 2상 여자방식에 의한 스텝각의 1/2로 조절할 수 있기 때문에 각도를 정밀하게 제어하는 경우에 사용한다.

구분	1	2	3	4	5	6	7	8	9
STEP_A	1	1	0	0	0	0	0	1	1
STEP_/A	0	1	1	1	0	0	0	0	0
STEP_B	0	0	0	1	1	1	0	0	0
STEP_/B	0	0	0	0	0	1	1	1	0

▲ 그림 4.17 1-2상 여자방식의 동작을 위한 신호 체계

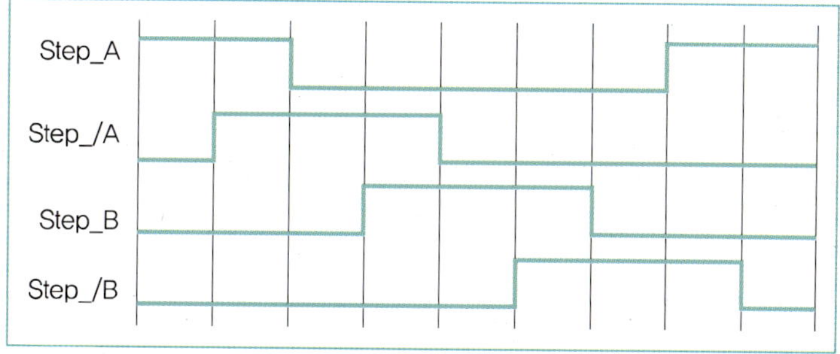

▲ 그림 4.18 1-2상 여자방식의 동작 타이밍

스텝퍼 모터를 구동하기 위해서는 각 방식에 따른 여자 신호를 만들어주어야 한다. 또한 여자방식에 따른 동작 타이밍을 위한 시간 간격도 일정하게 설정해줄 필요가 있다. 이러한 신호를 발생시키고, 시간 간격을 조절하기 위해서 마이크로 컨트롤러가 사용된다.

구동을 위한 프로그램에는 기본적으로 타이머, 인터럽트를 사용하게 되는데, 타이머 주기와 인터럽트에 대하여 충분히 인지하고 프로그래밍 하여 스텝퍼 모터를 제어할 수 있다.

2.3 엔드스톱과 온열베드

엔드스톱(End stop)은 렙랩의 축을 따라 이동하는 압출기가 동작의 끝까지 도달했을 때 신호를 알려주는 간단한 스위치이다. 일반적으로 접촉식과 비접촉식으로 나뉘는데, 접촉식에는 기계식 스위치를 엔드스톱으로 사용하고, 비접촉식에는 광학식과 자석을 사용한다.

▲ 그림 4.19 기계식 엔드스톱

기계식 엔드스톱은 회로 기판을 필요치 않으며, 구현하기 쉽고 비용이 저렴하다. 비접촉식은 마그네틱(자석식) 스위치로 리드 스위치라고도 한다. 제어하고자 하는 물체가 충분히 가깝게(일반적으로 1 mm 이하) 되면 닫히고, 멀어지면 열려서 동작하게 되는 스위치이다. 리드 스위치는 창문과 문의 열림을 감지하는데 많이 사용되기도 한다. 마그네틱 엔드스톱 중에는 센서로써 동작을 하는 장치를 홀 센서(Hall effect sensor)라고 한다. 홀 센서는 자기장에 따라 출력 전압을 변화시키는 변환기로 근접 스위치, 위치 감지, 속도 감지 및 전류 감지 어플리케이션에 사용되는데 엔드스톱으로 사용할 때는 근접 스위치의 형태나 위치감지 센서로 사용된다.

▲ 그림 4.20 홀 센서(Hall effect sensor)

비접촉식 광학 엔드스톱으로 렙랩에서는 Gen 7 (Generation 7 Electronics 이전의 버전으로 Gen 6 등도 있음) 엔드스톱을 주로 사용한다. Gen 7은 렙랩 컨트롤러 전자 보드를 직접 설계할 수 있도록 고안되었다. 기계식은 On/Off에 대한 정보만 제공하지만, 광학식은 비접촉식이다 보니 수명이 상대적으로 길고, 좀 더 세밀한 조정이 가능하며, 신뢰성이 높고, 기계가 의도된 범위를 벗어나서 스스로를 손상시키는 것을 방지할 수 있다.

▲ 그림 4.21 광학식 엔드스톱

3D 프린터에서 반드시 있어야 하는 장치는 아니지만, 3D 프린팅 출력물의 품질과 편리한 출력을 위해 고안된 것 중의 하나가 온열베드(Heated Bed)이다.

노즐에서 용출된 원재료가 쌓이는 곳이 베드인데, 베드에서 원재료가 떨어지는 현상이 발생하여 베드에 제대로 안착되지 못하는 경우가 발생한다. 이를 방지하고 베드에 원재료를 잘 안착시키기 위한 방법으로 온열베드가 사용된다. 뿐만 아니라, 베드에 쌓이는 원재료는 냉각이 되면서 약간 줄어드는 수축현상이 나타난다. 이러한 수축현상이 제작된 부분 전체에 걸쳐 균일하게 분포되지 않으면 뒤틀린 부분이 생기게 된다. 이로 인해 왜곡이 발생하게 되는데, 이 왜곡은 일반적으로 3D 출력물의 모서리에 나타난다. 실제 온열베드의 온도를 적절히 잘 조절하여 ABS 수지(Acrylonitrile butadiene styrene copolymer) 및 PLA 수지(Poly lactic acid)와 같은 재료로 출력한 출력물의 경우 그 품질이 상당히 우수하게 나온다.

온열베드의 재료는 가열된 베드에 의해 녹거나 휘어지지 않는 재료를 사용한다. 베드의 표면은 용출된 원재료가 베드에서 떨어지지 않고 잘 안착되어있어야 하므로 이에 적합한 재료를 사용한다.

캡톤 테이프는 뜨겁게 용출된 원재료가 쉽게 접착되어 냉각된 부분이 캡톤 테이프를 손상시키지 않으면서 테이프를 벗겨낼 수 있기 때문에 많이 사용된다. 일부는 구리와 알루미늄 및 유리와 같은 다양한 재질을 사용하기도 한다. 특히 PLA에 적합한 간단한 방법은 PVAc 기반 접착제를 물 10에 접착제 1의 혼합물로 만들어 바른 후 완전히 말린 다음 사용하는 방법도 있다. 만약 온열베드도 아니면서 급히 출력을 해야 할 경우에는 흔히 구할 수 있는 딱풀(Glue stick)을 고르게 발라 활용하는 방법도 있다.

▲ 그림 4.22 온열베드

온열베드에는 또 다른 장치가 하나 존재하는데 이는 온도센서이다. 온도센서를 통해 측정된 온도는 제어기를 통해 항상 일정한 온도를 유지하게 하기 위함이다. 3D 프린터마다 온도센서의 위치에 따라 표면 온도가 다소 차이가 날 수 있으므로 해당 3D 프린터의 특성을 잘 알고 온도를 조절하는 것이 필요하다.

2.4 스텝퍼 드라이버

스텝퍼 드라이버(Stepper Driver)는 스텝퍼 모터를 구동하기 위해 제작된 칩이다. 이미 스텝퍼 모터의 설명에서와 같이 모터의 고정자에 펄스가 입력될 때 마다 일정한 각도씩 모터가 회전하도록 제어된다. 이때 회전각을 스텝각이라고 부르고 스텝각을 작게 하면 모터의 위치를 결정하는 정밀도를 향상시킬 수 있다. 뿐만 아니라 펄스의 주기를 줄일수록 모터의 속도가 빨라지게 된다. 이 칩은 아두이노에 있는 전원과는 별도로 모터를 구동하는 전원을 유지시켜 준다. 아두이노는 스텝퍼 모터에 직접 전원을 공급할 만큼의 전원을 제공할 수 없다. 따라서 아두이노는 모터가 회전하는 방식을 제어하는 제어기의 역할을 하고 있으며, 실제 모터의 구동에 관여는 스텝퍼 드라이버가 담당한다고 보면 된다. 이 칩은 모터의 움직임을 위해 전송해야 하는 신호를 단순화하고, 모터의 움직임을 부드럽게 해서 더 정밀한 제어가 가능하게 한다.

때때로 스텝퍼 드라이버는 케이블을 통해 컨트롤러에 연결되어 있는 별도의 회로 기판에 위치하기도 한다. 컨트롤러에 직접 연결되어 있기도 한데, 이 경우에는 컨트롤러에 이러한 회로가 적어도 4개(각 스텝퍼 모터를 위한) 정도가 마련되어 있어야 한다. 렙랩에서는 일반적으로 RAMPS 보드에 스텝퍼 드라이버 칩이 장착된다.

▲ 그림 4.23 스텝퍼 드라이버 칩

3. 렙랩의 기계기술 구성

3.1 X, Y, Z 축의 움직임

렙랩의 3D 프린터의 경우 앞을 향하고 있을 때, X축 이동은 좌우로 움직이며 왼쪽에서 오른쪽으로 이동하는 좌표의 형태이고, Y축은 앞뒤 이동으로 규정하여 좌표가 표현된다. Z축은 X, Y축의 평면이 아래위로 이동하는 형태로 좌표가 형성된다고 보면 된다. 일반적으로 FDM방식의 3D 프린터에서는 X, Y축이 객체의 단층을 적층하기 위한 좌표로써 활용이 되며, Z축은 적층을 위한 베드의 높낮이 조절을 위해 활용된다. RAMPS 보드에서 X, Y, Z축의 전원이 지원되고, 아두이노에서 이를 조절하는 것이다. X, Y, Z축의 이동을 위해 사용되는 방법은 크게 두 가지 형태로 벨트와 풀리(Belts and Pulleys)를 사용하는 방법과 나사산 봉(Threaded rod)을 이용한 나사 회전 운동(leadscrew motion)을 통해 이루어진다. 벨트와 풀리를 이용하는 방식은 빠르고 가벼운 운동에 적합한 반면, 나사산 봉을 이용하는 방식은 느리지만 전달되는 힘이 강할 때 많이 이용된다. 이러한 특징에 따라서 렙랩에서는 X, Y축의 이동을 위해서는 벨트와 풀리를 이용하는 방식을 많이 사용하고, Z축의 베드 이동을 위해서는 나사산 봉을 이용하는 방식을 많이 사용한다.

3.2 벨트와 풀리

3D 프린터를 설계할 때 압출기(Extruder) 부분은 X, Y축을 중심으로 이동하게 되는데, 통상적으로 연마봉을 중심에 두고 익스트루더가 매끄럽게 움직일 수 있도록 베어링과 함께 조립된다. X, Y축의 경우 스텝퍼 모터의 동력을 타이밍 벨트를 통해 전달받아 위치를 결정하는 경우가 많다. 타이밍 벨트는 내측에 등간격의 홈을 가져서 풀리의 홈과 결합됨으로 인해 정확한 회전 전달이 가능한 벨트이다. 3D 프린터에서는 주로 피치가 2 mm인 GT2의 타이밍 벨트가 주로 쓰이며, 벨트 구동방식을 사용했을 때, 미리당 스텝(step-per-mm), 즉 1 mm 이동하기 위한 스텝의 수는 다음 공식에 의해 산출된다.

$$\text{step/mm} = \frac{(\text{회전에 필요한 스텝수} \times \text{모터드라이버 마이크로 스텝})}{(\text{벨트피치} \times \text{풀리잇수})}$$

타이밍 벨트는 동기식 동력전달을 위한 중요한 부품이다. 특징적으로 타이밍 벨트와 풀리의 맞물림은 치차의 형태로 결합되어 있다. 따라서 벨트와 풀리는 미끄러지지 않고 동기화된 움직임을 보일 수 있다. 이러한 특징으로 인해 일정한 속도 비율 또는 영구적인 상대 위치를 유지할 수 있게 한다. 이는 명확한 순차적 움직임과 순서가 포함된 자동 기계와 같은 응용기계 방식에 매우 중요한 요소가 된다.

타이밍 벨트와 풀리의 조합은 대형 토크를 전달하고 큰 가속을 견딜 수 있으며, 벨트를 사용함에 따라 레이아웃에 대한 유연성이 확보되어 다양한 응용기계에 많이 사용되고 있다. 이러한 장점으로 인해 많은 비용을 들이지 않고도 유리한 위치에 구성 요소를 배치할 수 있다. 일반적으로 가장 큰 열원인 엔진이나 모터로부터 나머지 기기들을 멀리 배치시킬 수 있게 된다.

기어를 통해서 동력을 전달하는 방식은 벨트를 이용하는 방식보다 값비싼 솔루션으로 취급된다. 타이밍 벨트는 기본적으로 평평한 벨트이며 안쪽 원주에 균등하게 이격된 일련의 톱니가 있어 플랫 벨트의 장점과 체인 및 기어의 장점을 결합한 형태이다. 슬립이 발생하지 않으며, 벨트의 장력이 낮아서 베어링 하중이 매우 작게 걸리기 때문에 별도의 윤활을 필요로 하지 않는다. 일반적으로 타이밍 벨트와 풀리 사이의 유격에 의한 비동기는 무시할 수 있다.

벨트와 풀리의 조합에는 다양한 유형이 있으며, 가장 많이 사용되는 유형에는 T5, T2.5, MXL (Mini extra-light), HTD (High torque drive), GT2, 스펙트라(Spectra) 등의 방식이 있다.

T5 방식은 피치 5 mm인 비동기식 타이밍 벨트를 적용한 것으로 벨트 마모 및 소음을 줄이기 위해 사다리꼴 이빨과 고의적인 후진 유격을 가지고 있어 단방향의 회전에 적용된다.

T2.5 방식은 T5방식과 마찬가지로 비동기식이며 2.5 mm의 피치를 가진 벨트와 풀리 조합이다. 동일한 직경의 풀리를 사용하면 벨트에 T5보다 더 나은 그립감이 생기고 더 동기식에 가까워지는 결과를 얻을 수 있다.

MXL (Mini extra-light) 방식은 미니 초경량 방식을 뜻한다. 이 벨트 방식은 1940년대 이래 지속적으로 사용되어 왔다. T5 및 T2.5와 마찬가지로 비동기 타이밍 벨트이기도하다. 피치는 0.08인치이고 이빨은 사다리꼴로 형성되어 있다.

HTD (High torque drive) 방식은 높은 토크 구동 방식을 뜻한다. 1971년 게이츠(Gates)에 의해 소개되었는데, 이는 MXL 및 T5보다 후진(뒤로 움직임) 유격이 적기 때문에 치차가 더 깊고 둥글게 되어 있다.

GT2 방식은 Gates PowerGrip® GT®2 산업용 동기 타이밍 벨트이다. GT는 “Gates

Tooth"를 의미하며, GT2는 HTD 특허가 없어짐으로 인해 새롭게 나타난 형태이다.

스펙트라(Spectra) 방식은 낚싯줄을 꼬아놓은 형태로 탄틸러스(Tantillus) 모델에서 처음 구현된 후 많은 델타 프린터에서 인기가 높았다. 이는 싸고, 세계 어디에서든 사용할 수 있었기 때문이다. 일단 정확히 조여지면 덜컹거림이 거의 없고 울퉁불퉁한 이빨이 없어 매우 부드러운 움직임을 제공한다.

3.3 나사산 봉

대부분의 렙랩의 3D 프린터에서는 Z축에 나사산 봉(Threaded rod)을 사용한다. Z축의 경우 일반적으로 한 번에 10분의 1씩 올라가기 때문에 빠르게 움직일 필요는 없다. 나사산 봉은 정확성과 힘이 좋아 일부 컴퓨터수치제어(Computer numerical control) 기계에서는 모든 3축에 나사산 봉을 사용하기도 한다. Z축의 나사산 봉은 X-Y평면을 이루는 캐리지(형태에 따라서는 압출기와 그 어셈블리 들 또는 Bed가 될 수 있음)의 무게를 지탱하므로 봉과 너트에 고강도 스테인리스 스틸을 사용하는 것이 좋다. 그렇지 않으면 나사산의 마모에 의해 3D 프린팅의 실패를 경험하게 될 수도 있다.

4. 렙랩의 압출기 구성

4.1 압출기 구조

3D 프린터의 주요 요소인 제어(Control)장치와 액추에이터(Actuator)는 설명한 바와 같지만, FDM방식의 가장 큰 특징은 재료인 필라멘트(Filament)를 녹여서 쌓아가는 구조로 작동하게 된다. 그러다 보니 필라멘트를 녹여서 정확하게 그려줄 장치가 필요한데 이것을 우리는 3D 프린터의 압출기라고 한다.

3D 프린터의 압출기에는 필라멘트를 공급해주는 장치와 필라멘트를 녹일 수 있는 가열기(Heater), 온도센서 및 녹은 필라멘트를 정교하게 토출할 노즐(Nozzle)로 구성되어 있다. 압출기에 사용되는 액추에이터 역시 스텝퍼 모터를 사용한다.

압출기는 필라멘트 형태로 제공되는 원재료를 용융시켜 노즐을 통해 베드 위에 적층될 수 있도록 한다. 압출기는 크게 콜드 엔드(Cold end)와 핫 엔드(Hot end)의 두 가지 부분으로 구성된다.

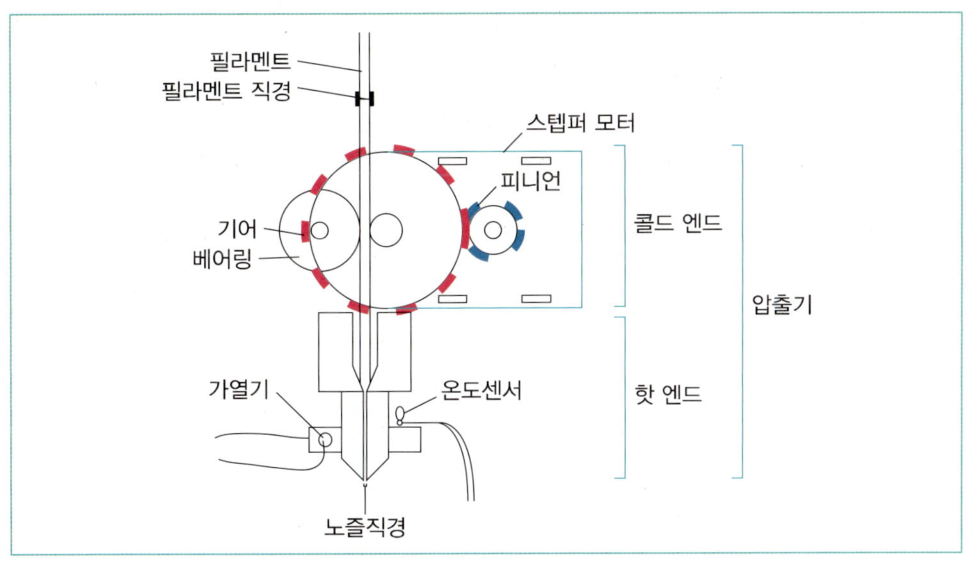

▲ 그림 4.24 3D 프린터 압출기 구조(렙랩 홈페이지 발췌)

콜드 엔드는 대개 압출기의 상단 뭉치로 핫 엔드를 제외한 나머지 부분인데 압출기가 축을 따라 이동하기 위한 부분의 부품까지도 포함하므로 필라멘트 이송을 위한 장치 부분과 압출기가 축을 따라 이동하기 위한 부분으로 나누기도 한다. 필라멘트를 끌어와서 압출기에 공급하면서도 움직이기 때문에 가볍고 유연한 실리콘 튜브를 이용해서 필라멘트를 유도하기도 한다. 모터의 한쪽에 필라멘트를 압송하기 위한 휠을 부착하고 필라멘트가 끼워진 압력판 또는 베어링에 맞대어서 회전시킨다. 일반적으로 모터는 사용가능한 토크와 압출 제어의 정도를 높이기 위해 핀치 휠에 맞추고, 기어 구조물로는 3D 프린터로 만들어낸 피니언 및 기어를 사용하거나 값비싼 일체형 모터 기어박스를 이용하기도 한다.

3D 프린터가 구상되었던 제작 초기에는 압출기에 일반 DC모터를 사용했지만, 요구되는 반복성과 제어를 만족하지 못해 스텝퍼 모터를 보편적으로 사용하고 있다. 서보모터를 사용할 수도 있지만, 아직까지 다양한 문헌에서 확인된 바가 없으며, 이는 가격적 요인이 큰 것으로 생각된다. 필라멘트가 핫 엔드로 전송되기 전까지는 필라멘트를 차갑게 유지할 필요가 있다. 이를 위해 추가적인 수동 또는 능동 냉각 방식이 필요한

데, 이때 방열판과 방열 팬이 자주 사용된다.

콜드 엔드의 열 차단 장치 또는 절연체를 사이에 두고 하단부에 핫 엔드가 연결되어 있다. 이것은 필라멘트를 콜드 엔드에서 핫 엔드로 확실하게 통과시킬 수 있을 만큼 견고하고 정확하게 제작되어야 하며, 열 전달은 가능한 방지해야 한다. 이를 위하여 선택되는 재료로는 PTFE를 덧댄 PEEK플라스틱 또는 스테인리스 스틸의 기계식 지지대가 있는 PTFE를 이용하거나 이 세 가지를 모두 결합한 형태로 사용된다.

핫 엔드는 필라멘트를 녹이는 3D 프린터의 가장 핵심적인 부분이다. 이것은 용융된 플라스틱이 작은 노즐에서 빠져나와 플라스틱이 얇고 끈적끈적한 형태로 재료에 쌓이면서 달라붙을 수 있게 한다. 최초의 렙랩의 핫 엔드는 놋쇠로 만들어졌는데, 이를 개선해서 유리 또는 알루미늄으로 핫 엔드를 만들기도 하였다.

핫 엔드는 두 개의 구멍이 있는 용융 구역 또는 챔버로 구성된다. 한쪽 구멍에는 콜드 엔드에서 필라멘트를 밀어 넣고 다른 쪽에는 가열 챔버가 위치하게 된다. 필라멘트에 따라 가열 챔버의 온도가 다르게 세팅되지만, 가열 챔버는 통상 150~250℃로 가열이 가능하며 20 W 정도의 전력이 가해진다.

콜드 엔드로부터 밀려들어온 필라멘트가 가열 챔버에서 용융되고, 용융된 플라스틱은 다른 구멍을 통해 가열 챔버를 빠져 나가게 되는데 그 제일 끝단이 노즐이다. 노즐의 구멍은 0.2 mm에서 1.0 mm 사이의 직경을 가지고 있다. 보통의 경우 0.4 mm의 노즐을 사용하는 것이 일반적이지만, 더 세밀한 제품이나 품질을 향상시키기 위해서 작은 직경을 사용하기도 한다. 노즐 온도의 피드백 제어를 위해 온도센서가 노즐 가까이에 부착된다. 온도 센서에 의해 검출된 온도 신호는 RAMPS 보드로 전달되고 다시 아두이노로 전달되어 가열 챔버에 전원을 제어하도록 프로그램 되어 있다.

4.2 필라멘트

FDM방식의 3D 프린터 구조를 공부하면서 가장 중요한 부위 중의 하나가 가열 챔버라는 사실을 알게 될 것이다. 가열 챔버가 가공하고자 하는 원재료를 녹여 주는 역할을 하므로 가열 챔버에 따라 콜드 엔드와의 단열 등에 신경을 써야 한다. 가열 챔버에 지속적으로 원재료가 공급되기 위해 만들어진 원재료의 형태가 바로 필라멘트(Filament)이다. 결론적으로 원재료의 형태가 필라멘트로 공급되고 이를 핫 엔드에서 녹여 노즐을 통해 또 다른 가늘고 긴 필라멘트를 만들어 적층시켜 나가는 형태가 바로

3D 프린터의 원리이다. 그러다보니 필라멘트의 용융점에 따라 가열 챔버의 온도가 결정되어야 하는데, 가열 챔버의 온도 범위가 150~250℃ 정도이므로 이에 적합한 재료는 플라스틱 계열의 원재료가 많다. 주로 많이 사용하는 재료는 ABS 수지(Acrylonitrile butadiene styrene copolymer)와 PLA 수지(Poly lactic acid)를 이용한다.

PLA (Poly lactic acid)는 생분해성 고분자 재료로 옥수수와 같은 작물에서 발효될 수 있는 유산으로 생산된다. PLA는 3D 프린터의 원재료로 사용하기에 가장 적합하다고 할 수 있다. PLA는 ABS보다 단단하고 낮은 온도(약 180~220℃)에서 녹으며, 60~65℃에서 유리전이온도를 가지므로 상온에서 사용하기 매우 유용한 재료이다. ABS보다 마찰이 더 높아 압출이 어렵기 때문에 압출기 걸림에 더 취약하다.

ABS (Acrylonitrile Butadiene Styrene)는 가볍고 일반적인 열가소성 수지로 사출 성형 및 압출 성형이 가능한 재료이다. 고밀도 폴리에틸렌(High-density polyethylene, HDPE)보다 기계적 특성이 좋고 PLA보다 부서지기 쉽지만, 냉각장치가 없는 압출기 및 각종 응용 분야에서 더 높은 온도에서 사용이 가능하다. ABS는 저렴하고 마찰 계수가 낮기 때문에 PLA보다 압출하는 데 필요한 압력이 적게 든다. 이로 인해 PLA에 비해 작은 부품의 압출 특성이 향상되지만, ABS의 단점은 유리 전이 온도가 약 105℃ 정도에서 형성되기 때문에 고온에서 압출되어야 한다는 것이다. ABS는 무정형이며 따라서 실제 녹는점이 없지만 230℃가 3D 프린팅 표준으로 되어 있다.

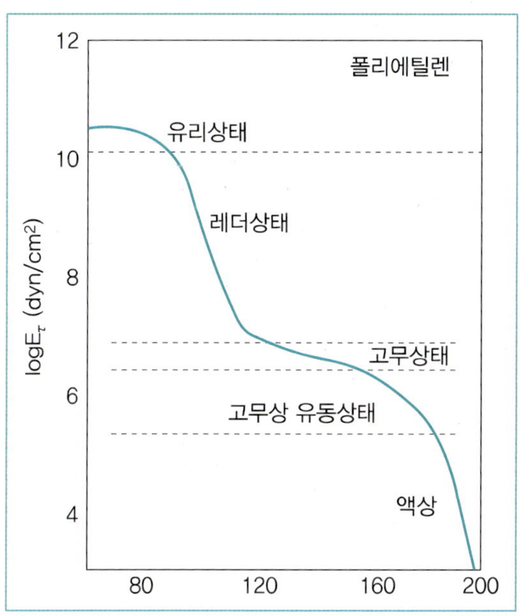

▲ 그림 4.25 유리전이온도(폴리에틸렌)

여기서 유리전이온도란, 비정질 고체가 유리와 같은 부스러지기 쉬운 상태에서 점성이 있는 상태로 변화하는 온도 영역의 중심 혹은 비체적대 온도 곡선의 경사가 급격히 변화하는 온도이다. 예로서, 그림 4.25와 같이 폴리에틸렌의 탄성 상수 E의 온도에 따른 의존성을 살펴보면 점탄성이 상이한 5단계가 있다.

플라스틱이 변형되어 구멍을 빠져나올 때, 용융된 원재료는 구멍에서 약간 더 큰 최종 직경을 가지며, 다른 요소에 의해 제약을 받지 않을 경우 다소 반발할 수 있다. 결국 최종 직경은 재료, 온도 및 노즐 직경에 따라 달라진다. 그러나 필라멘트가 노즐을 통해 압출될 때, 압출기가 충분히 빠르게 움직이는 경우 압출된 필라멘트가 늘어나는 현상이 발생하여 결과가 일반적으로 생각하는 결과보다 얇아지게 된다. 즉, 용융된 원재료가 노즐을 빠져나오면서 팽창되었던 지름이 압출기의 움직임에 의해 다시 얇아지게 된다. 그러므로 노즐에서 빠져나와 팽창된 지름이 프린팅 품질을 결정하지는 않는다. 이러한 원리를 알고 인쇄 속도를 조절함으로 인해 약간의 인쇄 품질을 조정할 수 있다. 노즐 직경 0.5 mm에서 프린팅 할 경우보다 0.7 mm에서 프린팅하게 되면 약 2배 정도 빠르게 출력할 수 있으나, 마감과 외관은 노즐 직경이 작을수록 더 정교해질 것이다.

표 4-1 재료 특성 및 노즐 직경에 따른 직경변화

재료	노즐직경	최소직경	최대직경
ABS	0.5 mm	0.3 mm	0.5 mm
ABS	0.3 mm	0.25 mm	0.4 mm
PLA	0.4 mm	0.3 mm	0.4 mm

참고문헌

- Badamasi, Y. A. (2014, September). The working principle of an Arduino. In *Electronics, computer and computation (icecco), 2014 11th international conference on* (pp. 1-4). IEEE.
- Bak, D. (2003). Rapid prototyping or rapid production? 3D printing processes move industry towards the latter. *Assembly Automation*, 23(4), 340-345.
- Banzi, M., &Shiloh, M. (2014). *Getting started with Arduino: the open source electronics prototyping platform*. Maker Media, Inc..
- Bodson, M., Chiasson, J. N., Novotnak, R. T., &Rekowski, R. B. (1993). High-performance nonlinear feedback control of a permanent magnet stepper motor. *IEEE Transactions on Control Systems Technology*, *1*(1), 5-14.
- Bowyer, A. (2014). 3D printing and humanity's first imperfect replicator. *3D printing and additive manufacturing*, *1*(1), 4-5.
- Hull, C. W. (1986). *U.S. Patent No. 4,575,330.* Washington, DC: U.S. Patent and Trademark Office.
- Hull, C. W. (1996). *U.S. Patent No. 5,569,431*. Washington, DC: U.S. Patent and Trademark Office.
- Hull, C., Feygin, M., Baron, Y., Sanders, R., Sachs, E., Lightman, A., &Wohlers, T. (1995). Rapid prototyping: current technology and future potential. *Rapid Prototyping Journal*, *1*(1), 11-19.
- Jones, R., Haufe, P., Sells, E., Iravani, P., Olliver, V., Palmer, C., &Bowyer, A. (2011). RepRap–the replicating rapid prototyper. *Robotica*, *29*(1), 177-191.
- Leyden, R. N., &Hull, C. W. (1999). *U.S. Patent No. 5,855,836*. Washington, DC: U.S. Patent and Trademark Office.
- Mueller, B. (2012). Additive manufacturing technologies–Rapid prototyping to direct digital manufacturing. *Assembly Automation*, 32(2).
- Mueller, S., Im, S., Gurevich, S., Teibrich, A., Pfisterer, L., Guimbretière, F., &Baudisch, P. (2014, October). WirePrint: 3D printed previews for fast prototyping. In *Proceedings of the 27th annual ACM symposium on User interface software and technology* (pp. 273-280). ACM.
- Pearce, J. M. (2012). Building research equipment with free, open-source hardware. *Science*, *337*(6100), 1303-1304.
- Rogers, E. M. (2010). *Diffusion of innovations.* Simon and Schuster.
- Salisbury, J. K. (1980, December). Active stiffness control of a manipulator in cartesian coordinates. In *Decision and Control including the Symposium on Adaptive Processes, 1980 19th IEEE Conference on* (Vol. 19, pp. 95-100). IEEE.

3D 프린터 출력 및 출력품질 관리 05

1. 3D 프린팅 출력 절차

1.1 3D 프린팅 출력 단계

3D 프린터를 활용해서 3D 프린팅을 하기 위해서는 단계가 필요하다. 본서의 목차 또한 3D 프린팅 단계를 기반으로 하고 있지만, 3D 프린팅에서는 크게 4가지 단계를 기본으로 한다. 첫 번째는 CAD, 스캐너(Scanner) 등을 이용해서 3D 데이터를 생성해 내는 단계로 3D 파일 생성(Creating 3D files) 단계이다. 이미 3장에서 언급한 바와 같이 3D 데이터를 생성하는 방법은 다양하게 존재한다. 두 번째는 3D 데이터를 3D 프린팅 가능한 G-code 파일로 변환하는 모델 단층화(Slicing Model) 단계이다. 세 번째는 실제 3D 프린팅을 수행하는 단계인 출력(Printing) 단계로 준비 작업을 거쳐 3D 형상의 제작물을 만들어낸다. 네 번째는 완성(Done) 단계로 출력된 3D 프린팅 제작물을 목적에 맞게 후가공하는 단계이다. 약간의 다른 방법을 사용하더라도 4가지의 절차는 반드시 거치게 된다.

	3D 파일 생성	모델 단층화	출력	완성
단계	• CAD, Scanner 등을 이용하여 3D 데이터를 만들어 냄	• 3D 데이터를 3D 프린팅 가능한 G-code 파일로 변환	• 3D Printing을 위한 준비작업을 거쳐 3D 제작물을 만들어 냄	• 출력된 3D 제작물을 목적에 맞게 후가공 하거나 다듬어 완성
내용	• 3D 파일 생성에서는 스캐너를 이용하거나, CAD 또는 그래픽 도구를 사용해서 3D 데이터를 확보하고 3D 파일을 생성시킴	• 3D Printing을 위한 Slice S/W을 활용 • CAD 파일 → stl 파일 → G-code 파일로 변환	• 출력을 위한 수많은 파라미터 및 기계적 조정 필요 • 필라멘트 및 출력 환경을 세팅하고 G-code 파일을 프린터에 장착하여 실행	• 3D Printer를 이용해 출력된 출력물을 전통방식에 의해 재가공

▲ 그림 5.1 3D 프린팅을 위한 단계

3D 파일 생성 단계는 말 그대로 3D 데이터를 만들어내는 단계이다. 이미 3장에서도 언급된 바와 같이 3D 모델 파일을 만드는 방법은 다양하게 존재한다. 실제로 신제품 개발이나 기업 활동을 하다 보면 상당 부분을 3D 데이터 확보에 시간을 보내게 된다. 3D 프린팅만을 위해서 3D 모델을 만드는 경우는 극히 없을 것이다. 그러나 제품 개발

을 위해서는 생산을 위한 다양한 공법을 이해하고 설계해야 한다. 실제로 금형을 만들거나 절삭 가공을 한다 하더라도 복잡한 제품의 경우 설계한 형상대로 만들지 못하는 경우도 발생한다. 생산에 미칠 수 있는 영향을 확인하고 설계에 고려한다면 생산에서의 비용을 혁신적으로 줄일 수 있다.

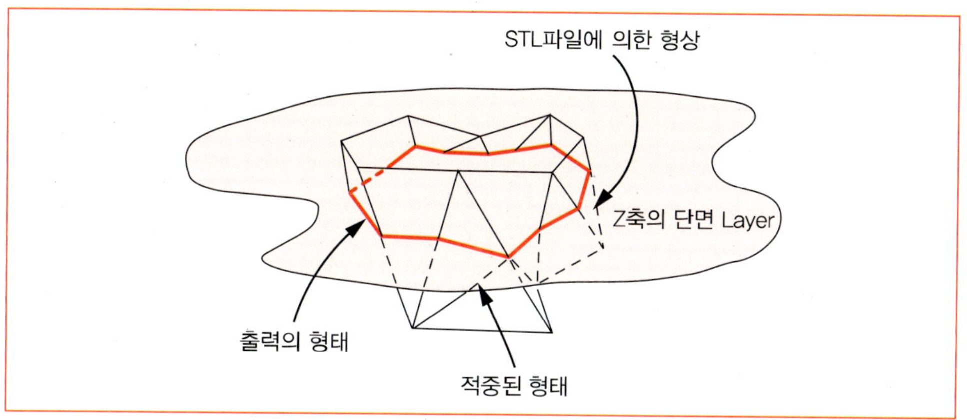

▲ 그림 5.2 Slice Layer에 의한 적층 형태(렙랩 홈페이지 발췌)

모델 단층화 단계는 3D 프린팅에서의 특징적 단계인데, 3D 프린팅의 기본적 사상이 바닥에서부터 한 층씩 쌓아 올라가는 형태이다. 물론 DLP와 같은 경우는 거꾸로 형상을 쌓는 경우도 있지만, 이 또한 한 층씩 쌓는 것으로 볼 수 있다. 그러므로 이전에 만들어진 3D 모델을 그대로 재현하기 위해서는 3D 프린터의 압출기에서 용융된 원재료를 한 층씩 쌓기 위한 단면 층(Layer)별 경로(Path)를 만들어낼 필요가 있다. 즉, 한 층을 쌓고 나면 그 위에 다시 한 층을 쌓고 또 그 위에 한 층을 쌓아나가는 형태로 이루어진다. 이러한 형태로 3D 프린터가 동작하기 위해서는 각 층별 경로가 중요한데 이러한 작업을 해주는 소프트웨어를 총칭하여 'Slicer'라고 하고 이런 작업을 하는 단계가 바로 모델 단층화 단계이다.

모델 단층화 단계에서는 Slicer를 활용하는데 다양한 소프트웨어가 있으며, Slicer는 3D 모델에서 각 Layer 별로 적층하기 위한 기계장치가 어떤 경로로 가야하는지와 온도설정, 속도 등을 제어하는 기본적인 명령어가 포함되어 있다. 이러한 명령어 모음의 파일 형태를 G-code라고 한다. G-code의 명령 체계를 어떻게 생성하는지에 따라서 객체가 어떻게 출력되는지에 큰 영향을 미치게 된다. G-code에 연관해서 명령을 수행하는 방법 등은 이후 Slicer 활용에서 상세히 다루기로 한다.

출력 단계는 실제 3D 프린터가 동작해서 원하는 형상의 3D 객체를 만들어내는 작업을 하는 단계이다. 눈에 보일 수 있는 실물을 만드는 작업으로 보면 된다. 출력을 위해서는 다양한 파라미터들의 조정이 필요하다. 실제 많은 연구자들은 파라미터들을 어떻게 조절해야 가장 훌륭한 품질의 출력물을 완성할 수 있는지에 대해서 연구를 하고 있다.

일반적으로 출력 단계에서 조절하는 것은 물리적인 내용과 소프트웨어 명령어에 대한 내용으로 구분된다. 소프트웨어적인 문제도 출력물에 많은 영향을 미치지만, 물리적인 조절은 실로 많은 영향을 미칠 수 있다.

한 예로 초기 베드와 노즐의 간격은 노즐 직경과의 상관관계가 매우 크며, 노즐에서 압출된 재료가 노즐의 직경과 유사할 경우 베드사이에 안착될 확률이 좋아진다. 그러나 간격이 좁을 경우에는 베드에 잘 붙어 있을 수는 있으나, 용융된 재료가 틈으로 삐져나와 베드에 넓게 형성이 된다. 간격이 넓을 경우에는 노즐에서 용출되어 베드에 쌓이긴 하나 베드에서 떨어질 확률이 높다. 그림 5.3은 노즐과 베드 간격에 의해 나타나는 현상을 도식화한 것이다.

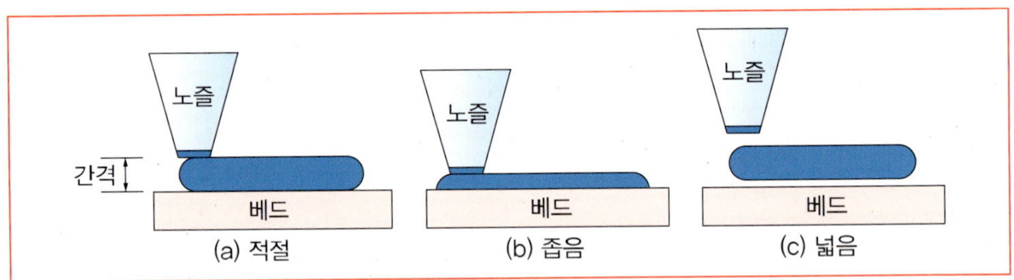

▲ 그림 5.3 노즐과 베드 간격에 의해 나타나는 현상

이러한 원인으로 인해 3D 프린팅 초기 첫 번째 Layer가 잘 형성되지 못하면 이후의 출력에도 다소 문제를 가져오게 된다. 그러므로 출력을 위해 노즐과 베드의 간격이 매우 중요하다.

또한 노즐은 온도와 베드의 온도 또한 첫 번째 Layer를 형성하는데 아주 중요한 요소이며 이러한 온도들은 이후에 적층 과정에서도 많은 영향을 주게 된다. 보다 상세한 사항은 출력 품질 부분에서 따로 다루도록 하겠다. 즉, 출력 단계에서는 다양한 파라미터 값들을 어떻게 조절하느냐에 따라 출력 품질에 상당한 영향을 미치게 된다.

완성(Done) 단계는 출력된 3D 프린터 출력물을 목적에 맞게 후가공 하거나 다듬어서 완성을 하는 단계이다. 일반적으로 3D 프린터에서 출력된 출력물은 서포터(Support)나 브림(Brim) 또는 라프트(Raft) 등을 포함하고 있는 경우가 많고 경로에 따라서 찌꺼기들이 붙어 있을 경우가 많다. 이런 것들을 제거하고 목적에 맞게 다듬는 작업이 제일 마지막 단계인 완성 단계이다.

위에서 알아본 바와 같이 3D 프린팅에서의 주요 단계는 4가지로 나누어 볼 수 있고, 각 단계에서 중요시 되는 부분들이 존재하므로 3D 프린팅 활용 시 주의를 기울여 출력한다면 우수한 품질의 3D 프린팅 출력물을 얻을 수 있다.

1.2 STL 파일이란?

3D 프린팅에서 사용하게 되는 STL 파일은 3D 시스템즈사가 1988년 지정한 인터페이스 표준 파일 포맷이다. STL 파일의 약자 STL의 의미는 세 가지로 지칭되는데, Surface Tessellation Language, Stereo-Lithography 또는 Standard Transform Language가 그 의미다. 하지만, 지금은 STereo-Lithography가 적절한 의미로 가장 많이 사용되고 있다.

STL 파일 포맷은 3D 시스템즈사에서 3D 프린터를 발명하던 초기 3D의 형상물을 장비로 전송 가능한 3차원 데이터로 만드는 방법을 연구하면서 개발되었다. 존재하는 형상의 표면을 분리 가능한 삼각형의 형태로 만들고 해당 삼각형이 만들어낸 꼭짓점에 대한 위치정보를 기록함으로써 형상화 시키는 방법을 사용하였다.

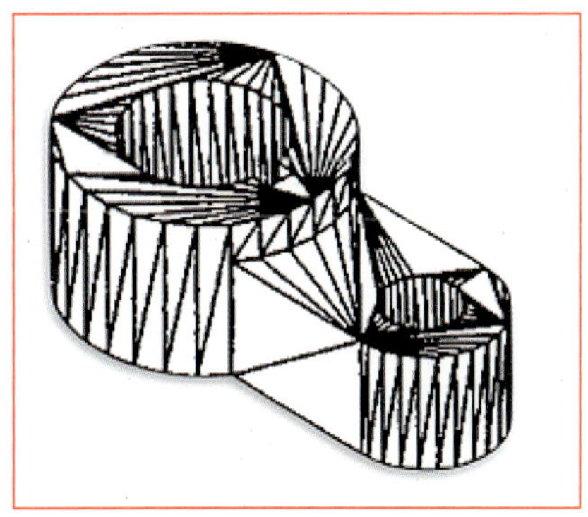

▲ 그림 5.4 STL파일 구조(렙랩 홈페이지 발췌)

이러한 방법은 데이터 형식이 간단하며 복잡한 CAD 시스템의 데이터형식과 플랫폼이 필요하지 않기 때문에 범용적으로 사용될 수 있다. 수학적으로 정의된 3D 모델은 최소개수의 점을 갖는 삼각면으로 구성된 Mesh 데이터의 형태를 띤다. 삼각형의 크기,

즉 그리드의 크기를 조절함으로써 보다 실체에 가깝도록 해상도의 조절이 가능하지만, 미세할수록 데이터의 크기는 급격히 증가하는 단점이 존재한다.

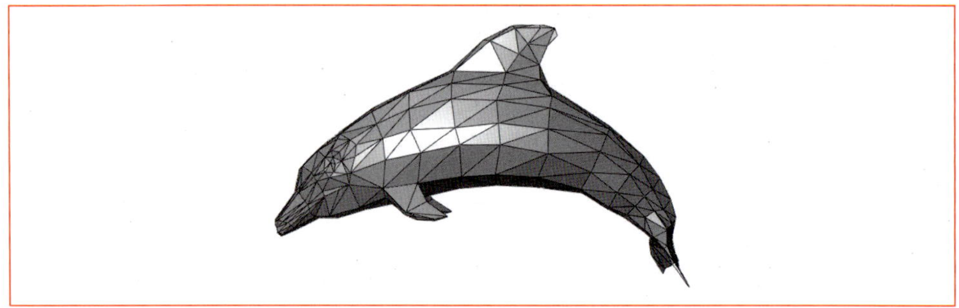

▲ 그림 5.5 Mesh 형태의 데이터 구조(렙랩 홈페이지 발췌)

STL 파일의 형식은 유한요소해석 시 구성하는 그리드 구분과 유사하며 물체의 표면을 작은 삼각형으로 그 삼각형들을 적절히 배치함으로써 실제 모형에 근접한 형상을 만든다. 이러한 방식의 모델을 면화모델이라고 한다.

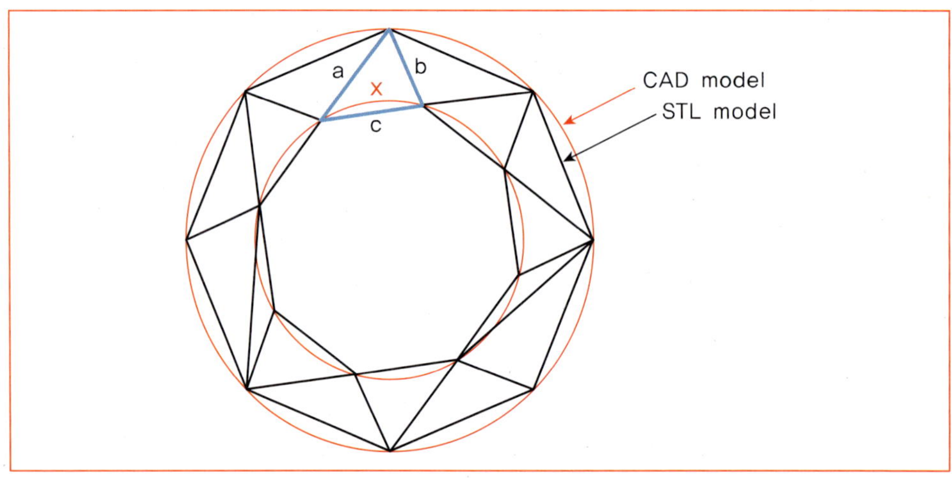

▲ 그림 5.6 CAD 모델과 STL 모델(렙랩 홈페이지 발췌)

CAD에서 작성된 3D 모델과 STL 형식의 모델을 비교하면 약간의 차이가 존재한다. 예를 들어 도넛 형태의 2차원 도면이 존재한다면, 이러한 형태의 CAD 3D 모델은 중심점을 기준으로 원형을 그려주는 형태로 작성이 되어 아주 매끄러운 원의 형태를 띠게 된다. 하지만, STL 형식의 모델은 삼각형의 형상을 이어 만든 형태로 도넛을 표현하게 된다. 그림 5.6에서처럼 CAD 모델과 STL 모델은 극명하게 차이가 남을 알 수 있다. 하지만, STL 형식 모델의 그리드 간격을 줄일수록 CAD 모델에 가까운 형태가 될 것이다. 즉, STL 형식 3D 모델의 정밀도를 높이기 위해서는 CAD에서 요구하는 정밀도 이내로 STL 그리드를 조절하면 원하는 목적을 이룰 수 있게 된다.

이미 언급한 바와 같이 STL 파일은 삼각형의 꼭지점에 해당하는 값을 가지게 되면 그 목적을 충분히 달성할 수 있다. 그래서 STL 파일은 이진법(binary)형식과 ASKII 코드 형식의 두 가지 방법으로 존재한다. 두 가지 모두 삼각형의 위치좌표를 기록하는 방식을 같지만, ASKII 코드를 이용할 경우 파일의 용량이 커지는 단점이 있어 이진법 형식이 주로 사용된다. 이러한 STL 파일은 파일형식의 결함이 많고, 위상(Topology) 정보의 부족, 대용량의 데이터, 데이터의 에러 문제 등을 수반한다. 그리하여 STL2.0, amf 파일 형식도 단점을 보완해서 발전해왔고, 향후는 3mf 형식이 대세를 이룰 것으로 생각되지만, 아직은 3D 프린팅을 위한 표준 형식은 STL 형식이다.

1.3 CAD에서 STL 파일 생성

3D 파일 생성 단계에서 만들어진 3D 모델링 파일을 3D 프린터에서 출력하기 위해서는 3D 프린터가 인식 가능한 형태의 파일인 G-code로 변환을 해야 한다. 그러나 Slicer에서 인식하는 파일의 형태는 CAD 형식의 파일 중에서 .stl 파일 포맷, .obj 파일 포맷, .dae 파일 포맷 등이 있다. 이러한 파일들은 솔리드로 설계된 Mesh 형태이며 G-code로 변환시켜서 동작시킬 수 있는 파일의 형태이다. 우리가 많이 사용하는 Dassault system, Autodesk, PTC, Siemens 등에서 지원하는 CAD 프로그램의 경우에는 내보내기의 기능 중 .stl 파일 포맷을 지원한다. 몇 가지 예를 들어 .stl 파일을 생성해 내는 방법을 설명하고자 한다.

이미 3장에서 3D 모델링에 대한 설명이 어느 정도 있었고, 이에 따라 만들어진 3D 모델이 존재하겠지만, 이번에는 ROBOTIS TurtleBot3의 주요 부품인 Waffle의 3D 모델 파일을 예로 들겠다. 3D 모델을 만들어내는 행위는 상당히 오랜 시간과 노력이 필요하다. 그러므로 유사한 연구를 하는 사람들의 모임을 통해 다양한 아이디어나 기존의 3D 모델을 활용하는 것도 좋은 방안이 될 수 있다. 그로 인해 표준화로 자리 잡기도 한다. ROBOTIS TurtleBot3의 Waffle 부품의 3D 모델링 파일은 STEP 표준 파일로 제공되고 있다. STEP 표준 파일은 다양한 CAD에서 불러서 수정 또는 변환해서 사용할 수 있는 장점이 있다.

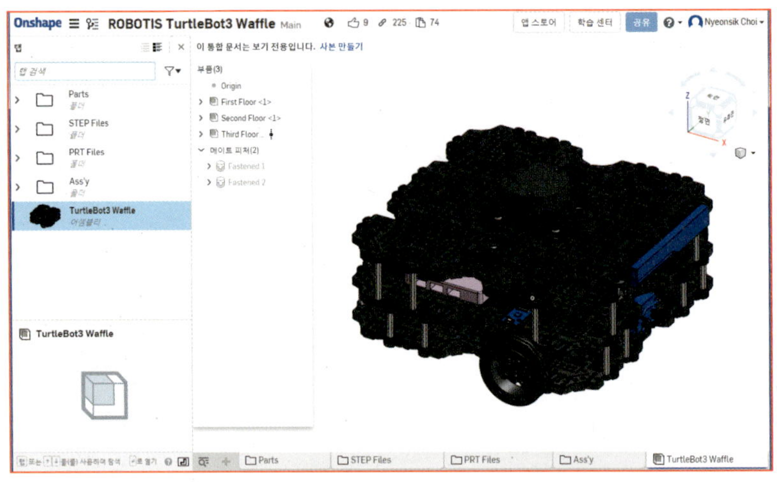

▲ 그림 5.7 Onshape에서 제공하는 ROBOTIS TurtleBot3 모델링 파일

파일을 다운로드 하기 위해서는 www.onshape.com을 방문한다. 이곳에는 다양한 3D 파일들이 존재하는데 원하는 파일을 찾아야 한다. 찾기를 통해 검색어를 입력한 후 찾는 것이 현명한 방법이다.

여기서는 'Waffle'을 입력해서 TurtleBot3의 Waffle을 선택한다. 선택된 자료에는 많은 내용이 제공되고 있으며 그 중에서 "Step Files"에서 원하는 파일을 다운로드 한다.

다운로드 받은 Waffle 파일을 3장에서 학습한 바 있는 Inventor로 불러와서 원하는 형태로 수정하였다. 이러한 작업은 대부분의 CAD 소프트웨어에서 가능하며 3장에서 언급한 Dassault systems, Autodesk, PTC, Siemens 등에서 제공하는 CAD는 STEP 표준을 따르고 있다.

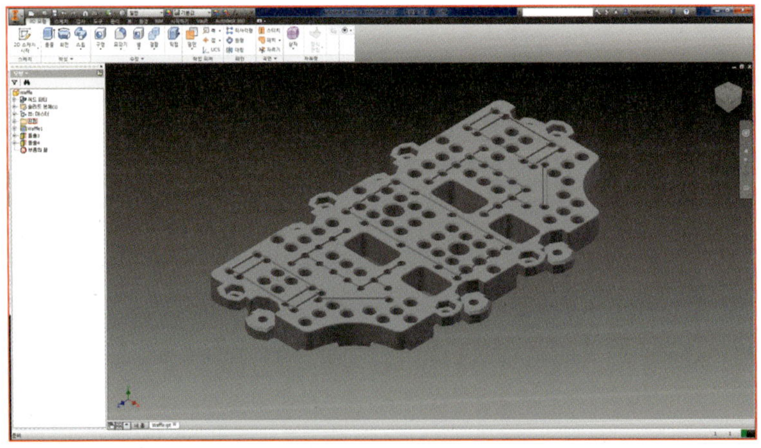

▲ 그림 5.8 Inventor에서 수정한 Waffle 3D 모델

3D 모델 파일을 원하는 형태로 수정했으면, 이제 Slicer 프로그램이 인식할 수 있는 .stl 파일 포맷, .obj 파일 포맷, .dae 파일 포맷 등으로 저장해야 한다. 우선 좌측 상단의 Inventor 표시 마크인 “I” 아이콘을 클릭하면, 아래로 “내보내기” 메뉴가 나타난다. “내보내기” 메뉴를 클릭하면 우측으로 몇 가지 선택할 수 있는 화면이 나타나는데, 여기서 “CAD 형식”을 선택한다.

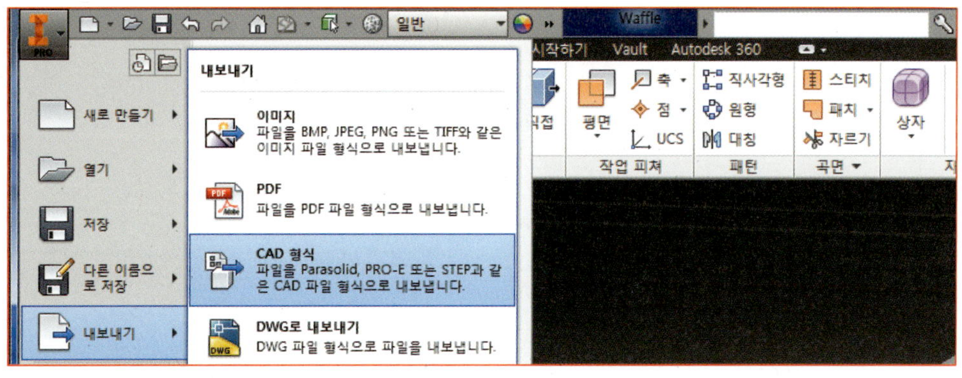

▲ 그림 5.9 STL 파일 형식으로 저장하기 위한 메뉴

Slicer에서 인식하는 파일도 실제 CAD형식의 파일이다. 솔리드모델링으로 작성된 3D 모델링 파일이더라도 Mesh 형태로 되어 있어서 각각을 층별로 나눌 수 있어야

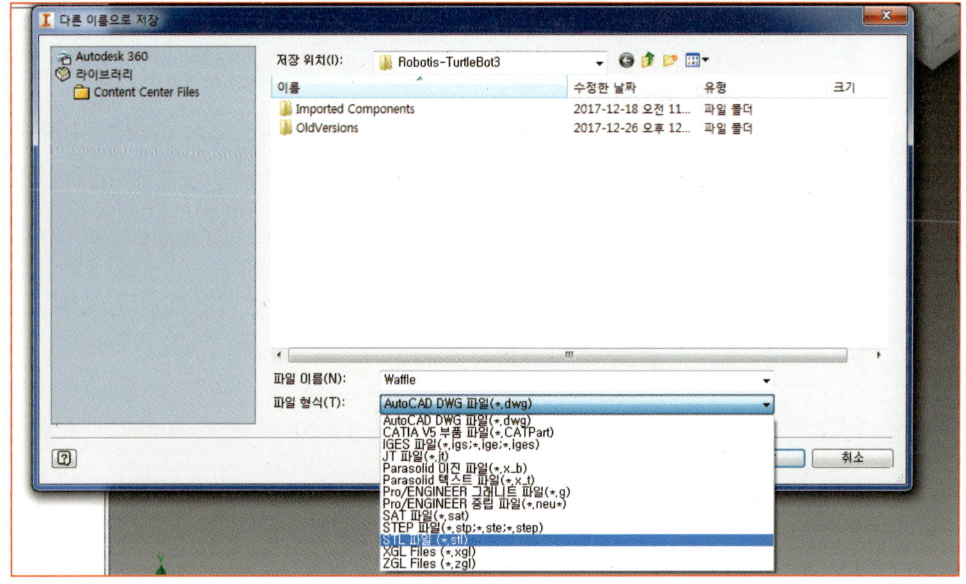

▲ 그림 5.10 파일 형식의 선택

Slicer를 이용해서 작업할 수 있다. 그래서 CAD 형식의 파일이더라도 몇 가지 제약을 가진다. 상기의 메뉴를 선택하게 되면 그림 5.10과 같이 '다른 이름으로 저장'이라고 색인된 화면이 나타난다.

여기서 Slicer가 인지할 수 있는 파일 형식을 선택해 주어야만 한다. 가장 많이 사용되는 파일 형식이 STL 파일 형식이다. 물론 .obj 나 .dae 파일 포맷도 가능하지만 지원하지 않는 Slicer가 있으므로 STL 파일 형식을 사용한다. 파일이름을 정하고, 파일형식을 STL 파일로 변경한 후 저장하면 쉽게 STL 파일 형식으로 변경된 내용이 저장된다.

또 다른 예로 AutoCAD에서 STL 파일로 저장하는 방법을 알아보자. AutoCAD에서는 통상 .dwg 파일이 사용된다. 다른 CAD 프로그램이라고 하더라도 그 용도에 맞게 제작을 해서 변환해서 작업을 할 수 있다.

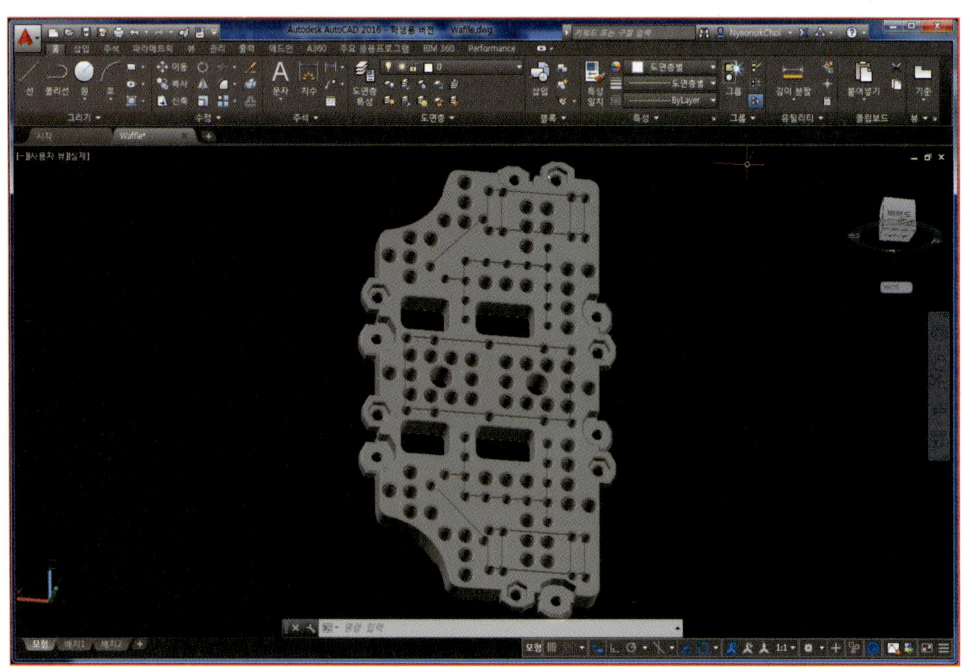

▲ 그림 5.11 AutoCAD에서의 3D 모델

작업하거나 불러온 파일은 AutoCAD 프로그램 상에 존재하고 이를 Inventor에서와 마찬가지로 STL 파일 형식으로 저장하여 3D 프린팅 준비를 한다. AutoCAD에서는 좌측 상단의 "A" 아이콘을 클릭하면 "내보내기"가 나타나고, "내보내기"를 클릭하면 우측으로 상자가 열리면서 "다른 형식으로 내보내기" 창이 하나 뜬다.

이때 "기타 형식"을 클릭하면 "데이터 내보내기" 창이 뜨게 된다. 원하는 파일 이름을 정하고 파일 유형을 지정해야 하는데, "리쏘그라피(*.stl)"를 선택한 후 저장 버튼을 누르면 쉽게 STL 파일 형식으로 저장할 수 있다. 리쏘그라피는 앞에서 설명한 바와 같이 STL 파일을 의미한다.

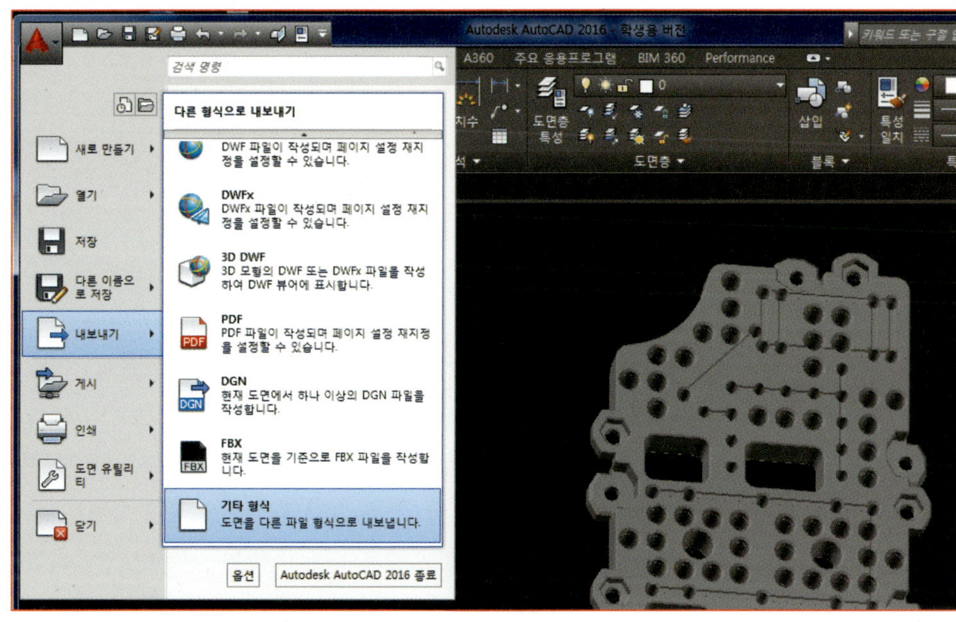

▲ 그림 5.12 STL파일 형태로 저장하기 위한 메뉴

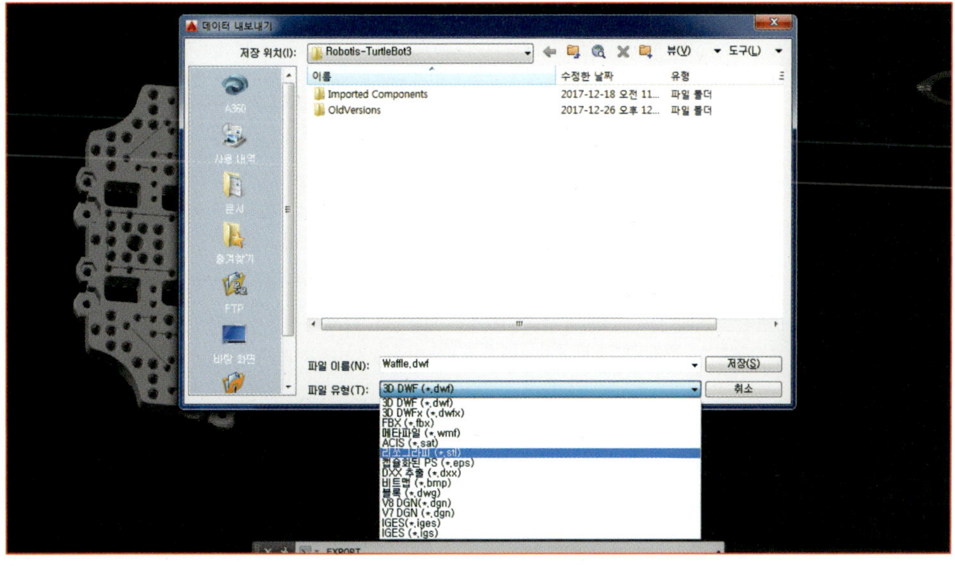

▲ 그림 5.13 파일 유형의 선택

사용자는 다양한 CAD프로그램을 사용하고, 설계된 3D 형상의 모델 파일을 3D 프린터로 출력해내기 위해서는 STL 파일의 형식으로 저장함으로써 STL 파일을 만들어 낼 수 있다. 이는 CATIA, ProE, Creo, NX, AutoCAD, Inventor 등 거의 모든 CAD에서 STL 파일의 내보내기를 지원하고 있다.

2. 슬라이싱 소프트웨어 활용

2.1 G-code 개요

STL 형식의 파일로 작성된 3D 모델을 3D 프린터에서 아래에서 위로 한 층씩 적층하기 위해서 다양한 방법이 연구되었다. 그 중에서 가장 많이 사용되는 형태가 G-code인데, G-code는 G-code, G 프로그래밍 언어 혹은 RS-274 규격 등으로 불리며, 대부분의 수치 제어에서 사용되는 프로그래밍 언어로서, 자동제어 공작기계를 통한 컴퓨터 지원 제조에 주로 사용된다. 근본적인 측면에서, G-code는 사람이 컴퓨터화된 공작기계에 어떤 것을 어떻게 만들지를 명령하는데 사용하는 언어이며, 어떻게 만들지는 공작기계의 도구가 어디로 움직일지, 어떤 속도로 움직일 것인지로 정의된다. 대부분의 상황에서 절삭 도구나 광택 도구, 3D 프린터의 노즐 등이 이동하는 경로 혹은 속도 등을 표현할 수 있다.

초기의 수치제어(Numerical Control, NC) 공작기계는 공작기계에 종이테이프로 수치를 시스템에 입력하는 것으로 모터의 동작을 제어하도록 되어 있었다. 1801년에 프랑스의 자카르(Joseph Marie Jacquard)에 의하여 펀치 카드에 의한 직물 기계의 무늬 제작기계를 발명하면서 공작기계의 자동화가 비롯되었다. 1947년 퍼슨(John T. Parsons)이 미국 공군의 헬리콥터 날개 윤곽을 검사하기 위한 게이지를 가공하는 기계를 개발하는 일에 종사하면서 자신이 고안한 NC 개념의 공작 기계 개발을 제안하면서 NC의 개념이 탄생하게 되었다.

1940년대부터 1950년대에 서보메커니즘(Servomechanism)을 도입하고 아날로그 컴퓨터나 디지털 컴퓨터가 내장되면서 수치제어(Computerized Numerical Control, CNC) 공작기계가 되었고, 설계 및 생산 공정에 대 변혁이 이루어졌다. 미국 공군은 1948년 NC에 관한 가능성을 검토하였고, 1949년 매사추세츠 공과대학의 연구팀이 3년간의 연구 끝에 1952년 밀링 머신에 NC 장치를 설치한 것이 최초의 진공관식 NC (CNC) 공작기계이다. 일본은 1957년 도쿄 공업대학에서 NC 선반 개발을 성공하였으며, 대한민국에서는 1973년 한국과학기술원에서 연구를 시작하여 1977년 국산 1호기가 출품되었다.

이러한 CNC 공작기계에서 사용하는 명령어의 조합들이 G-code의 기준이 되었다. CNC에 있어 G 기능은 준비기능으로써 명령어 앞에 "G"를 사용하고 이하 2단의 수치로 구성함으로써 그 Block의 명령이나 의미를 지시한다.

G-code는 코드를 통해 명령이 실행된다. G-code의 명령어 체계는 일반적으로 한 개의 알파벳과 숫자의 조합으로 이루어져 있다. 한 개의 알파벳을 어드레스라고 하고 이 어드레스에 따라 명령체계가 갖추어져 있다.

렙랩 펌웨어가 사용하는 G 코드는 임의 형상 제작(Freeform fabrication, FFF) 공정을 사용하는 부가적인 제작방식을 지원한다. 3D 프린터 헤드(압출기)의 이동을 위한 코드는 NIST RS274NGC G 코드 표준을 따르므로 렙랩 펌웨어는 CNC 밀링 및 이와 유사한 응용 분야에도 매우 유용하다.

3D 프린팅을 위해서 G-code를 준비하는 방법에는 몇 가지 다른 방법이 있다. 우선 처음으로 Slic3r, Skeinforge 또는 Cura와 같은 슬라이서 프로그램을 사용해서 G-code를 생성하는 방법이다. 이러한 프로그램들은 CAD 모델을 가져와서 레이어로 분할하고 각 레이어를 인쇄하는 데 필요한 G-code를 생성해준다. 이러한 슬라이서 프로그램들은 3D 모델에서 각 부품단위 인쇄를 위한 가장 쉬운 방법이지만, 사용자는 이를 사용할 때 슬라이서 소프트웨어에 지정되어 있는 형태로만 3D 프린팅이 가능하여 유연성이 떨어지게 된다.

G-code 생성을 위한 또 다른 방법으로는 Mecode와 같은 하위 레벨 라이브러리를 사용하는 것이다. Mecode는 G-code를 생성하기 위한 오픈소스 라이브러리이다. 이는 파이선(Python)으로 작성되어 있으며 MIT 라이센스 규약에 따라 라이센스가 부여된다. Mecode와 같은 라이브러리는 도구 경로를 정밀하게 제어할 수 있으므로 일반적이고 평범한 3D 형상물의 제작에는 적합하지 않을 수 있지만, 복잡한 3D 형상물을 프린팅 하는 데는 아주 유용할 수 있다. 마지막 옵션은 G-code를 직접 작성하는 것인데, 프린터를 교정하기 위해 몇 개의 테스트 라인을 실행해야 하는 경우 이 방법이 최선의 방법 일 수 있다.

일반적으로 렙랩 시스템에 보내지는 전형적인 G-code는 다음과 같은 형태를 띤다.

```
N3  T0*57
N4  G92  E0*67
N5  G28*22
N6  G1  F1500.0*82
N7  G1  X2.0  Y2.0 F3000.0*85
N8  G1  X3.0  Y3.0*33
```

G-code는 SD 카드의 파일에 별도로 저장할 수도 있다. 렙랩 G-code가 들어있는 파일의 확장자는 일반적으로 .g, .gco 또는 .gcode이다. 또한 BFB/RapMan에 대한 파일의 확장자는 .bfb이다. 슬라이서에 의해 생성되거나, 어떤 형태로든 만들어진 G-code의 형태는 다음과 같이 나타난다.

```
G92 E0
G28
G1  F1500
G1  X2.0 Y2.0 F3000
G1  X3.0 Y3.0
```

전형적 G-code는 "N"으로 시작하는 라인번호를 가지며, 끝단에 "＊숫자"의 형태(＊을 체크섬이라 부름)로 라인을 마무리한다. 하지만 슬라이서에 의해 저장된 형태의 G-code는 시작과 끝부분에 G-code스크립터를 추가하여 조금 더 심플한 형태로 구성된다. G-code는 특정 펌웨어마다 특성이 있어 그에 알맞은 형태의 G-code를 구현해야 한다.

렙랩의 G-code는 공백이나 줄바꿈으로 필드를 구분한다. 필드는 명령, 매개 변수 또는 기타 특수한 목적으로 해석될 수 있다. 하나의 문자 뒤에 숫자가 오거나 독립형 문자 일수도 있다. 렙랩에서 사용하는 명령의 문자와 의미하는 바는 앞의 알파벳 대문자의 경우 플래그의 개념이고, 뒤의 "nnn"은 숫자로 정수 또는 소수일 수도 있다. 하지만, 때에 따라서는 정수로만 작성되어야 하는 경우도 있다. 체크섬은 줄의 마지막 필드여야 하지만, 주석 앞에 있어야 하며 저장된 G-code의 경우 일반적으로 생략된다. 펌웨어는 체크섬과 로컬의 값을 비교하여 서로 다르면 반복 수행을 요청하게 된다.

G-code 사용에 대한 간단한 예를 들면,

- G0 : 신속한 선형 이동 명령
- G1 : 선형 이동 명령

이 두 명령을 사용하려면 다음과 같은 구문을 사용해서 정의할 수 있다.

- G0 Xnnn Ynnn Xnnn Ennn Fnnn Snnn
- G1 Xnnn Ynnn Xnnn Ennn Fnnn Snnn

여기서 매개변수 Xnnn의 경우 X축으로 이동하기 위한 좌표를 이야기 하며, Ynnn의 경우 Y축으로 이동하기 위한 좌표를, Znnn은 Z축으로 이동하기 위한 좌표를 표시한 것이다. Ennn의 경우는 시작 지점과 끝지점 사이에서 용융된 재료를 압출하는 명령이다. Fnnn의 경우는 출발 지점과 도착 지점까지의 분당 압출 재료의 공급 속도를 정의하며, Snnn은 엔드스톱이 맞았는지 확인해주게 된다.

실제 예를 들면,

```
G0 X12                  ; X 축에서 12 mm 이동
G0 F1500                ; 분당 1500 mm로 재료 공급
G1 X90.6 Y13.8 E22.4    ; X축으로 90.6 mm, Y축으로 13.8 mm 이동하면서
                          22.4 mm 만큼 성형물을 압출
```

이와 같이 구문을 활용한 G-code를 이용해서 렙랩 3D 프린터는 동작하게 된다.

가장 일반적인 구문인 G명령어와 M명령어에 대한 사항만이라도 기본적으로 이해하면 3D 프린터를 제어하는데 상당한 도움이 될 것이다. 또한 다음에 공부할 슬라이서의 머릿단과 꼬리단의 구문을 이해하는데도 도움이 된다.

표 5-1 G-code 명령형식 및 의미

명령형식	의 미
Gnnn	표준 G-code 명령어(예 : 지정 위치로 이동)
Mnnn	렙랩 정의 명령(예 : 냉각 팬 켜기)
Tnnn	도구 선택 명령(렙랩에서는 하나 이상의 압출기 지정)
Snnn	명령 매개 변수(예 : 시간(초), 온도, 모터의 전압 등)
Pnnn	명령 매개 변수(PID 조정과 관련된 속도 및 K_p 등)
Xnnn	X좌표로 이동(정수 또는 소수일 수 있음)
Ynnn	Y좌표로 이동(정수 또는 소수일 수 있음)
Znnn	XZ좌표로 이동(정수 또는 소수일 수 있음)
U,V,W	추가 축 좌표(렙랩 펌웨어에 적용)

Innn	매개 변수(PID 조정에서 원호 이동시 X-offset, K_i 적분값)
Jnnn	매개 변수(PID 조정에서 원호 이동시 Y-offset)
Dnnn	매개 변수(PID 조정에서 직경, K_d 미분값)
Hnnn	매개 변수(PID 조정에서 히터)
Fnnn	분당 mm단위의 압출기 이동 속도
Rnnn	매개 변수(온도)
Qnnn	사용하지 않음
Ennn	압출 성형물의 길이(X, Y, Z와 동일한 길이로 압출 하도록 함)
Nnnn	라인 번호(통신 오류의 경우 반복 전송 요청시 사용)
* nnn	통신오류를 검사하는데 사용

2.2 슬라이싱 소프트웨어의 개요

3D 프린터를 구동하기 위해 작성되는 G-code는 몇 가지 다른 방법에 의해 만들어질 수 있다고 언급한 바 있다. 그 중 가장 먼저 이야기했던 방법은 'Slic3r', 'Skeinforge' 또는 'Cura'와 같은 프로그램을 사용하는 것이다. 우리는 이러한 프로그램들을 슬라이서 또는 슬라이싱 소프트웨어라고 부른다. 이런 종류의 소프트웨어는 CAD 모델을 가져와 G-code를 생성해주게 되는데, G-code에 대해서 이미 공부한 바와 같이 각종 3D 프린터의 펌웨어에 따라 G-code의 동작 방식이 상이하게 된다. 그러므로 이러한 슬라이서를 활용할 때는 정확한 3D 프린터, 즉 하드웨어의 사양을 알고 슬라이서를 세팅한 이후에 G-code를 생성해내야 한다. 뿐만 아니라 3D 프린터를 만드는 많은 회사들이 존재하고 그들조차도 새로운 기능을 구현하고자 하는 경향이 강하기 때문에 하드웨어뿐 아니라 그 펌웨어의 버전에 따른 형식에 적합한 G-code를 사용해야 한다.

회사들 마다 자신의 고유한 슬라이서들을 다양하게 내놓고 있지만 그 중 가장 많이 사용하는 슬라이서를 몇 가지 소개하겠다. 2013년에 포스팅 된 내용에 의하면 Slic3r이 50% 이상 사용되고 있고 Skeinforge, KISSlicer가 각각 10%대로 사용되고 있는 것으로 나타났다. 하지만, 오픈 소스로 최근 많이 이용되고 있는 소프트웨어는 Cura이며, 특히 국내에서 많이 이용되고 있다.

1) 큐라

큐라(Cura)는 데이비드(David Braam)의 단층화 공구 경로(Slicer Toolpath)에 대한 3D 모델로 무료 오픈 소스 소프트웨어이다. Ultimaker사는 데이비드를 고용했고, Ultimaker사가 지원 및 관리하고 있다. 큐라는 Ultimaker 및 대부분의 3D 프린터에 사용되고 있다. 큐라는 자체적인 Slicing 엔진, G-code 발생자 및 기타 도구를 사용하여 3D 프린팅을 위한 올인원(All in one) 솔루션을 제공한다. 또한 모든 구성 요소를 독자적으로 사용할 수 있다. 그러다 보니 다양한 3D 프린터 제조사에서 그들만의 큐라로 수정(Modify)해서 제공되기도 한다. 새로운 릴리즈가 출시되면 Ultimaker 홈페이지(http://software.ultimaker.com)를 통해 다운로드를 제공하고 있다. 사용자화면(Graphical user interface, GUI) 소스와 슬라이싱 엔진 소스는 GitHub (https://github.com)를 통해 찾을 수 있다. 큐라는 오픈 소스로 가장 많이 활용되고 있는 슬라이서 중의 하나이므로 이후 자세하게 알아보도록 하겠다.

2) SFACT와 Skeinforge

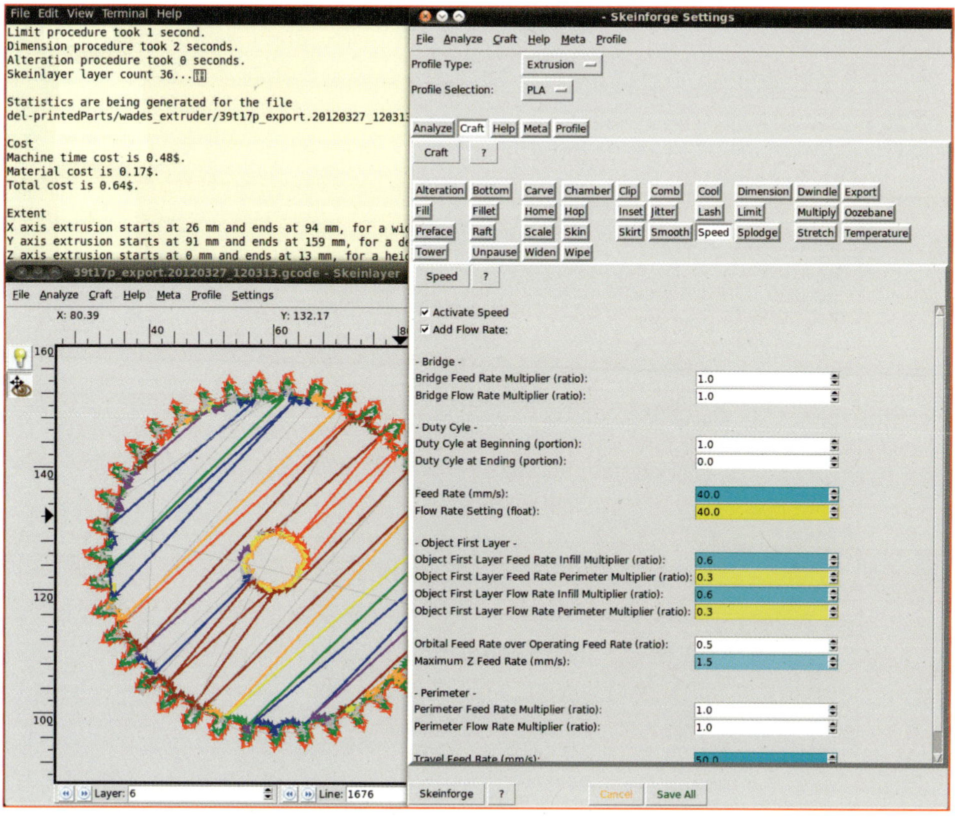

▲ 그림 5.14 Skeinforge 화면(렙랩 홈페이지 발췌)

Skeinforge는 파이썬(Python) 프로그래밍 언어로 작성되어있다. Skeinforge를 실행하려면 파이썬이 필요하다. 파이썬은 1991년 네덜란드 프로그래머인 귀도 반 로섬(Guido van Rossum)이 설계한 인터프리터식(Interpreter) 언어이다. 인터프리터식 언어인 파이썬은 여러 가지 장점을 가지고 있는 프로그램 언어이며 크로스 플랫폼을 지원하기 때문에 윈도우, 리눅스, 유닉스, 맥 등의 환경에서도 이용할 수 있다. 파이썬으로 만들어진 Skeinforge 또한 다양한 플랫폼(윈도우, 리눅스, 유닉스, 맥 등)에서 운용될 수 있다는 장점이 있다.

SFACT는 Skeinforge를 보다 실용적이고 조정하기 쉽도록 수정된 프로그램이다. 프로그램 안의 자체 sfact_settings 디렉토리를 사용하기 때문에 과거의 Skeinforge 설정 그대로 사용할 수 있다. Skeinforge보다 사용하기 쉽고 기본 설정으로 품질 좋은 3D 출력물을 얻을 수 있다. G-code 확장자는 .gmc를 사용한다.

3) Slic3r

Slic3r은 디지털 3D 모델을 3D 프린터용 구성으로 변환하는데 필요한 도구이다. 3D 모델을 수평 슬라이스(Layer)로 자르고 도구 패스를 작성하여 돌출할 재료의 양을 계산한다. Slic3r 개발 프로젝트는 2011년부터 시작되었다. 코드와 알고리즘은 다른 이전

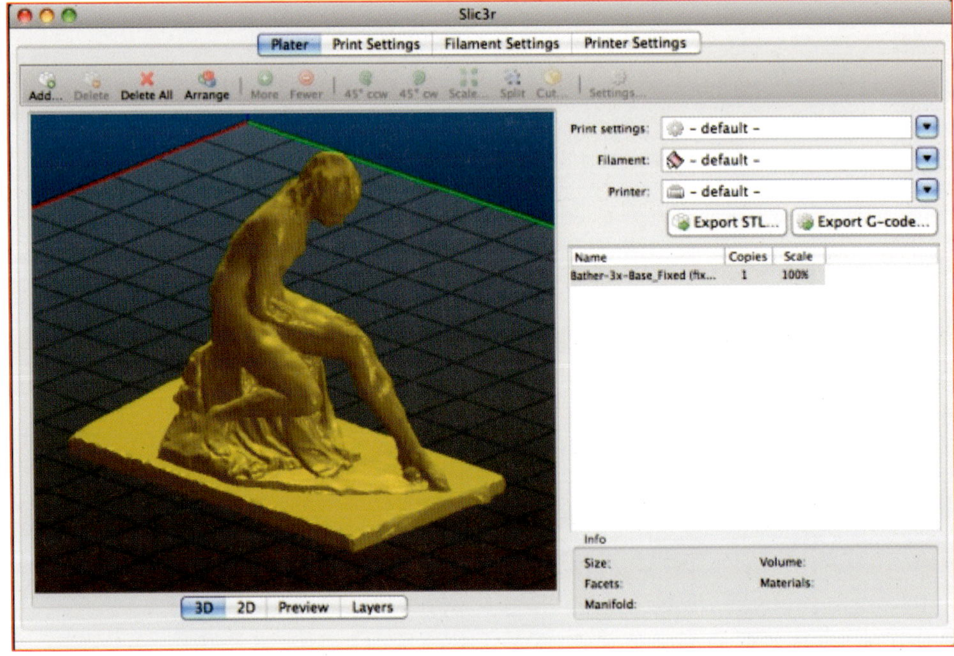

▲ 그림 5.15 Slic3r 화면(렙랩 홈페이지 발췌)

의 형태를 기반으로 하지 않고 독자적으로 설계했는데, 코드의 가독성과 유지 보수성이 설계 목표 중 하나였다. Slic3r은 가장 중요한 호스트 소프트웨어 패키지와 함께 번들로 제공되며 세계 거의 모든 주요 3D 프린터 회사에서 자금을 지원 받을 만큼 확대되었다.

비영리 단체로 운영되는 프로젝트인 Slic3r의 개발을 통해 다중 압출기, 가장자리 접착, 마이크로 레이어, 브리지 처리, 커맨드 라인 슬라이싱, 가변 레이어 높이, 순차적 인쇄, 벌집형상 채우기, 메쉬 절단, 부품 분할, AMF 지지대, 교차 경계선 방지, 고유 토출 폭 등 많은 기능들이 소개되었으며, Slic3r은 GitHub에서 공동 작업하는 사람들의 커뮤니티를 기반으로 새로운 기능을 토론하고 테스트한다. 전 세계 수만 명의 사람들이 사용하고 있으며, 790개가 넘는 분야가 있는 비영리 프로젝트이다. 3D 프린팅은 렙랩 커뮤니티가 탄생한 이래 비즈니스가 되었지만 3D 프린팅을 무료로 유지하고자 하며 Slic3r은 단일 공급 업체가 주도하지 않는 프로젝트이다.

Slic3r은 다음과 같은 특징을 가지고 있다.

① 개방형 완전히 공개된 소스이며, 상업용 회사 또는 프린터 제조업체와 독립적으로 3D 프린팅을 자유롭고 개방적으로 유지한다.

② 호환 모든 알려진 G 코드 형식(마르린, 리피터, Mach3, LinuxCNC, Machinekit, 스무디, Makerware, Sailfish)을 지원한다.

③ 진보된 구성 많은 구성 옵션으로 미세 조정 및 완전 제어가 가능하다. 초보 사용자는 옵션이 거의 필요하지 않지만 Slic3r은 주로 고급 사용자가 사용한다.

④ 커뮤니티 중심 새로운 기능이나 문제는 GitHub 저장소에서 논의되며, 기능을 향상시키고 있다.

⑤ 강력함 코드베이스에는 6년 동안 개발된 1,000개 이상의 단위 및 회귀 테스트가 포함되어 있다.

⑥ Modular Slic3r의 핵심은 libslic3r이며, 세분화 된 API와 재사용 가능한 구성 요소를 제공하는 C++ 라이브러리이다.

⑦ Embeddable 완벽하고 강력한 명령 줄 인터페이스로 쉘에서 Slic3r을 사용하거나 서버 측 응용 프로그램에 통합할 수 있다.

Slic3r은 MacOS X, Windows 및 Linux용 사전 컴파일 된 패키지로 제공(http://slic3r.org)된다. Slic3r의 핵심은 C++로 작성되었으며, 일부 높은 수준의 흐름에 대한 추상화, GUI 및 테스트에는 Perl이 사용되었고, GitHub에서 소스 코드가 제공되고 있다.

4) KISSlicer

KISSlicer는 최초 개발 시, 간단한 설정을 통해 누구나 쉽게 3D 프린팅을 할 수 있게 만들기 위한 수단으로 개발이 진행되었다. 정밀도를 높이고 3D 프린팅의 기술적 측면에 주력함으로써 KISSlicer는 새롭고 까다로운 재료를 적절하게 잘 처리하면서 다양한 프린터 유형, 인쇄 스타일 및 메쉬 토폴로지(Mesh topology)를 따라 잡을 수 있는 기능과 옵션을 추가로 제공하고 있다. KISSlicer 사용자가 슬라이서에서 사용할 수 있는 가장 복잡한 기능 중 일부를 가지고 있기 때문에 KISSlicer가 "Keep It Simple Slicer"를 표명할 수 없다는 점을 한편으로 이야기하기도 한다. 모든 사용자가 필요로 하는 모든 기능을 슬라이서로 통합하면서 가능한 한 간단하게 유지하는 것은 결코 쉽지 않은 일이다. 하지만 KISSlicer는 다양한 기능을 포함함에도 불구하고 쉽게 사용할 수 있도록 UI를 구성하고 있다.

KISSlicer는 몇 분 만에 인쇄할 수 있도록 설계된 일련의 프로필 마법사로 무장되어 있다. 일단 기초가 마련되면, KISSlicer는 단일 인쇄에서 재료 설정을 정밀하게 조정할 수 있는 조정 마법사를 제공한다. 이를 통해 빠르고 정확하게 인쇄가 가능하다.

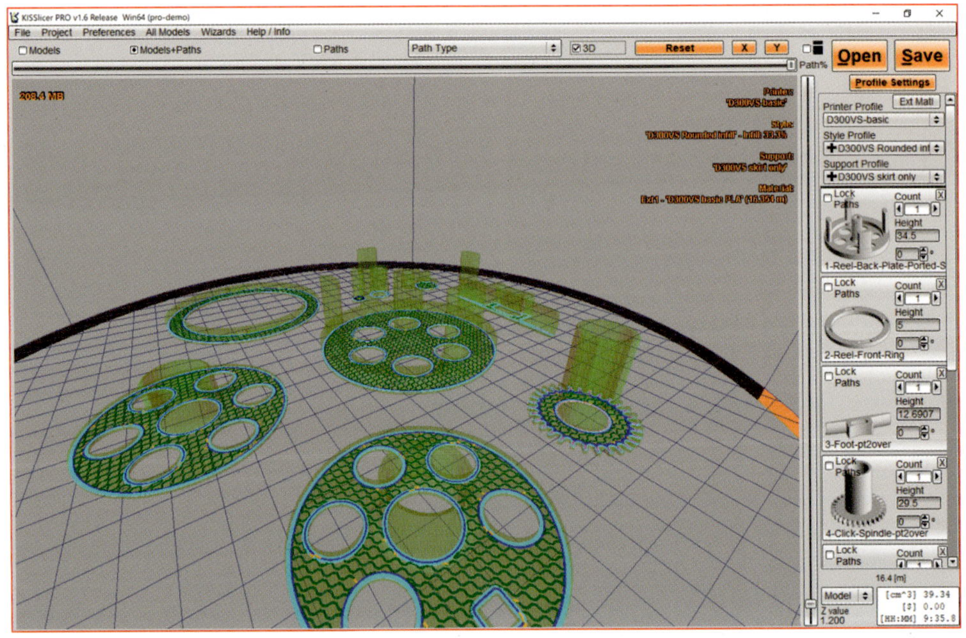

▲ 그림 5.16 KISSlicer 화면(렙랩 홈페이지 발췌)

▲ 그림 5.17 KISSlicer로 3D 프린팅한 컬러 출력물

상업용으로 지원되는 Pro 버전은 다중 압출기(Multi-extruder)를 지원하며, 컬러 인쇄가 가능하도록 개발되어 있다. 적응형 레이어 높이, 동적 증착, 압출기 우선순위, 스타일 변경 기능 등이 결합되어 기술적으로 까다로운 3D 프린팅에 대한 아름답고 정확한 G-code의 생성이 가능하다.

5) 기타 Slicer

소개된 Sllicer 외에도 다양한 유사한 기능을 가진 프로그램들이 있는데, 렙랩에서 개발하고 있는 RepRap Pro Slicer와 Grid 형태의 공간을 지원하는 Kiri 및 E3D 등의 Slicer 프로그램들이 존재한다. 이러한 프로그램들은 CAD나 Graphic 소프트웨어로부터 3D 모델링 된 파일들을 3D 프린터에서 활용할 수 있는 G-code의 형태로 변환시켜 출력시킬 수 있도록 해 준다.

2.3 큐라 설치 및 실행

다양한 Slicer 프로그램들이 있지만, 시제작품 제작을 위해 더 나은 출력물을 제공하기 위해서는 각각의 특징에 맞은 Slicer를 준비하고 운용하는 것이 좋다. 실제로 가장 많이 쓰이는 Slic3r와 상용업 버전인 KISSlicer가 출력 품질면에서는 우수한 것으로 파악이 된다. 큐라의 경우 국내에서 많이 사용되고 있는데, 다운로드 및 설치가 쉽고 직관적 인터페이스를 통해 쉽게 사용할 수 있는 장점이 있지만, 출력 결과물에 대해서는 조금 아쉬운 면도 존재한다. 하지만, 우리는 시제작품 제작을 위해 국내에서 가장 많이 사용되고 있는 큐라를 통해 G-code를 생성하는 방법을 알아보도록 하겠다.

우선 큐라라는 소프트웨어에 대해서는 간단히 설명을 하였고, 실제 운용을 위해서는 프로그램을 다운로드 받아야 한다. 프로그램은 Ultimaker의 홈페이지(Ulitimaker.com)에서 다운로드 받을 수 있다. 해당 홈페이지에 가면 "Product" 메뉴가 있는데, 마우스를 "Product" 메뉴 위에 가져가면 "Software"가 나타나고 하단의 "Ultimaker Cura"를 클릭하면 최신버전의 큐라를 다운 받을 수 있다. 최신 버전의 큐라의 경우는 Ultimaker에 특화된 경우가 많아 하단의 "View all version"을 클릭하여 원하는 큐라 버전을 다운로드 받아 사용할 수 있다.

일단 교육의 목적상 최신 버전을 다운로드 받아 설치하도록 한다. 적당한 폴더에 다운로드하고 실행을 시키면 설치가 가능하다.

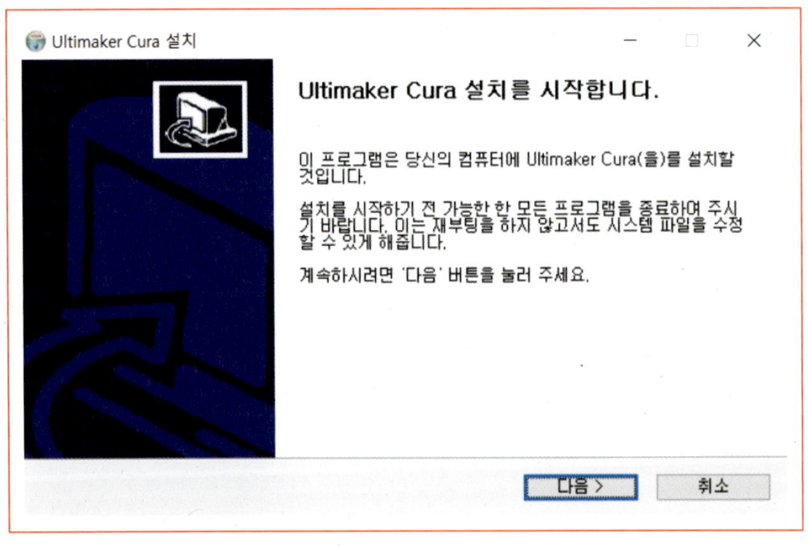

▲ 그림 5.18 큐라 설치 화면

▲ 그림 5.19 큐라 로딩 화면

큐라를 실행하면 로딩 후 작업 화면이 나타난다. Ultimaker의 면책조항에 동의하고, 최초 설치 시 몇 가지를 설정해야 하는데 제일 먼저 설정해야 할 사항이 보유하고 있는 3D 프린터를 큐라에 등록하는 일이다. "Add Printer" 화면이 나타나면 본인이 보유하고 있는 3D 프린터의 기종을 정확히 선택한다. Ultimaker의 제품뿐만 아니라, 실제 판매되고 있는 많은 종류의 3D 프린터에 대한 리스트가 나오는데, 3D 프린터는 사용하는 펌웨어의 종류에 따라 G-code가 지원되지 않는 경우도 있으므로 프린터에 대한 정보를 정확하게 선택하는 것이 중요하다. 목록에 없는 경우는 "Custom" 항목을 선택하도록 한다. 일반적인 선택의 경우 해당 프린터에 대한 각종 정보가 자동으로 선택되겠지만, Custom의 경우는 직접 Print Name부터 필요한 사항을 입력해야 한다. 한 예를 들면, 필자의 경우는 Prusa i3 뿐만 아니라 국내에서 제작 판매하는 FineBot이라는 프린터를 사용하고 있기 때문에 해당 제품을 등록해 본다고 하자. Prusa i3의 경우는 목록을 찾아보면 나오지만, FineBot이라는 제품은 나오지 않는다. 그럴 경우 Custom항목을 선택하고 Printer Name을 넣고 "Add Printer"를 클릭한다. 그러면 "Machine Settings"라는 화면이 뜨고 Printer에 대한 세팅값들을 입력할 수 있게 된다. 이러한 세팅은 향후 프린터를 추가할 경우도 사용할 수 있는데, 메뉴의 "Settings"를 클릭하면 나온다.

제일 먼저 그림 5.20에서와 같이 좌측 상단에 "Printer Settings"에 보면 X, Y, Z에 대한 값을 입력하게 되어 있다. 이 값은 프린터의 압출기가 움직일 수 있는 영역을 지정하는 것으로 실제 프린팅 되는 사이즈와는 다를 수 있다. 해당 3D 프린터의 사양을 보면 폭이 265 mm, 깊이가 200 mm, 높이가 420 mm로 나와 있기 때문에, X (Width)값을 265, Y (Depth)값을 200, Z (Height)값을 420으로 수정해준다.

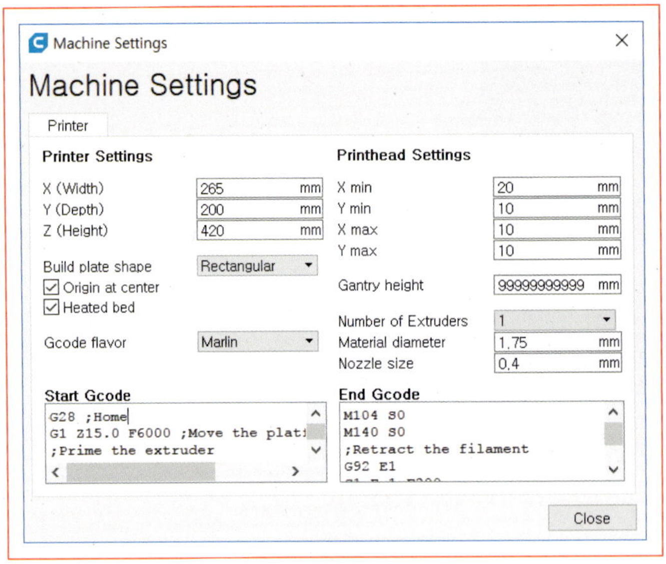

▲ 그림 5.20 신규 Printer Setting

"Build plate shape"의 경우는 베드의 형태를 묻는 질문으로 베드가 사각형일 경우 "Rectangular"를, 원형일 경우에는 "Elliptic"을 선택한다. 즉, 프린터의 형태가 Cartesian 방식은 사각형을, Delta방식은 원형을 선택한다. "Origin at center" 항목은 X, Y축의 영점[Zero position (0,0)]이 프린팅 가능 영역의 정중앙일 경우 표시하고 그렇지 않을 경우는 체크하지 않는다. "Heated bed" 항목은 베드에 온열 장치가 있을 경우 체크하는데, 온열 베드의 경우 G-code에 의해 명령된 온도를 지속적으로 유지하는 기능을 수행한다.

"Gcode flavor" 항목의 경우는 해당 프린터가 어떤 펌웨어를 사용하고 있는지를 입력해 주어야 한다. 이미 언급한 바와 같이 펌웨어에 따라서 지원하는 G-code의 체계가 달라질 수 있으므로 본 항목을 정확하게 입력하지 않을 경우 오류가 발생할 수 있다. 오류 발생의 원인을 없애기 위해 본인이 소유한 3D 프린터 기종이 어떠한 펌웨어를 사용하고 있는지를 반드시 알아두어야 한다. 제작사가 제공하는 매뉴얼을 통해 확인할 수도 있을 것이다.

이제 우측 상단을 보면 "Printhead Settings"라고 되어있는 것을 알 수 있다. "X min", "Y min", "X max", "Y max"가 있는데, 이는 한 번에 하나씩 인쇄할 경우 이전 인쇄물과 인쇄가 진행되는 압출기와의 충돌을 방지하기 위해 설정하는 값이다. 일반적일 경우 "0"으로 설정해도 되지만, 혹시 있을 수 있는 충돌을 방지하기 위해 입력하면 된다.

"Gantry height"도 인쇄 시 이전 인쇄물과의 충돌을 방지하기 위해 설정하는 값인데, 여기서 갠트리(Gantry)란 어떤 구역을 사이에 두고, 그 양쪽의 기초 위에 조립된 다리 모양의 구조물을 일컫는 말이다. 즉, 기존의 구조물에 대한 충돌을 방지하기 위해 설정되는 값을 이야기한다. 여기서는 기본값으로 두면 된다.

"Number of Extruders"는 해당 프린터에 장착되어 있는 압출기의 숫자를 이야기한다. 일반적으로 한 개의 익스트루더가 있지만, 최근의 제품들에는 다중 압출기(Multi-Extruder) 제품도 많이 나오고 있다. 이는 출력 시간을 줄여줄 수 있고, 압출기마다 다른 색상의 필라멘트를 사용함으로 인해 컬러로 출력할 수 있는 기회를 부여한다.

"Material diameter"는 3D 프린터 출력을 위해 사용하는 필라멘트의 직경이다. 보통 국내에서는 1.75 mm의 필라멘트를 많이 사용하고 있으나, 3 mm의 필라멘트를 사용하는 경우도 있다.

"Nozzle size"의 경우는 용융된 재료가 노즐에서 빠져나오는 지름을 이야기한다. 노즐에 따라 0.2 mm, 0.3 mm, 0.4 mm, 0.5 mm, 0.6 mm, 0.7 mm, 0.8 mm 등 다양한 직경이 있는데, 가늘수록 정밀도는 높아질 수 있으나 출력속도가 느리고, 고려하지 못했던 다른 문제들도 나타날 수 있다. 보통 0.4 mm 정도의 노즐을 사용하면 무난하게 출력이 된다.

이제 하단의 내용을 살펴보면 "Start G-code"와 "End G-code"의 두 가지 항목이 있다. 이는 큐라가 Slicer로써의 역할을 수행하는 이외에 프린터의 동작을 위해 추가적으로 G-code를 넣어 주기 위한 부분이다. 실제 Slicer로써의 기능은 시작점으로부터 출력을 수행하는 과정을 G-code에 담아내기 때문에 프린터를 가동하기 위한 준비나 마무리를 별도의 코드로 정의한다. 기본값으로 세팅되어 있는 Start G-code에 나타나 있는 내용을 살펴보면 다음과 같다.

```
G28                ; 원점으로 이동
G1  Z15.0  F6000   ; Z축 방향 15 mm 이동, 압출기 이동 속도는 분당 6,000 mm
G92 E0             ; 모든 축을 0으로 설정, 압출 성형물의 길이는 0으로 설정
G1  F200  E3       ; 압출기 이동속도를 200 mm/min으로 설정하고, 압출 성형물의
                     길이를 3 mm로 설정, 위치 이동 없이 압출만 진행함.
G92  E0            ; 모든 축을 0으로 설정, 압출 성형물의 길이는 0으로 설정
```

Start code를 통해 수행되는 작업은 압출기가 원점으로 이동한 후, 베드를 15 mm 아래로 움직인 다음, 모든 축을 0으로 세팅하고, 압출기의 이동속도(노즐을 통해 나오는

재료의 길이와 같음)가 분당 200 mm의 속도로 3 mm를 압출한 뒤 다시 모든 축을 0으로 설정하고, 압출을 끝낸 뒤 준비상태로 들어간다. 결국 원점에 위치되어 있는 압출기에서 3 mm만큼 원재료를 압출한 뒤 준비상태로 대기하는 것이다. Start G-code가 실행되고 나면 Slicer에서 만들어진 G-code에 의해 프린팅 작업에 들어가게 된다.

프린팅 작업이 G-code에 의해 완료되고 나면, 끝난 지점에서 프린팅이 완료되고, 이후에는 End G-code에 의해 동작을 하게 된다. 하기의 End G-code의 내용을 살펴보자.

```
M104 S0        ; 노즐 온도를 0으로 설정
M140 S0        ; 베드 온도를 0으로 설정, 상온으로 변환됨
G92 E1         ; 모든 축을 0으로 설정, 압출 성형물의 길이는 1로 설정
G1 E-1 F300    ; 압출기 이동속도를 300 mm/min으로 설정하고, 압출성형물의 길이를
                 -1 mm로 설정, 위치 이동 없이 압출이 되지 않고 역으로 노즐 쪽으로
                 1 mm 후진하게 됨
G28 X0 Y0      ; 원점으로 이동(X축 0, Y축 0)
M84            ; 작동이 멈춰지고 유휴상태도 멈추도록 함
```

End G-code에 의해 수행되는 작업은 Slicer에 의해 만들어진 G-code의 실행이 끝나고 나서 순차적으로 실행이 되게 되는데, 노즐온도를 0으로 설정하게 되면, Heater 또는 가열 챔버에 전원을 차단시키게 된다. 베드온도 역시 0으로 설정하게 되면 전원을 차단하게 되며, 이후 모든 축을 0으로 설정한 후 1 mm 압출한 뒤에 다시 1 mm 후진시켜 노즐에서 압출되는 원재료를 분리시키는 작업을 한다. 이후에 X축과 Y축의 0지점으로 익스트루더를 이동시킨 다음에 작동을 멈추게 하는 것이다. 결국, 프린팅이 끝나고 나면 노즐에서 마무리를 위해 용융된 재료를 약간(1 mm) 압출했다가 다시 약간(1 mm) 후퇴시킴으로 인해 분리시키고, 익스트루더가 원점의 위치로 돌아간 다음 작동을 멈추게 하는 역할을 하는 것이다. 이러한 일련의 과정이 End G-code에 기본값으로 정의가 되어 있다.

프린터에 대한 설정이 끝나고 나면, 이제 본격적으로 큐라를 이용해서 프린팅 할 수 있는 G-code를 생성해내야 할 단계이다.

큐라를 실행하고 나면 그림 5.21과 같은 초기화면이 나타나고 하단은 베드의 영역을 나타내며 육면체의 형상으로 짜인 공간이 3D 프린터가 작업이 수행될 수 있는 공간이 된다. 큐라를 사용하기 위해서는 미리 준비해둔 3D 모델링 파일을 큐라에 불러들여야 한다. 이미 설명한 바 있지만, 큐라는 Slicer이며, 큐라에서 파일을 불러오기 위해서는 STL 파일 형식의 3D 모델링 파일을 불러와야 한다. 그림 5.22에서와 같이 큐라의 "File" 메뉴에서 "Open file(s)"를 선택한다.

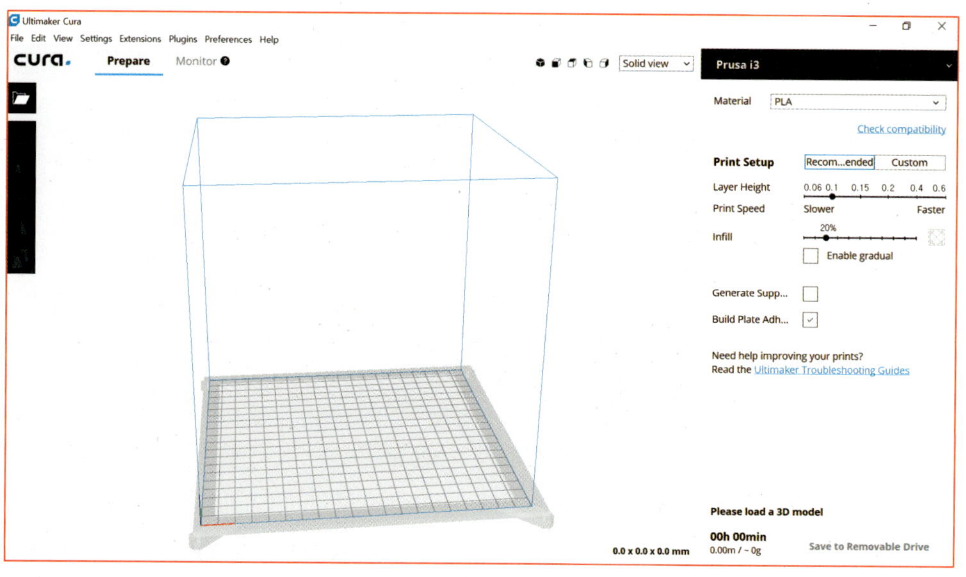

▲ 그림 5.21 큐라 실행 화면

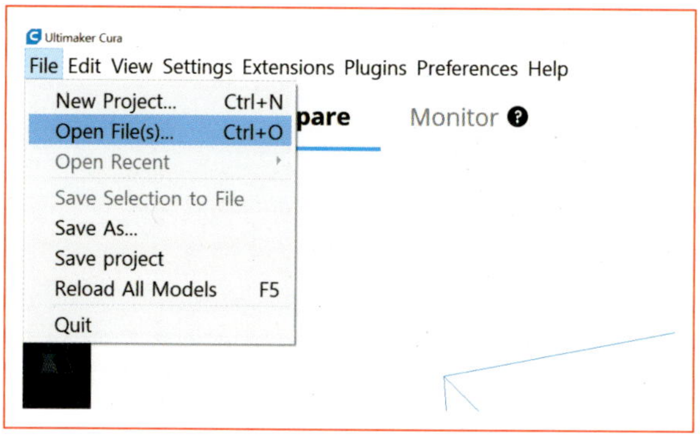

Ultimaker Cura
File Edit View Settings Extensions Plugins Preferences Help
New Project... Ctrl+N
Open File(s)... Ctrl+O
Open Recent
Save Selection to File
Save As...
Save project
Reload All Models F5
Quit
pare
Monitor

▲ 그림 5.22 3D 모델 파일 불러오기

STL 파일 뿐만 아니라, 다른 종류의 파일도 불러오기를 할 수 있으나, 이미 언급한 바와 마찬가지로 메쉬 형태의 솔리드 파일로 만들어진 형식이어야 한다. 파일을 선택하면 큐라의 작업 영역에 3D 모델링 파일의 내용이 나타난다(그림 5.23 참조).

3D 모델을 불러온 상태에서 몇 가지를 조정해야 할 사항이 있다. 이는 출력 품질을 보다 높이고 안정적이게 출력할 수 있는 하나의 방법이 된다. 화면의 우측에 나타나 있는 내용을 본다. 제일 위쪽에 프린팅 하고자 하는 대상 프린터의 모델명이 나타난다. 다수의 프린터를 가지고 있다면 "Setting"에서 프린터를 등록해두면 된다. "Material" 항목을 살펴보면 PLA를 비롯해서 ABS등 다양한 내용이 나타나는데, 사용할 필라멘트의 종류에 따라 선택하면 된다.

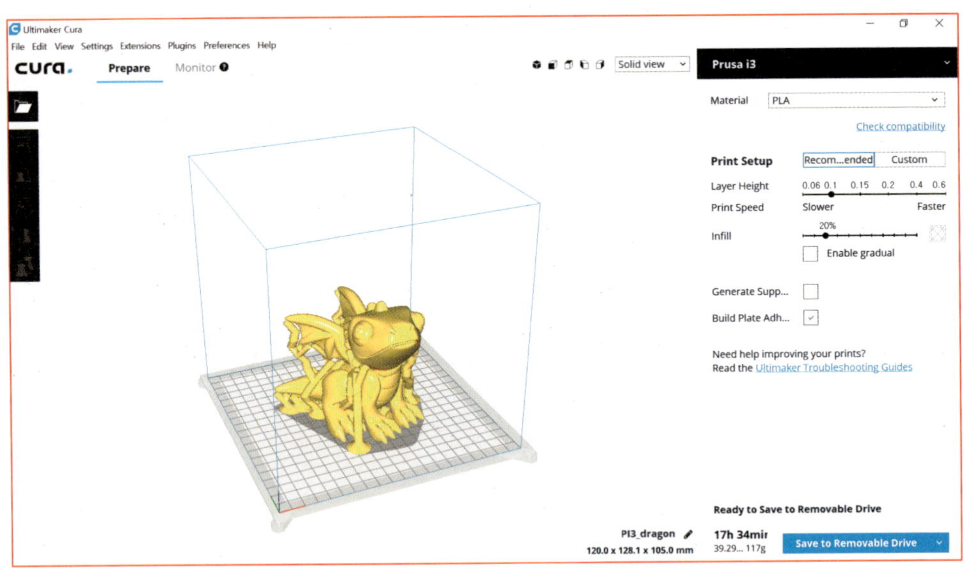

▲ 그림 5.23 3D 모델을 불러온 상태

"Print Setup"은 두 가지 버튼을 제공하는데 "Recommended"는 Setting에서 설정되어 있는 값으로 프린팅 할 때 이용되고, "Custom"은 해당 프린터를 보다 정교하게 설정하기 위해 준비된 메뉴이다.

"Layer Height"는 3D 프린터가 쌓아나가는 각각의 Layer에 대한 높이를 지정하는 것으로 높이를 크게 하면 층간의 높이가 높아 출력 품질이 떨어지고, 높이를 작게 하면 출력품질이 높아질 수 있다. 높이를 0.1 mm로 했을 때보다 0.2 mm로 하게 되면, 층간의 밀도가 떨어져 옆면의 표면이 매끄럽지 않게 되지만, 0.1 mm로 쌓아 올라가는 것보다는 2배로 빨리 출력물을 만들 수 있다.

"Print Speed"의 경우 Custom의 "Speed" 항목에서 원하는 값으로 수정한다. 통상적인 Print Speed와 Travel Speed로 나누어 정의되는데, 압출이 수행되면서 움직일 경우 Print Speed의 속도로 움직이게 되고, 압출 없이 이동할 경우 Travel Speed가 해당된다. 프린터의 종류에 따라서 이동 속도가 너무 크게 되면 압출기의 이동과 멈춤에 따른 진동이 과다 발생하여 출력 품질을 떨어뜨리는 원인이 되기도 한다.

"Infill"은 솔리드 모델링의 내부를 얼마나 채울 것인지를 선택하는 옵션이다. 100%로 채우게 되면 원하는 강성을 얻을 수는 있지만, 출력 속도의 저하와 재료의 과다 소비를 초래하게 된다. 일반적으로 시제작품을 만들거나 형상을 만들어보기 위해서는 20% 정도의 출력물로도 충분한 결과를 얻을 수 있다.

다음으로는 아주 중요한 부분 중의 하나인데, 3D 프린터에서 출력함에 있어 층별로 나누어 그림을 그리듯 출력이 이루어진다. 그러다 보니 하단부에서부터 차례로 이어져 쌓아지는 부분의 경우는 문제가 없지만, 하단부가 없이 공중에 떠있는 형태의 Layer가 발생할 수 있다. 이러한 Layer의 형태가 발생하면 하단부에 지지하는 받침대가 없이 공중에 해당 Layer에 대한 압출이 이루어져야 한다. 그럴 경우에는 압출된 내용물이 아래로 흘러내려 형상을 만들어낼 수가 없다. 이러한 현상을 방지하기 위해 공중에 떠있는 부분에 대해서 Slicer에서는 지지대를 만들 수 있는 옵션이 존재하는데 이것이 바로 Support이다.

큐라의 Support는 두 가지 타입을 지원하는데, 일정 각도 이상이 넘어가면 무조건 Support를 생성하게 되는 "Everywhere" 옵션과 최하단에 필요한 Support에 대해서 한 번만 만들어내는 "Touching Buildplate" 옵션이 있다. 상세한 옵션을 선택하기 위해서는 Custom 항목을 이용한다.

또 다른 항목 중에 "Build Plate Adhesion"이라는 것이 있다. 용융되어 압출된 재료가 베드에 닿아 첫 번째 Layer를 이루게 되는데, 이때 녹아 있던 원재료가 식으면서 수축이 발생하게 된다. 이러한 수축 현상에 의해 재료가 베드에서 떨어지는 일이 발생하게 되는데, 이를 방지하기 위해 이 항목이 존재한다.

3D 프린터는 층을 쌓아나가고 완성품이 되어서는 하단부가 수축에 의해 휘어짐이 발생하는 경우를 심심찮게 발견할 수 있다. 이러한 현상을 방지하기 위해 큐라는 3가지 옵션의 Build Plate Adhesion 타입을 제공하고 있다.

"Skirt"옵션은 프린팅 작업이 들어가기 전에 프린팅 되는 오브젝트의 일정 거리에 미리 프린팅을 하고 프린팅 작업이 수행되게 하는 옵션이다. 이러한 옵션은 출력하기 전에 미리 용융된 재료를 베드에 압출시키는 과정을 거치게 된다.

"Brim"의 경우는 첫 번째 레이어가 출력될 때 출력물을 바로 출력하는 것이 아니라, 사용자가 지정한 만큼 넓은 면적으로 출력을 시작해서 첫 번째 레이어의 넓이를 넓게 만든 다음에 순차적으로 출력이 이루어지게 하는 옵션이다. 이 두 가지 옵션은 베드에 목적물이 바로 접하게 되는 옵션이다.

이와 달리 "Raft"를 선택하게 되면 하단에 사용자가 정의한 밑바탕 베드를 먼저 출력하게 된다. 이후 그 출력된 베드 위에 목적물을 출력함으로 인해 출력물이 휘거나 이탈하는 것을 방지할 수 있게 하는 옵션이다. 이러한 옵션은 출력대상물의 형태나 목적하는 바에 따라 사용자가 적절히 잘 선택해서 수행하면 된다.

이상과 같이 큐라에서 기본적으로 정의해야 할 옵션에 대해서 알아봤지만, 출력물의 품질을 향상시키기 위해서는 다양한 파라미터의 조절이 필요하며 이에 대한 상세한 내용은 이후에 프린팅 품질에 관한 내용을 다룰 때 다시 다루게 된다.

큐라를 이용해서 STL 파일을 3D 프린팅 영역에 불러와서 각각의 옵션을 정의하고 출력을 위한 파라미터 값에 대해 알아보았다. 그 과정이 끝나고 나면 상단의 뷰를 선택해 출력진행 형태를 확인할 수 있다. 특히 그림 5.24와 같이 "Layer view"를 선택하면 압출기가 각 레이어별로 어떻게 그려나가는지에 대해서도 알아볼 수 있다.

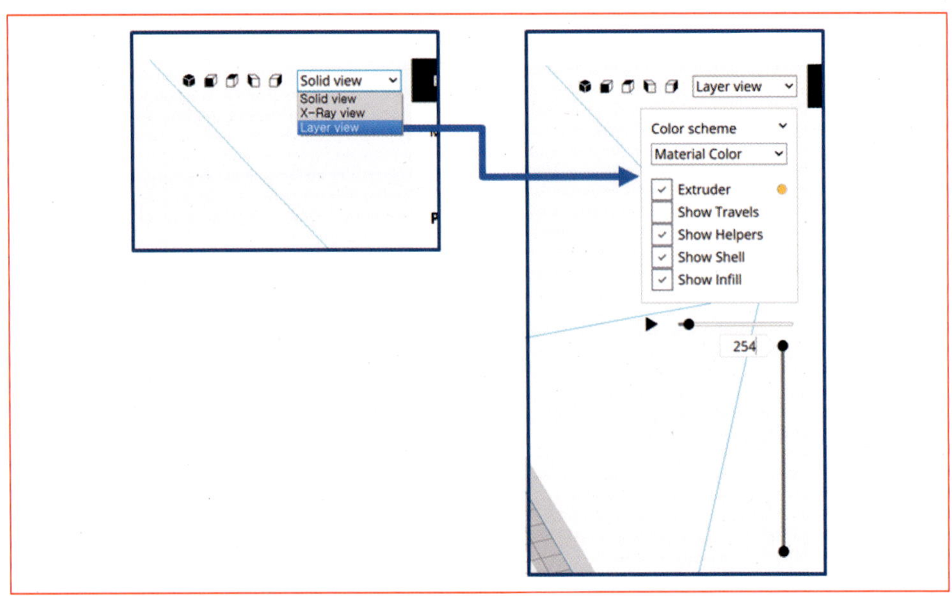

▲ 그림 5.24 뷰를 통해 확인

이제 3D 프린터에서 프린팅을 하기 위한 방법으로 SD 카드에 G-code형태로 보관을 하여야 한다. 네트워크를 통해 파일을 보내서 출력할 수도 있지만, 용량도 크고 오랜 시간이 걸리다보니 네트워크에 의한 에러가 날 경우 중단되는 경우가 발생할 수도 있다. 가능한 SD 카드에 담아서 프린터에서 직접 출력하는 방식을 많이 사용한다.

SD 카드에 담는 방법은 두 가지가 있는데, "File" 메뉴에서 "Save as … " 메뉴를 선택해서 SD 카드에 저장하는 방법과 우측 하단의 "Save to Removable Drive"를 선택해서 SD 카드나 USB 메모리로 저장하는 방법이 있다. 어떠한 방법이든 3D 프린터에서 지원하는 매체를 활용해서 파일형식을 "G-code File (*.gcode)"를 선택한 다음 저장하면 변환된 G-code파일이 해당 매체에 저장된다.

이러한 방법을 통해 생성된 G-code파일은 즉시 3D 프린터에서 출력할 수 있는 준비가 완료된 것이다.

3. 3D 프린팅 사전 출력 점검

3.1 3D 프린팅 실행 방법

슬라이서에서 준비된 G-code의 형태는 3D 프린터에서 바로 실행 가능한 형태로 SD 카드에 저장되어 있을 것이다. 일반적으로 3D 프린터에 사용할 수 있는 매체는 SD 카드가 제일 많이 사용되고 일부는 USB 메모리를 사용하는 경우도 있으며, 네트워크를 통해 파일을 전송해서 프린팅 할 수 있는 장치도 있다. 앞서 설명한 바와 같이 네트워크를 활용할 경우 컴퓨터에서 편리하게 파일을 전송하여 프린팅 할 수 있으나, 프린팅 시간이 오래 걸리는 경우(물론 전통적 가공형태보다는 빠르지만, 수분에서 수십 시간까지도 걸린다)가 많아 에러가 발생할 확률이 큰 네트워크를 활용해서 컴퓨터에 계속 연결되어 있는 것보다는 SD 카드나 USB 메모리와 같이 별도의 매체를 통해 3D 프린터 자체적으로 수행되는 것이 더 효율적일 수 있다.

▲ 그림 5.25 SD메모리카드를 활용한 프린팅

3D 프린터에 탑재된 펌웨어마다 실행하는 형태가 조금씩은 다르지만 거의 유사한 방식의 프린팅 실행 방법을 사용하고 있다. 3D 프린터에는 보통 LCD 디스플레이와 조그 스위치가 장착되어 있는 기종이 대부분인데, LCD의 내용을 보면서 프린팅을 실행시킬 수 있다.

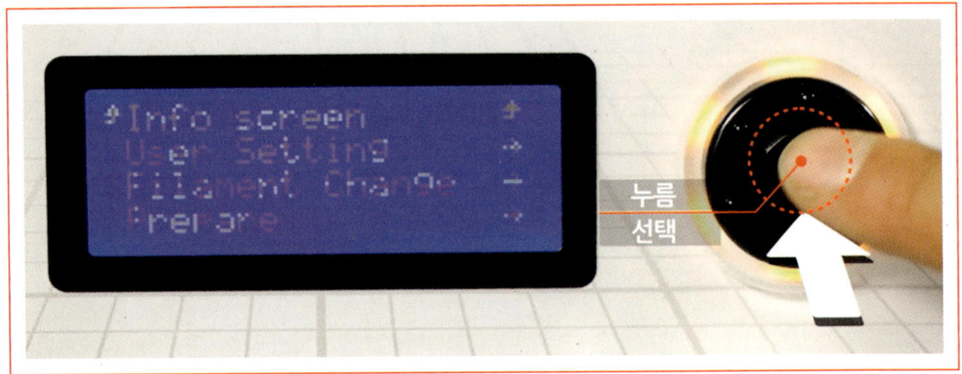

▲ 그림 5.26 조그 스위치를 이용한 메뉴 선택

3D 프린팅을 시작하기 위해서는 일련의 준비 작업이 진행되어야 하는데, 해당 내용은 각 3D 프린터 제조회사의 매뉴얼을 참조하도록 한다. 다만, 거의 공통적으로 필요한 내용은 노즐 온도와 베드 온도를 설정하여 필라멘트를 장착하고 SD 메모리카드 또는 USB 메모리의 G-code를 3D 프린터에 장착한 다음 3D 프린터의 LCD 창의 메뉴를 확인하고 조그스위치를 이용해서 “Print from SD” 메뉴를 선택해서 실행시키면 노즐 온도와 베드 온도가 정상적으로 가열된 이후에 프린팅이 시작된다.

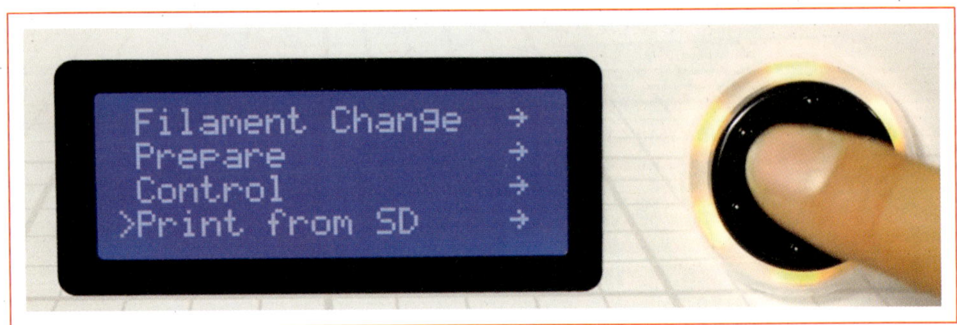

▲ 그림 5.27 "Print from SD"로 프린팅 실행

간략하게나마 3D 프린팅을 위한 기본적인 수행 단계를 나열해 보았는데, 실제 3D 프린터를 직접 조작해보는 것이 많은 도움이 될 수 있을 것이다. 또한 3D 프린터의 LCD 창에 나타나는 거의 모든 메뉴에 대해서는 제조사의 매뉴얼을 통해 그 기능을 익혀두는 것이 3D 프린팅 출력물의 품질 향상에도 도움이 된다.

3.2 3D 프린팅 출력 품질 문제

3D 프린터를 활용해서 부품 및 원하는 출력물을 한 번이라도 만들어 본 사람이라면 처음 출력해본 자신의 출력물의 품질에 대해 불만족 하는 사람들이 대부분일 것이다. 3D 프린팅과 관련된 많은 뉴스와 미래를 이야기하면서 출력물에 대한 기대가 상당히 크게 작용했겠지만, 실제 프린팅이 완료되고 난 이후의 품질은 쓰레기 잡동사니를 양산하는 기계로 여겨질 정도일 수도 있다. 하지만, 우리가 공부하고 있는 FDM 타입의 3D 프린터로도 상당히 우수한 프린팅 시제작품을 얻을 수 있다. 출력 품질에 대한 문제를 하나씩 겪어가며 프린팅 파라미터들을 조절하게 되면 상당히 훌륭한 결과물이 나올 수 있음을 간과해서는 안 될 것이다.

3D 프린팅의 과정 및 결과에서 출력 품질에 미치는 다양한 요인들이 있는데, 그 요인들을 분류하면 크게 3가지 정도의 요인으로 볼 수 있다.

첫 번째가 하드웨어적인 문제의 발생이다. 3D 프린터는 이미 공부한 바와 같이 콘트롤러와 액추에이터를 통해 동작이 이루어진다. 특히 압출기의 움직임은 좌, 우, 앞, 뒤 및 상, 하로 동작이 이루어져야 한다. 이러한 과정에서 뒤틀림, 소음, 진동, 걸림, 불완전한 동작의 발생은 프린팅에 많은 영향을 미칠 수 있다. 이러한 문제들은 과다한 소음이 발생하는 경우가 많다. 해결 방법은 로드가 휘어지지는 않았는지, 베어링이나 타이밍벨트의 마모 상태를 확인하고 3D 프린터 본체 자체의 틀을 다시 한 번 수정해 볼 필요가 있다. 하드웨어적인 문제는 기본적인 프레임의 문제 이외에도 필라멘트를 얼마나 원활하게 공급해주는가도 출력 품질에 많은 영향을 미친다. 결국 압출기의 필라멘트 전송 장치가 가장 빈번하게 문제를 일으킬 소지가 많으며 이로 인해 나타나는 문제는 출력 후반부로 갈수록 점점 필라멘트의 양이 부족해서 품질의 저하가 생길 경우가 발생하기도 한다. 이럴 때는 압출기의 필라멘트 공급장치의 기어를 살펴보거나 필라멘트를 공급하는 과정에서 부하가 걸리지 않는지를 확인해 보는 것도 해결 방법이 될 수 있다.

두 번째는 소프트웨어적인 문제인데 이러한 문제는 다양한 현상으로 나타난다. 우선 네트워크를 이용해서 프린팅 할 경우 통신 중간에 데이터가 소실되어 문제가 발생하는 경우가 종종 생길 수 있다. 이러한 경우는 프린팅이 잘 되다가 중간과정에서 프린팅이 멈추거나 소실된 정보에 의해 에러가 발생해 여러 가지 복합적인 문제를 야기할 수 있다. 이러한 문제를 피하기 위해서 가능한 SD 카드나 USB 메모리를 이용하는 방법을 권장한다. 이미 앞에서도 언급한 바와 같이 가장 기본적인 펌웨어와 G-code의 명령체계가 다를 경우에 에러가 발생할 수 있으며, 원치 않는 형태로 프린터가 동작하기도 한다. 문제를 해결하기 위해서는 프린터의 펌웨어와 Slicer의 조합이 맞는지부터 살펴보고, 최신의 소프트웨어를 사용함으로써 해결할 수도 있다.

세 번째 문제는 가장 흔하게 발생하는 문제로 Slicer에서의 세팅, 3D 프린터에서의 각종 세팅값에 의한 문제이다. 3D 프린팅에서 가장 흔하게 나타나는 현상은 첫 번째 Layer가 얼마나 잘 만들어지느냐에 따라 이후 품질이 결정되는 경우가 많다. 이러한 이유로 3D 프린팅의 Build Plate Adhesion이 제공되고 있으며, 해당 옵션을 사용함으로써 어느 정도 도움을 받을 수가 있다. 첫 번째 Layer를 구성하는데 가장 중요한 부분이 바로 노즐과 베드의 간격이다.

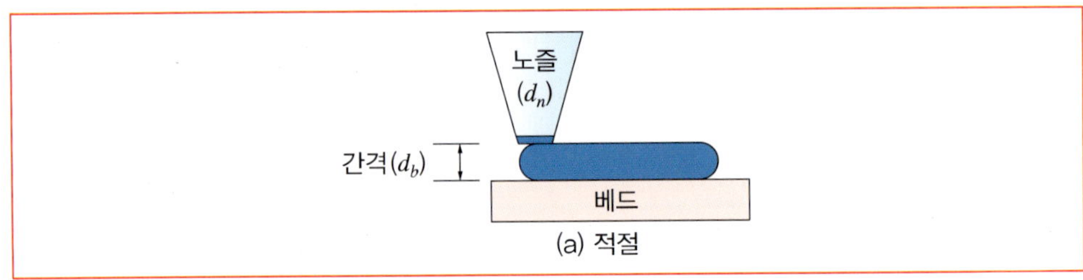

▲ **그림 5.28** 노즐직경과 간격과의 관계

그림 5.28에서와 같이 노즐의 직경을 d_n이라 하고 노즐과 베드의 간격을 d_b라고 하면,

- d_b가 d_n보다 과다하게 클 때 : 첫 번째 Layer는 베드에 안착이 되지 않아 과도한 수축이 일어나고 두 번째 Layer부터는 노즐과 간섭이 발생하여 품질 저하 요인이 될 수 있다.
- d_b가 d_n보다 과다하게 작을 때 : 용융되어 압출된 재료가 좁은 틈을 비집고 나와 옆으로 퍼지면서 납작한 모양으로 첫 번째 Layer를 형성하고 옆으로 퍼진 재료는 옆라인을 형성하는 과정에서 간섭이 발생하게 된다. 이러한 현상으로 인해 아랫면이 윗면보다 크게 형성되는 경우도 발생한다.
- d_b가 d_n와 유사하게 작을 때 : 가장 이상적인 첫 번째 Layer를 구성할 수 있으며, 이후의 프린팅 과정에도 안정적인 적층이 가능하게 된다. 다만 베드의 온도에 따라 재료의 수축으로 인해 첫 번째 Layer가 떨어질 수 있는 경우가 발생하므로 베드온도의 설정이 매우 중요하게 작용한다.

3D 프린팅의 출력 품질과 관련해서 크게 3가지 원인에 대해 알아봤지만 하드웨어, 소프트웨어의 문제 이외에도 다양한 세팅값에 의한 문제도 있는 것이다. 특히 다양한

세팅값 중에서 3D 프린팅의 주요 파라미터의 변경에 따라 출력 품질을 향상시킬 수 있는 방법도 연구되고 있다.

4. 3D 프린팅 품질 관리

4.1 출력 품질의 문제

3D 프린팅이 세상에 소개되고 많은 이목이 집중되었던 것은 사실이다. 실제 많은 사람들은 3D 프린팅에 대하여 무궁한 잠재력과 앞으로 다가올 변화에 대하여 궁금해 했었고 생산혁신, 유통혁신에 대한 많은 아이디어들이 나오기도 하였다. 하지만, 실제로 3D 프린팅을 통해 3D 모델을 실물화 시키는 과정을 하나하나 진행해보면, 아직도 가야할 길이 멀다는 것과 과연 이러한 3D 프린팅 품질로 혁신을 이룰 수 있겠는가 하는 의문을 제기하기도 한다.

한참 3D 프린팅이 매스컴에 회자되고 혁신의 아이콘으로 자리매김할 때, 많은 사람들이 3D 프린팅 사업에 참여하고 교육을 받고 3D 프린팅이 무엇인지에 대해서 배웠었지만, 그들이 기대했던 3D 프린팅의 세계는 열리지 않고 있는 것이 사실이며, 회의감을 느끼며 그 열의가 이제는 어느 정도 가라앉았다고 보인다. 그들은 3D 프린팅이 달콤한 미래의 먹잇감으로만 생각했을지 모르지만, 3D 프린팅에 관해 공부하는 우리들은 3D 프린팅이 제품개발을 위한, 특히 신제품 개발에 있어 시제작품을 만들어 실물을 확인하고 수정 보완해 나가야 하는 R&D 영역의 하나의 툴로 인지하고 3D 프린팅의 사용률을 극대화함으로 인해 다양한 혜택을 누릴 수가 있을 것이다.

R&D 영역에서 시제작품을 만들어 확인하고 수정해서 더 정교한 제품을 개발하기 위한 도구로서 3D 프린팅은 그 역할을 충분히 할 수 있다. 이러한 목적을 달성하기 위해서는 최소의 재료비로 쉽게 실물을 제작해볼 수 있어야 하므로 FDM방식의 3D 프린터는 최선의 선택이 될 수 있을 것이다. 하지만 출력 품질에 있어서만큼은 아직도 만족할 만한 수준이 되지 못하므로 품질 향상을 위한 연구가 지속적으로 이루어지고 있다.

4.2 3D 프린팅 출력물 품질 관련 파라미터

최근 3D 프린팅(FDM) 품질에 관한 연구에 중, 3D 프린팅 출력물의 품질과 관련된 다양한 파라미터들이 연구되고 있다. 출력품질과 관련된 파라미터의 연구에서 각 파라미터를 적용해서 해당 조건별 프린팅 결과물을 실측함으로써 품질이 확인되었다. 해당 연구에 의하면 출력품질과 관련된 파라미터는 2001년부터 2015년까지 관련 주제 저널을 통해 발표된 논문에서, 검색어(RP, 빠른 프로토 타입, 3D 인쇄, 3D 인쇄 품질, 정확성 검사, 추가 제조, 제조, FDM, 융합 증착 모델)에 의한 논문을 선택하고 이에 많이 언급되었던 파라미터들을 정의한 것으로 표 5-2와 같다. 이러한 파라미터의 조절에 의해 출력품질의 향상을 꾀하고 있다. 특히 이 연구에서는 5가지의 파라미터를 3D 프린팅 품질에 많은 영향을 끼칠 것으로 판단하였다. 그 다섯 가지는 노즐온도(N_t), 베드온도(B_t), 첫 번째 Layer높이(L_h), 채움밀도(F_d), 인쇄속도(P_s)이다. 이 5가지 파라미터를 이용하여 어떤 파라미터가 더 3D 프린팅 품질에 많은 영향을 미치는지를 확인하였다.

표 5-2 출력품질 관련 파라미터

파라미터	내 용
노즐온도	필라멘트를 녹여서 노즐을 통해 압출하기 위한 온도
베드온도	첫 번째 Layer를 안착시키기 위한 베드 온도
첫 번째 Layer 높이	첫 번째 Layer의 높이(노즐과 베드의 간격과 동일)
각층 Layer 높이	적층을 하기 위한 각층의 Layer 높이
Shell 두께	객체를 생성하기 위한 외곽벽의 최소 두께
회송속도	익스트루더에서 재료 공급시 역회전에 의한 재료 후퇴 속도
회송거리	익스트루더에서 재료 공급시 역회전에 의한 재료 후퇴 거리
채움밀도	솔리드 객체의 내부 채움 밀도(%로 나타냄)
프린팅속도	프린팅을 위한 익스트루더의 움직임 속도
습도	3D 프린터 내 재료가 반응하는 환경의 습도

해당 연구를 통해서 확인된 내용은 3D 프린팅의 전체적인 품질 향상을 위해서 기본적으로 첫 번째 Layer가 베드에 잘 안착되었는지에 대한 품질인 베드 안착 품질이 우선하고, 이후 지속적으로 프린팅 되는 과정의 품질인 적층 품질로 구분하여 품질의 향

상에 대하여 논하였다. 3D 프린팅 품질을 베드 안착 품질과 적층 품질로 나눈 이유는 베드 안착 품질을 좌우하는 독립변수와 적층 품질을 좌우하는 독립변수가 그 특성상 다소의 차이점을 가지기 때문이다. 즉, 두 가지 종속변수는 각기 다른 독립변수를 취할 수 있다는 의미이기도 하다.

베드 안착 품질을 높이려면 첫 번째 Layer의 높이, 인쇄 속도, 베드 온도를 잘 조정하기를 권고하고 있고, 이후 적층 품질을 높이기 위해서는 적층 과정에 따른 노즐 온도, 베드 온도, 채움 밀도와 인쇄 속도를 잘 조정하라는 것을 권고하고 있다.

4.3 샘플을 이용한 3D 프린팅 품질관련 연구

1) 표준 테스트 샘플

3D 프린팅 출력 품질을 확인하기 위해서 다양한 샘플 부품을 사용하기도 한다. 하지만 연구 목적에 맞게끔 출력 품질을 비교하기 위한 샘플이 필요하다. 이러한 필요에 의해서 자야람(Jayaram)은 3D 프린팅의 출력 품질을 비교하기 위한 벤치마킹 절차 중의 하나로 표준 테스트 샘플을 활용하였다. 또 다른 예로 압델(Abdel)과 무스타파(Moustafa)는 4개의 다른 레이저 기반 금속 분말 베드 융합 장치의 성능을 비교하기 위한 표준 테스트 샘플을 활용했다. 또 마헤쉬(Mahesh) 연구진은 4개의 서로 다른 폴리머 기반 플랫폼 간의 인쇄 품질을 비교하기 위하여 표준 테스트 샘플을 활용하였다. 또한 NIST (National Institute of Standards)와 모일런(Moylan)의 연구진은 첨가제 제조 기계 및 공정의 평가를 위한 표준 테스트 샘플을 개발하기 위하여 다양한 노력을 수행히였다.

이러한 연구들에 의하면 3D 프린팅의 치수 정확도와 런타임 분석에 사용되는 테스트 샘플이 필요하며 이러한 샘플들을 사용해서 품질을 측정하게 된다는 것을 알 수 있다.

이 연구에서 정확도를 측정하기 위해 새로 설계된 실험 샘플을 사용했다. 실험 샘플은 4개의 표제어(A, B, C 및 D)로 나뉘어져 있는데, 첫 번째 Layer 높이에 대한 품질을 측정하기 위해 A 및 B 표제어의 측정 부분이 사용되었다. 전체적인 3D 프린팅 품질을 확인하기 위해 C 및 D 표제어가 사용되었다(그림 5.29 참조).

각 표제어에 해당하는 기준은 다음과 같이 정의되었다.

A_n, B_n, C_n, D_n $(n=1, 2, 3)$은 실험 샘플의 치수 기준이며 a_n, b_n, c_n, c_n $(n=1, 2, 3)$은 실험 샘플에 대한 실측값이다.

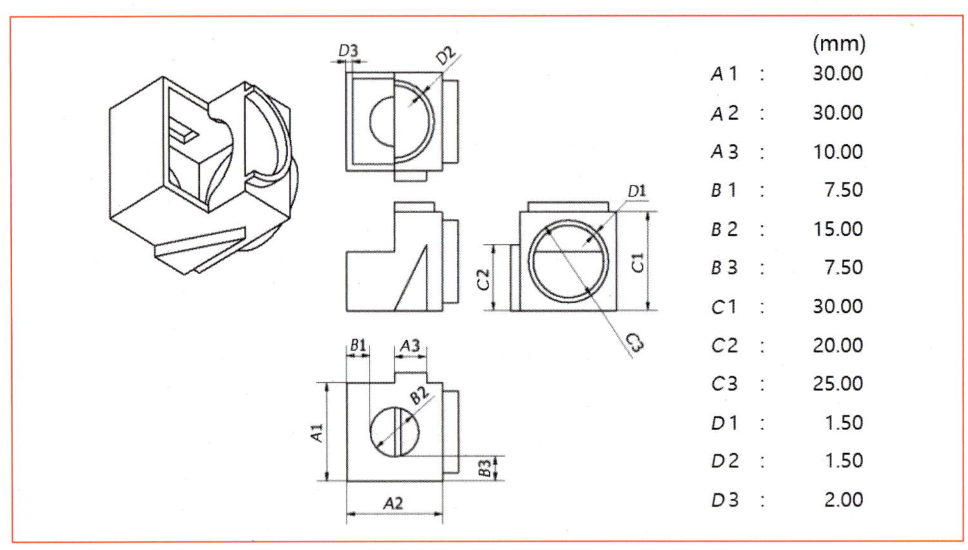

▲ 그림 5.29 실험 샘플의 구성

2) 연구 모델의 구성

3D 프린팅 결과에 따른 품질을 정의하기 위해 3D 프린팅 품질 변수 모델을 구성하였다. 이러한 모델은 가설에 의해 정의되고 그 가설을 검정함으로써 타당성을 입증하게 된다. 그리하여 그 실험의 결과에 대한 검증이 이루어지게 되는 것이 일반적인 예이다.

인쇄 품질에 영향을 미치는 것으로 가정된 5개의 파라미터는 독립 변수가 되고, 이에 따른 두 개의 종속 변수가 있다. 첫 번째 종속 변수는 베드에 얼마나 잘 안착하는가에 대한 변수(Sitting Bed : B_q)이며, 두 번째 종속 변수는 얼마나 적층이 잘 이루어지는가에 대한 변수(Regularly Additive : L_q)이다. 3D 프린팅에 대한 전체적인 품질(품질 : Q − 최종 종속 변수)은 이 두 종속 변수에 의해 결정되는 최종 종속 변수가 된다. 이러한 가정이 나오게 된 것은 다양한 논문을 검색하는 동안 첫 번째 레이어에 대한 수많은 참조가 있음을 확인함으로 인해 그에 대한 중요성을 인지한 것이다. 독립 변수를 베드 품질과 적층 품질로 분리하여 그 결과를 살펴보는 것도 의미가 있을 것이다. 따라서 이 품질 모델에는 네 가지 가정이 포함되었다.

- 가정 1 : 파라미터는 재료의 베드 안착에 영향을 준다.
- 가정 2 : 재료가 베드에 안착되면, 3D 프린팅 품질이 좋아진다.
- 가정 3 : 각각의 파라미터는 재료의 적층 품질에 영향을 준다.
- 가정 4 : 재료의 적층 품질이 좋으면 3D 프린팅 품질이 좋아진다.

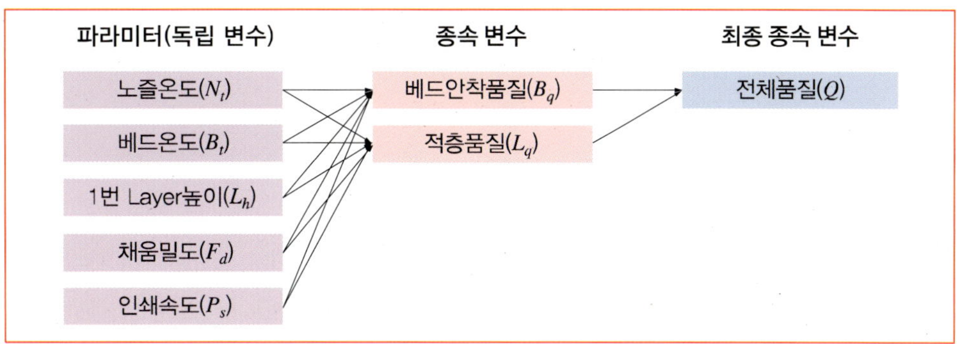

▲ 그림 5.30 3D 프린팅 관련 품질 모델

이러한 가정을 바탕으로 그림 5.30에서 도식된 바와 같이 3D 프린팅을 위한 다섯 가지 주요 제어 파라미터들은 베드 안착 품질과 적층 품질에 영향을 주고, 베드 안착 품질과 적층 품질은 전체 3D 프린팅 품질에 영향을 미치는 3D 프린팅 관련 품질 모델을 이끌어내었다.

3) 실험 및 분석

매개 변수는 서로 밀접한 관계를 가질 것으로 예상되는 표 5-3과 같이 제어 변수로 정의되었다. 실험 샘플은 각 매개 변수 조건에 맞게 실제로 프린팅 되었다. 각각의 실험 샘플을 3D 프린터로 인쇄하고 품질 지수가 요구하는 측정값을 측정한 뒤 분석을 위해 B_q, L_q 및 Q를 계산하였다.

실험 설계를 위한 표준 접근 방식은 전체 요인 방법을 사용하는 것이다. 이 연구에서는 5가지 제어 매개변수의 효과와 그것들 사이의 상호 작용에 관한 것으로 분석 요

표 5-3 실험샘플 출력 조건

파라미터	I/F	Range of value	Interval	Count (n)
노즐온도(N_t)	38.2	175~230℃	5℃	$n_1 = 12$
베드온도(B_t)	47.5	50~70℃	5℃	$n_2 = 5$
1번째 Layer 높이(L_h)	68.4	0.15~0.45 mm	0.05 mm	$n_3 = 7$
채움밀도(F_d)	15.8	10~70%	15%	$n_4 = 5$
인쇄속도(P_s)	12.1	10~80 mm/s	10 mm/s	$n_5 = 8$

표 5-4 실험에서 얻은 실험 데이터(일부 발췌)

Run#	Parameter setups					Measurement values												B_q	L_g	Q
	N_t	B_t	L_h	F_d	P_s	a_1	a_2	a_3	b_1	b_2	b_3	c_1	c_2	c_3	d_1	d_2	d_3			
#00001	175	50	0.15	10	80	30.1	29.8	9.9	7.8	14.4	7.8	0.0	0.0	0.0	0.0	0.0	0.0	62.50	0.05	0.05
#00002	180	50	0.15	10	80	30.1	30.0	9.9	7.7	14.4	7.7	0.0	0.0	0.0	0.0	0.0	0.0	68.49	0.05	0.05
#00009	215	50	0.15	10	80	30.3	30.3	10.2	7.7	14.8	7.7	30.1	19.5	24.4	1.7	1.8	1.9	70.92	56.82	46.08
#00011	225	50	0.15	10	80	30.4	30.3	10.1	7.7	14.7	7.8	30.0	19.2	24.3	1.8	1.8	1.9	67.57	43.10	35.71
#00021	215	55	0.15	10	80	30.3	30.4	10.2	7.8	14.6	7.8	30.2	19.4	24.4	1.8	1.7	1.9	61.35	52.63	39.53
#00033	230	60	0.15	10	80	30.3	30.3	10.2	7.8	14.7	7.7	29.7	19.6	24.7	1.7	1.6	1.9	69.44	71.43	54.35
#00142	220	55	0.25	10	80	30.4	30.2	10.6	7.5	14.4	7.8	30.1	19.2	25.1	1.8	1.6	2.1	46.08	56.50	34.01
#00442	220	55	0.15	25	80	30.3	30.4	10.1	7.8	14.8	7.7	30.2	19.4	25.1	1.7	1.8	2.0	69.93	64.94	50.76
#04341	215	55	0.25	10	60	30.4	30.2	10.2	7.9	14.3	7.8	30.0	19.2	24.9	1.8	1.7	2.1	50.51	55.87	36.10
#06426	200	50	0.25	10	50	30.3	30.3	10.2	7.9	14.1	8.0	30.1	19.1	24.9	1.6	1.7	1.9	40.98	52.91	30.03
#08541	215	55	0.25	10	40	30.5	30.3	10.3	8.1	14.1	8.2	30.0	19.2	25.1	1.7	1.6	2.1	32.36	58.48	26.32
# ⋯ n																				

▲ 그림 5.31 실험 샘플 3D 프린팅

구를 충족시키기 위해서는 16,800개의 실험 샘플이 필요하다. 일반적으로 실험계획법에 의한 연구방법을 이용하지만, 이 실험에서는 요인실험법과 다구치 실험계획법 등을 배제한 채 특정 매개 변수 조건이 완전히 실패한 경우에는 건너 뛴 다음 진행한 완전요인배치법으로 실험이 진행되었다. 이는 더 많은 실험적 샘플을 얻고자 한 것이다. 그 결과 총 426개의 샘플을 통해 실험이 이루어졌다(표 5-4와 그림 5.31 참조).

각 실험의 주요 목표는 제품의 품질에 대한 다양한 매개 변수의 영향을 결정하는 것이고, 또 다른 중요한 문제는 다섯 가지 주요 매개 변수간의 상호 작용을 선택하는 방법이다. 연구 결과에 따르면 5가지 주요 매개 변수가 3D 프린팅 프로세스를 지배하지만, 최종 제품 품질에 대한 상호 작용은 사소한 역할만 하거나 2차적인 요소로 작용할 수 있다는 점은 확인할 수 없었다는 것이다.

실험에 의해 나타난 데이터를 분산 분석(ANOVA)과 다중 회귀 분석을 수행하여 매개 변수의 상대적 중요성을 테스트했다. 베드 안착 품질(B_q), 적층품질(L_q)과 전체품질(Q)을 N_t, B_t, L_h, F_d 및 P_s의 다양한 조합을 사용하여 분석했다.

베드 안착 품질(B_q)의 경우 N_t, B_t, L_h, F_d 및 P_s의 조합에 대한 분석을 수행하였다.

분석결과, 가장 영향력이 큰 변수는 L_h이고 두 번째로 큰 변수는 P_s이고 세 번째는 B_t로 나타났다. 그리고 나머지 파라미터(N_t 및 F_d)는 영향을 받지 않는 것으로 나타났다. 결국 베드안착 품질에 영향을 미치는 인자는 첫 번째 Layer 높이가 가장 큰 영향을 주고, 프린팅속도와 베드온도가 영향을 끼치는 것으로 분석되었다.

적층품질(L_q)의 경우도 마찬가지로 N_t, B_t, L_h, F_d 및 P_s의 조합에 대한 분석을 수행하였다. 이 경우 모든 매개 변수는 L_q에 영향을 미치지만, F_d는 다른 매개 변수보다 약간 적은 영향을 미치는 것으로 나타났다.

두 가지의 분석 결과 파라미터들 중 일부가 베드 안착 품질에 영향을 미치고 전체 파라미터들이 적층 품질에 영향을 미치는 것으로 나타났다.

베드 안착 품질과 적층 품질이 전체 품질에 나타나는 영향에 대해서 분석해 보았다. 분석을 위해 독립변수를 B_q와 L_q로 두고 종속변수를 Q로 하여 분석하였다.

또 다른 측면에서 파라미터들이 직접적으로 전체품질(Q)에 미치는 영향에 대해서 확인하기 위해 전체품질(Q)에 대해서 N_t, B_t, L_h, F_d 및 P_s의 조합에 대한 분석을 수행하였다.

3D 프린팅의 전반적인 품질에서 매개 변수 N_t, L_h, F_d 및 P_s는 영향을 미치지만 B_t는 영향을 미치지 않는 것으로 나타났다.

4) 연구 결과

이미 앞에서 살펴본 분석 결과에 의하면, 베드 안착 품질을 높이려면 1번째 Layer 높이, 인쇄 속도, 베드온도를 잘 조정해야 한다는 분석이 나왔고 적층 품질의 향상을 도모하려면 노즐온도, 베드온도, 1번째 Layer 높이, 채움밀도 및 인쇄 속도를 조정해야 한다. 마지막 분석에 의하면, 3D 프린팅 품질을 향상시키기 위해 노즐온도, 1번째 Layer 높이, 인쇄 속도 및 채움밀도를 조절해야 하며 베드온도는 다른 매개변수보다 덜 중요한 것으로 나타났다.

3D 프린팅 품질을 향상시키기 위해 5가지 매개 변수를 추출하고 베드 안착 품질(B_q), 적층 품질(L_q) 및 전체품질(Q)에 대하여 3D 프린팅 관련 품질 모델을 정의하고, 426개의 실험 샘플을 인쇄하여 각각 3D 프린팅 품질 테스트를 통해 확인되었다.

표 5-9 파라미터가 3D 프린팅에 끼치는 영향(○ : 영향을 끼침)

	Bq	Lq	Nt	Bt	Lh	Fd	Ps
Q	○	○	○	○	○	○	○
B_q				○	○		○
L_q			○	○	○	○	○

연구 결과를 바탕으로 B_q에 영향을 미치는 매개 변수는 L_h, P_s, B_t, N_t 및 F_d이다. 가장 중요한 효과 매개 변수는 L_h이고 두 번째 매개 변수는 P_s이며 세 번째 매개 변수는 B_t이며 N_t와 F_d는 극히 작은 영향을 준다. L_q에 영향을 미치는 매개 변수는 모든 매개 변수의 영향을 받는 것으로 나타났다. Q에 영향을 주는 B_q와 L_q는 효과적이지만, Q에 영향을 미치는 매개 변수의 결과에서 Q는 B_t의 영향을 적게 받는 것으로 나타났다. 실제 3D 프린팅 환경에서 B_t는 B_q의 품질에만 영향을 미치지만 B_t는 다른 매개 변수보다 영향이 적게 나타난다.

B_t에 의한 B_q와 Q의 차이를 조사한 결과, B_t는 Q에 약간의 부정적인 영향을 미치는 것으로 나타났다. 즉, B_t는 B_q에 영향을 미치지만 베드안착이 이루어진 이후의 3D 프린팅 프로세스에서는 B_t가 변형의 주요 원인이 될 수도 있다는 것이다.

그림 5.32의 그래프는 B_t에 따른 L_q와 Q의 평균값을 보여준다. B_t가 50℃일 때, L_q와 Q는 가장 낮은 값을 나타내며, 55℃에서 가장 높고, 그 이상의 온도에서는 L_q와 Q가 줄어드는 것을 확인할 수 있다. 최적의 3D 프린팅을 위해서는 B_t가 시간에 따라 변경되도록 조정되어야 한다는 것을 발견하게 된다. 즉, G-code 변환 시 베드 온도를 제어할 수 있도록 슬라이스 소프트웨어를 개발해야 한다.

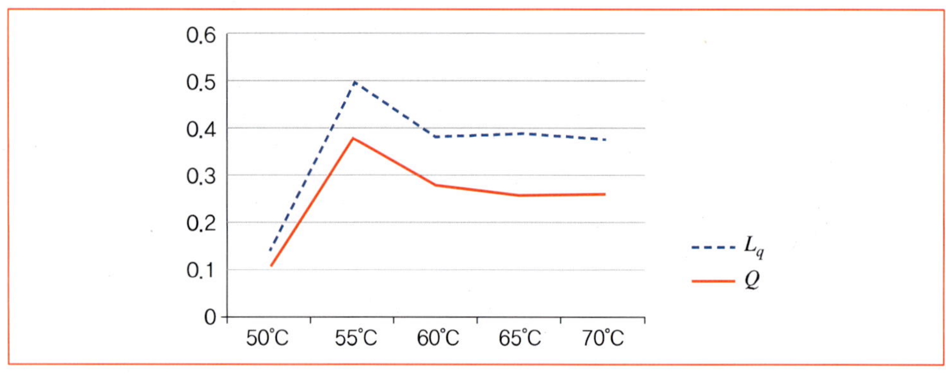

▲ 그림 5.32 베드 온도에 따른 품질 변화

4.4 3D 프린팅 출력물 품질 향상

상기의 예와 같이 연구를 통해 3D 프린팅 출력 품질을 향상시키고자 하는 노력은 계속되고 있다. 3D 프린팅은 독특한 구조와 다양한 특성을 지닌 3D 오브젝트를 생성하는 가장 다양하고 혁신적인 제조 기술 중 하나이다. 그러나 출력을 위해 3D 프린터를 사용하는 대부분의 사람들은 기술적 한계를 느끼고 있다.

3D 프린팅의 현재 환경은 사용자가 노즐온도, 베드온도, 인쇄 속도 및 1번째 Layer 높이와 같은 다양한 설정을 조정할 것을 요구하고 있다. 3D 프린팅은 사람들이 2D 프린터처럼 쉽게 컴퓨터에서 프린터로 출력할 수 있도록 진화해야 한다. 이러한 목적을 달성하기 위해 많은 연구원들이 3D 프린팅과 관련한 환경 변수를 연구하고 있으며, 복잡한 제품, 맞춤형 제품의 최고 품질을 쉽고 빠르게 출력할 수 있도록 노력하고 있다.

향후 시제작품뿐만 아니라 제품의 개발 및 생산에 있어서도 이러한 노력들로 인해 3D 프린팅이 활성화 될 수 있는 가능성을 확인할 수 있다. 이러한 노력들은 3D 프린팅에 대한 자동화의 토대가 되어 현재 우리가 사용하고 있는 2D 프린터와 같이 출력 목적 3D 프린터만 선택하면 쉽고 빠르게 품질 좋은 출력물이 구현될 수 있을 것이다.

5. 3D 프린팅 예제

5.1 '나만의 스탠드' 3D 프린팅

CAD 작업을 통해 만들어진 두 개의 부품에 대해서 3D 프린팅을 해나가는 과정을 직접 수행해 보았다. 모델링이 완료되었으면 거의 부품의 제작이 완료되었다고 보아도 될 정도이므로 3D 프린팅 과정은 단순하다.

CAD로 모델링한 부품에 대해서 3D 프린팅을 수행하기 위해서는 두 단계의 절차를 거쳐야 하는데 3D 프린팅을 위한 변환작업이 두 번 정도 진행된다. 변환작업은 첫째, 모델링 완료된 CAD 도면을 STL 파일 형식으로 변환하여 저장하는 단계와 둘째, 슬라이서를 이용해서 G-code 파일 형식으로 저장한 후 3D 프린터에 사용하는 단계이다.

5.2 MS010 부품의 3D 프린팅

앞서 3장의 예제에서 CAD로 모델링한 MS010 부품에 대해서 3D 프린팅을 하기 위해서 STL파일 형식으로 변환하는 방법과 슬라이서를 이용해서 G-code 파일 형식으로 저장한 후 3D 프린터에 사용하는 방법에 대해 설명한다.

1) STL 파일 형식 변환

우선 3장의 예제를 통해 설계된 MS010부품인 제어 본체를 인벤터로 불러온다. 3장의 예제를 수행하지 않았거나, 부품 설계 파일이 없을 경우에는 다른 3D 모델링 파일을 불러오더라도 무방하다. 그러나 본 과정을 익히는 것은 순차적으로 필요한 학습 내용을 파악하게 되므로 가능한 예제를 통해 학습할 것을 권장한다. 예제의 파일이 없다면 다시 한 번 3장의 예제를 수행해보는 것도 좋은 방법일 수 있다.

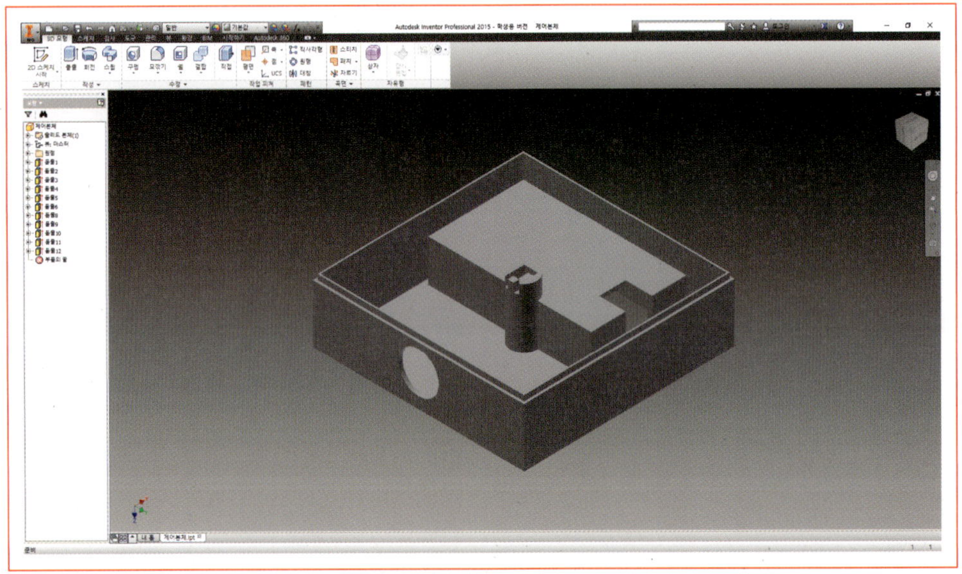

▲ 그림 5.33 MS010(제어 본체) 모델링 화면

모델링 된 부품을 3D 프린팅이 가능한 형태로 변환작업을 하기 위해서는 우선 .stl 파일로 저장을 해야 한다. 인벤터의 제일 좌측 상단에 있는 인벤터 메뉴 아이콘을 클릭하면 하위메뉴가 나오고 하위메뉴 중에서 "내보내기"를 클릭하면 우측으로 선택메뉴가 나온다. 여기서 "CAD 형식"을 클릭한다(그림 5.34 참조).

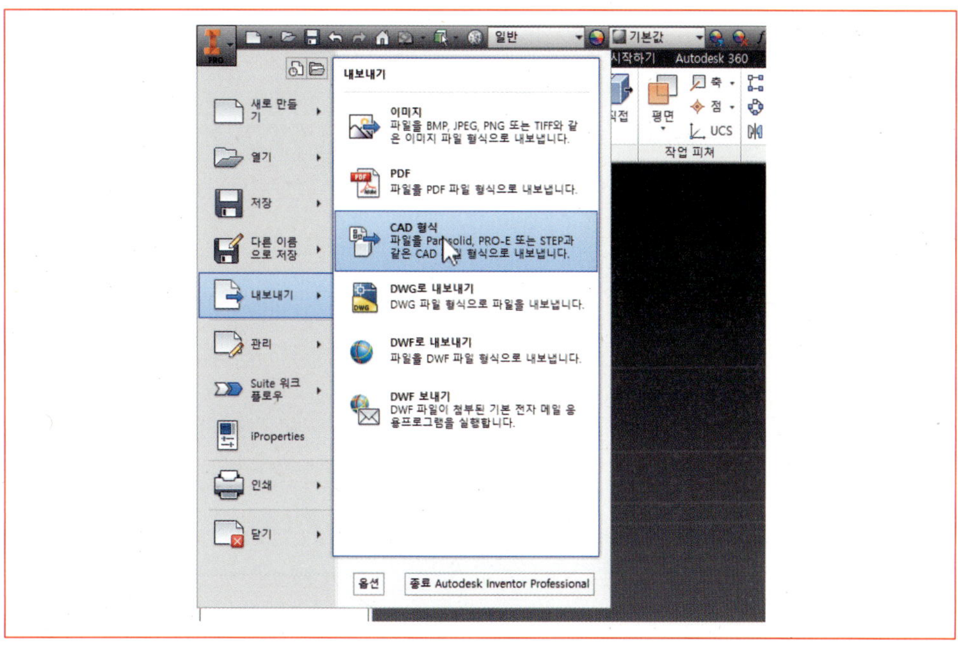

▲ 그림 5.34 내보내기 메뉴

인벤터 뿐만 아니라 다른 CAD 프로그램의 경우도 인벤터와 유사하게 "내보내기" 메뉴를 제공하고 있다. 각종 표준화를 지원하는 형태로 CAD 형식 파일을 지원하므로 이를 잘 활용하면 다양한 CAD 프로그램에서 활용이 가능하다. 단, 복잡하게 설계된 CAD 모델링은 변환과정에서 설계 내용이 빠진다거나 제대로 변환이 되지 않는 등의 문제가 발생할 수 있으니 변환 이후에는 반드시 확인 작업을 거치는 것이 필요하다.

"내보내기"에서 "CAD 형식"의 메뉴를 클릭했으면, "다른 이름으로 저장"이라고 명명된 창이 하나 나타나게 된다. "파일 이름" 입력란에는 적당한 명칭이나 부품 번호 등을 기입해서 파일 이름을 지정하면 되고, 다음으로 "파일 형식"이라고 되어 있는 항목이 보이고 우측에 드롭다운 메뉴가 있다. 여기에서 "STL 파일(*.stl)"이라고 되어 있는 항목을 선택한다(그림 5.35 참조).

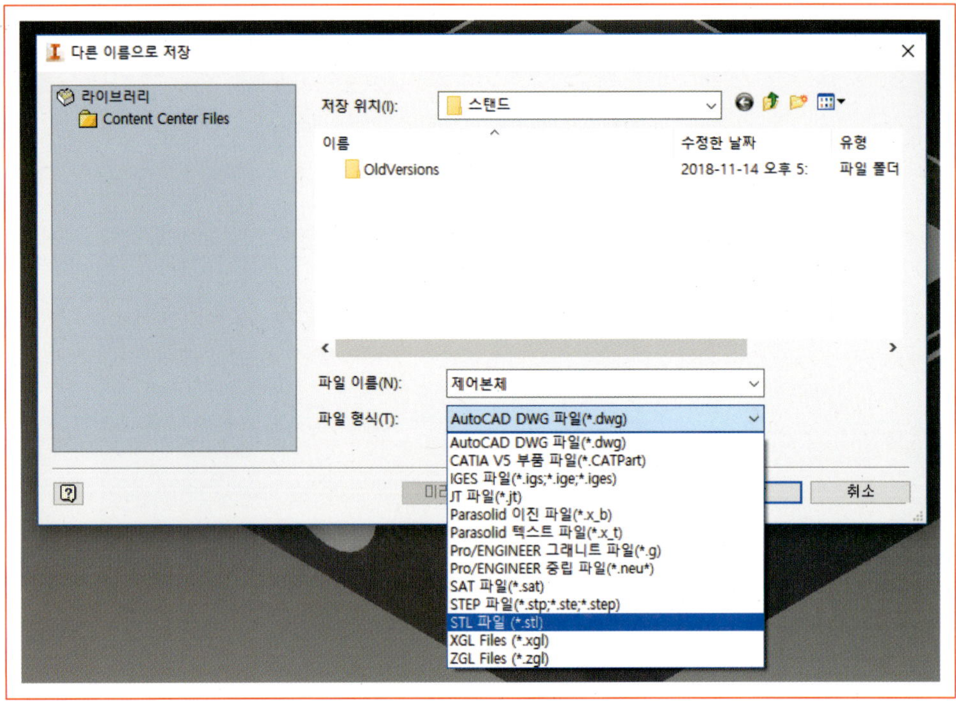

▲ 그림 5.35 STL 파일 형식 지정하기

다음으로 사용자가 간과하고 지나가는 것 중 하나가 있는데, 하단의 "옵션" 버튼을 클릭한다. 그러면 "STL 파일 다른 이름으로 저장 옵션"이라는 창이 하나 나타난다. 그 창은 크게 두 개의 영역으로 나뉘어 있는데, 상단의 "형식" 영역과 하단의 "해상도" 영역이다. "형식" 영역에서 "단위" 항목의 드롭다운 메뉴를 클릭해서 단위를 "밀리미터"로 반드시 지정해 주어야 한다. 그렇지 않으면 인벤터에서 지정한 기준 단위가 STL 파일로 변환되면서 이 항목에서 지정한 단위로 변환이 되게 된다. 그래서 크기가 변경되는 경우가 발생할 수 있으니 반드시 단위를 확인하도록 한다. "해상도"의 경우는 사용자에 따라 원하는 옵션을 선택하면 된다. "확인"을 클릭하면 옵션 지정이 완료된다(그림 5.36 참조).

옵션 지정이 완료되었으면 저장하기를 원하는 디스크 또는 디렉토리를 선택하고 저장 버튼을 눌러 저장한다. 이로써 인벤터에서 설계된 부품이 STL 파일 형식으로 저장이 되었다.

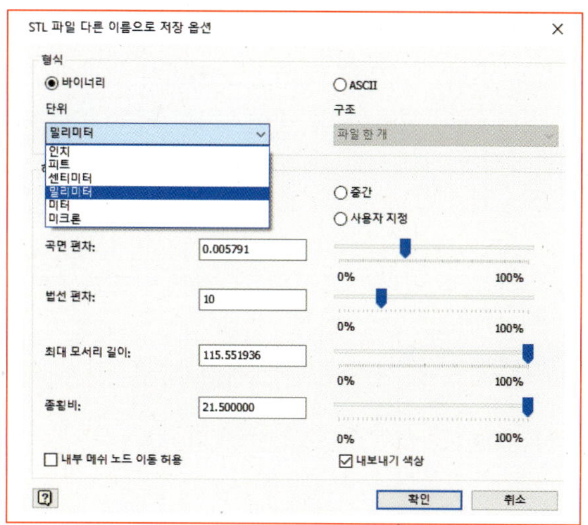

▲ 그림 5.36 옵션 지정하기

2) G-code 생성하기

지금까지는 인벤터에 의해 작업이 진행되었다면, 이제부터는 슬라이서 프로그램으로 작업이 진행된다. 이미 앞서 언급한 바 있는 슬라이서 프로그램 중 하나를 선택해서 사용하면 되는데, 앞서 상세하게 설명이 되어 있으므로 필요한 부분은 5장 2절의 내용을 참조하도록 한다. 큐라를 사용해서 예제를 진행하도록 한다.

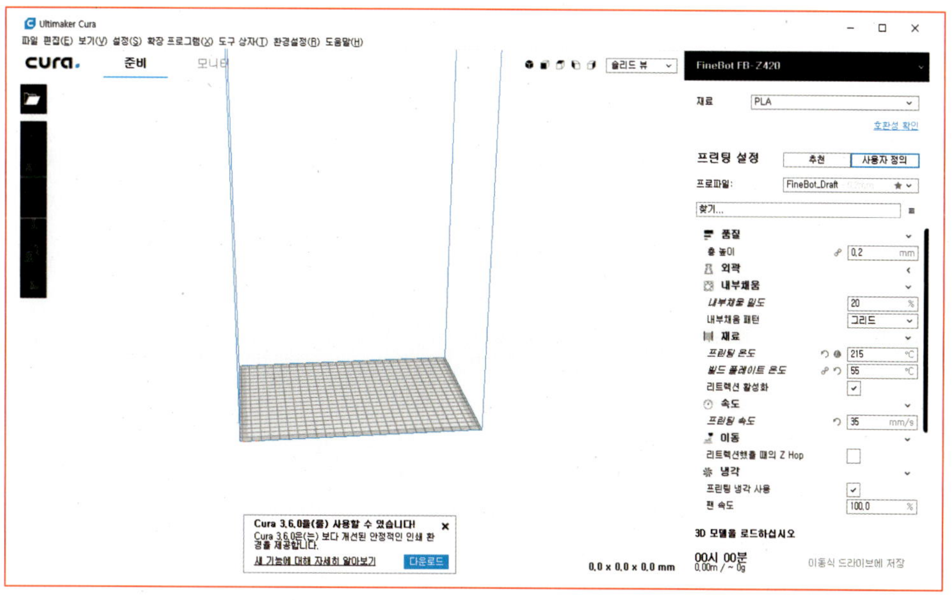

▲ 그림 5.37 큐라 실행 화면

큐라를 실행시키면 큐라 작업 화면이 나타난다. STL 파일을 불러 오는 방법은 다양하게 있는데 제일 쉽게 불러 오는 방법은 파일을 마우스로 끌어서 큐라의 작업창에 가져다 놓는 방법이 가장 쉬운 방법이다. 일반 적인 방법은 메뉴에서 "파일"을 클릭한 후 "파일 열기… "를 실행해서 부품 파일을 여는 것이다(그림 5.38 참조).

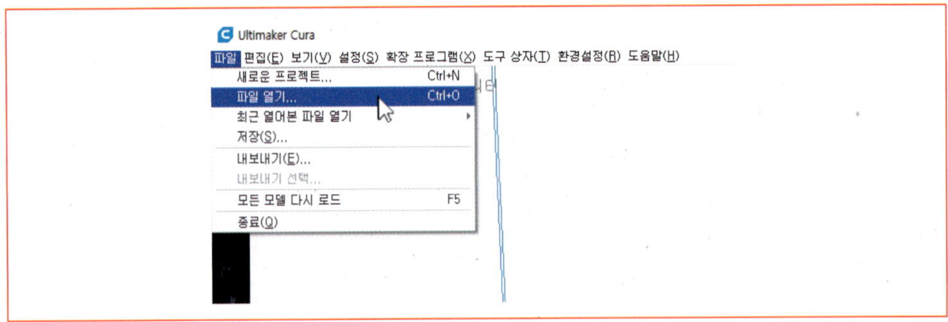

▲ 그림 5.38 파일 열기

파일이 열렸으면, 작업 공간에 형상이 나타난다. 일반적으로 한 개의 부품인 경우 중앙에 위치하게 된다. 슬라이스를 통해 G-code를 만들 때 가장 고려해야 하는 사항이 출력을 위한 방향이다(그림 5.39 참조).

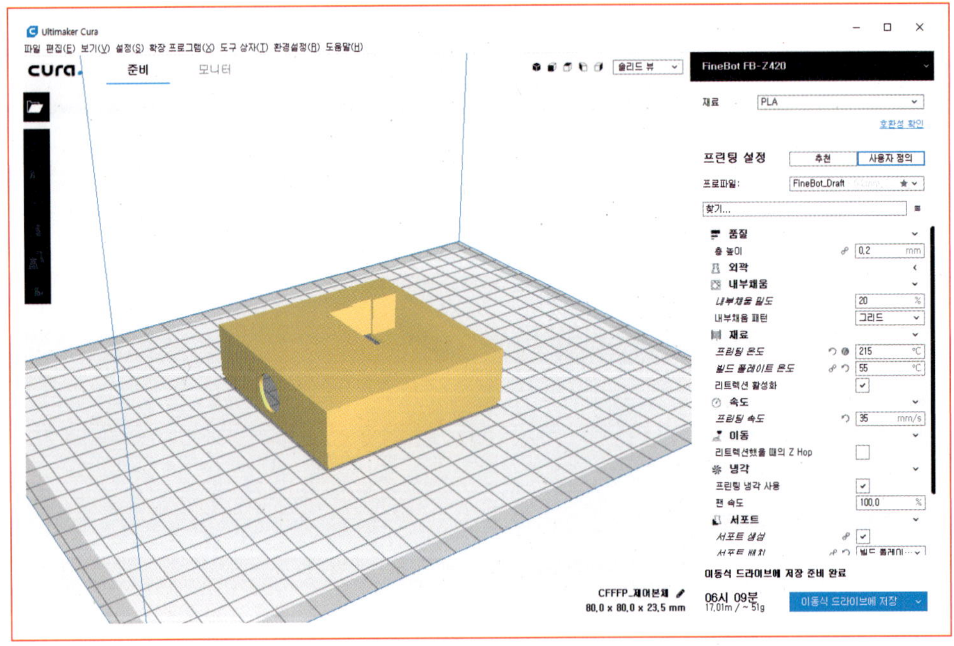

▲ 그림 5.39 작업 공간의 부품

가능한 적은 서포터가 만들어지고 출력이 안정적으로 진행될 수 있도록 출력 모델의 위치와 형태를 정하는 것이 좋다. 출력물이 베드에 놓이는 방향을 수정하기 위해서 출력물을 마우스로 한 번 클릭하면 오브젝트에 x, y, z축이 표현되면서 좌측의 검은색 메뉴가 활성화된다. 활성화된 메뉴 중 "회전"을 클릭하면 표시되었던 좌표축은 없어지고 축과 수직, 수평한 원들이 나타난다. 이 원은 각각 x, y, z축 방향의 회전을 위한 가이드라인이다(그림 5.40 참조).

이 가이드라인을 마우스로 드래그해서 원하는 각도로 오브젝트를 회전시킬 수 있다. 어떤 방향으로 놓으면 가장 적은 서포트와 안정적인 출력이 가능할 지에 대해서는 경험에 따라 다소 차이가 있을 수 있다.

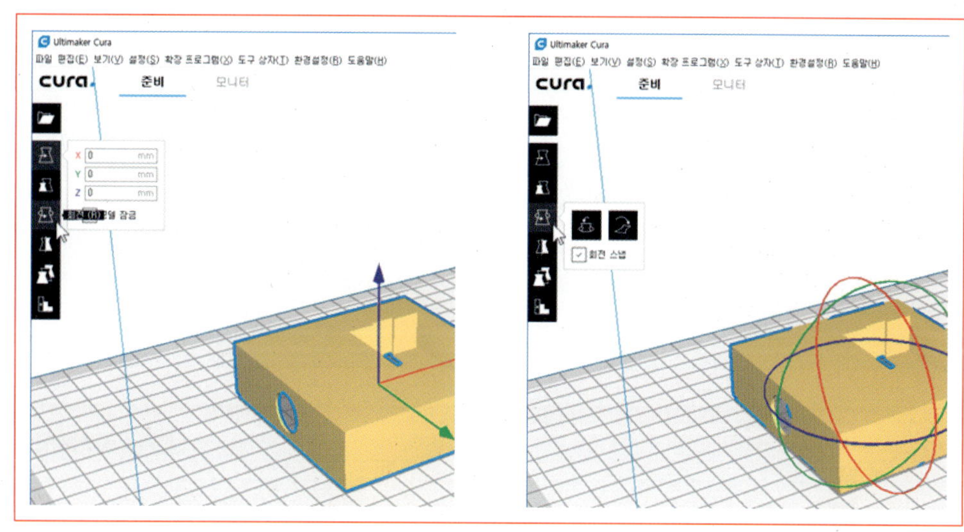

▲ 그림 5.40 출력물 선택과 회전

출력물에 따라 어떤 방향으로 베드에 놓이느냐는 아주 중요한 문제이다. 특히 과다한 서포트의 출력은 후가공의 어려움이 뒤따를 수도 있으며, 층층이 쌓는 방식이므로 결과물의 강성에도 많은 영향을 미친다. 그러므로 출력 대상물이 베드에 놓이는 방향과 각도는 상당히 중요한 의미를 가진다. 예제의 대상물을 바닥면이 위로 향하게 180도 회전시켰다(그림 5.41 참조).

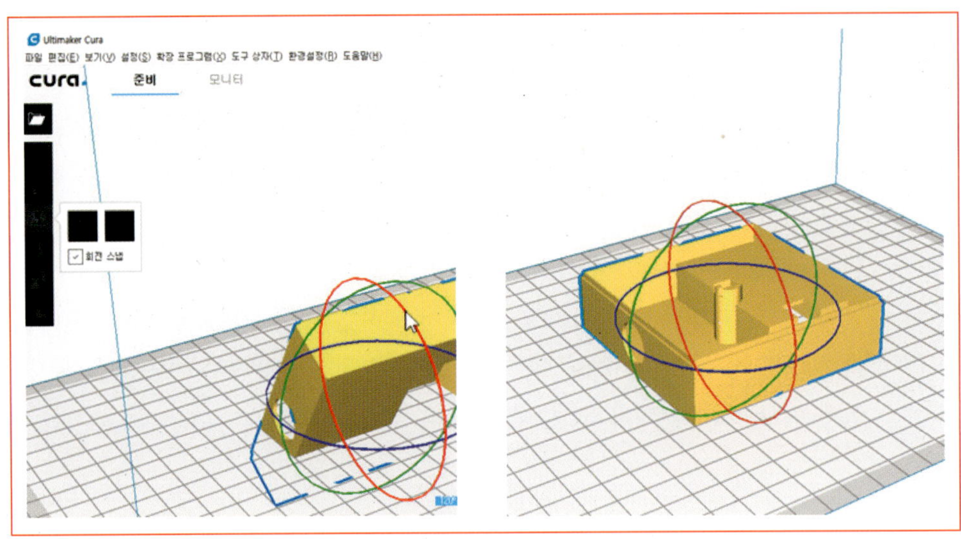

▲ 그림 5.41 출력물을 드래그해서 회전(180도)

모델링 파일을 불러와서 초기에 놓은 그대로 G-code를 생성할 경우와 180도 회전시켜 G-code를 생성할 경우에 대하여 두 경우를 비교해 보았다. 이러한 출력 전반의 상황에 대한 비교를 위해서 메뉴 중 "레이어뷰"를 이용한다.

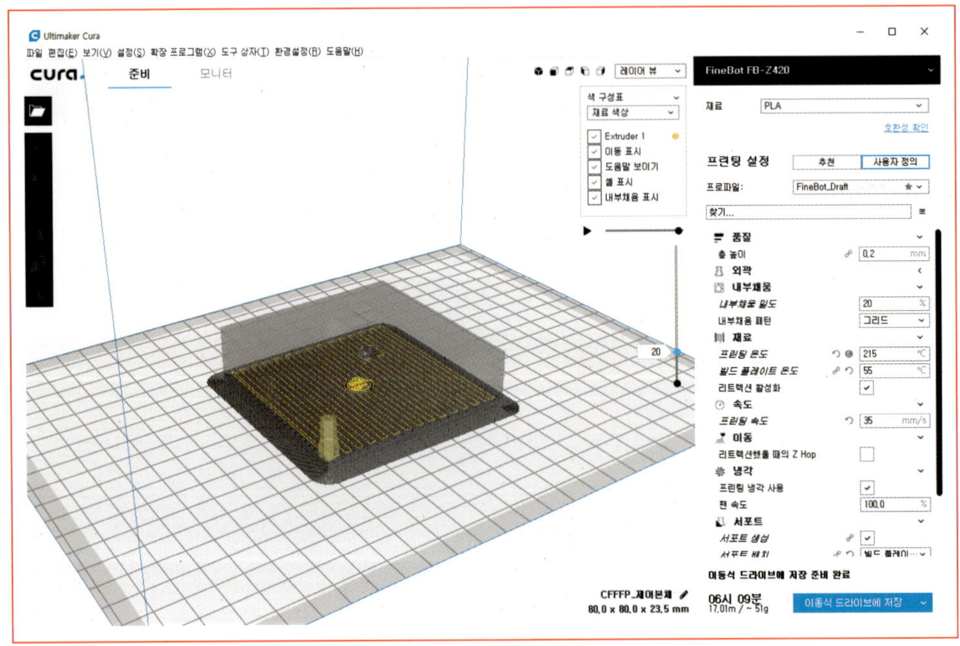

▲ 그림 5.42 파일 불러온 그대로 출력한 경우

그림 5.42에서 보는 바와 같이 우선 출력에 대한 정보로 노랗게 나타나는 부분 중에 간격이 넓게 형성되어 있는 부분이 서포터로 출력되는 부분이다. 초기 베드에 놓인 형태 그대로 출력할 경우 20번째 레이어 대부분의 출력면이 서포터로 차 있는 것을 볼 수가 있다. 또한 우측 하단에 나타난 출력 시간을 보면 "06시 09분"으로 되어있는데, 이는 6시간 9분이 걸린다는 이야기이다.

반면 베드에 놓일 출력물을 180도 회전시킨 경우를 살펴보자. 그림 5.43과 같이 20번째 레이어의 배터리 케이스 부분만 서포터로 차 있고 나머지는 출력을 하지 않는 것으로 확인되었다. 그리고 걸리는 시간을 확인해 보면 4시간 54분으로 나타나 있는 것을 확인할 수 있다. 즉, 출력을 위해 출력물이 베드에 놓이는 방향을 어떻게 하느냐에 따라 적은 서포터 출력량과 그에 따른 출력 시간을 줄일 수 있는 것을 쉽게 확인할 수 있다.

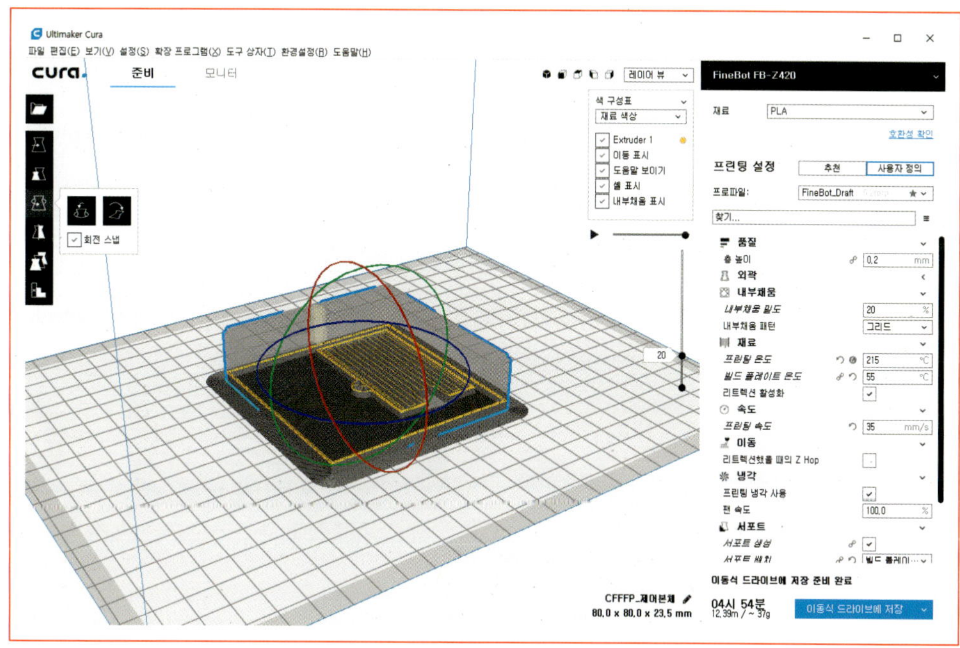

▲ 그림 5.43 출력물 방향을 조정한 이후 출력한 경우

출력을 위한 기본적인 세팅값은 이미 3D 프린터 하드웨어를 세팅할 때 어느 정도 진행이 되어있었다. 필리멘트 재료와 3D 프린터에 따른 기본 세팅은 많은 출력에 따른 실험 결과로 최상의 품질을 제공하는 세팅값으로 최적화 시켜두길 바란다. 그러므로 출력을 위해서 준비해야 할 내용은 "서포트 생성"에 대한 부분과 "빌드 플레이트 고정

유형"을 어떤 것으로 선택하느냐 정도만 세팅을 해주면 될 것으로 보인다.

본 출력물과 같이 하단이 넓고 베드에 붙는 면적이 많은 출력물의 경우에는 "빌드 플레이트 고정 유형"을 "스커트"나 "브림" 정도로 놓고 출력을 하면 후가공의 노력이 줄어들 것이다.

이 정도로 준비가 되었으면 저장하기 위한 저장 매체인 SD 카드를 미리 준비하고 컴퓨터에 장착한 다음, 우측하단에 있는 "이동식 드라이브에 저장"이라고 되어 있는 버튼을 클릭한다. 이제 이동식 저장 매체인 SD 카드에 G-code 파일이 저장되었다.

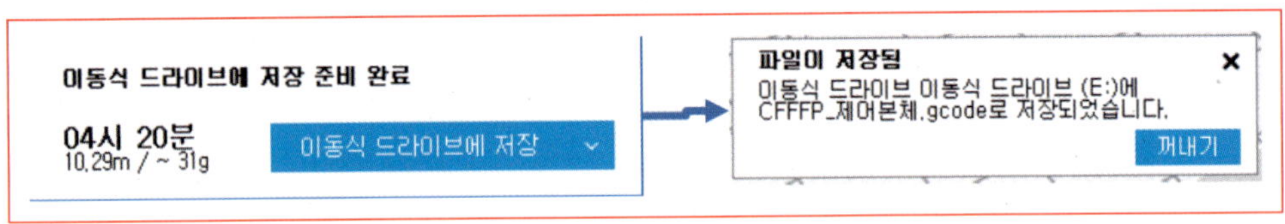

▲ 그림 5.44 G-code로 파일 저장하기

3) 3D 프린터로 출력하기

G-code로 SD 카드에 저장되어 있는 파일을 3D 프린터의 SD 카드 슬롯에 삽입하고 3D 프린팅 시작 준비를 마친다. 3D 프린팅에 대한 상세한 사항은 5장 3절을 참조한다.

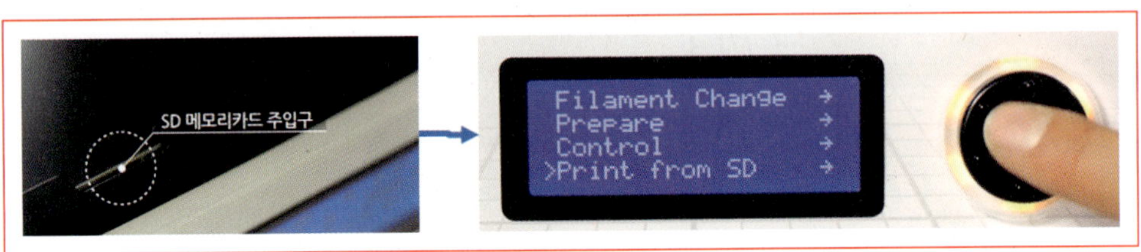

▲ 그림 5.45 3D 프린터로 출력하기

5.3 MS020 부품의 3D 프린팅

3장의 예제에서 모델링한 MS020 부품의 경우는 MS010 부품과 동일한 방법으로 3D 프린팅을 수행한다.

1) STL 파일 형식 변환

설계된 MS020 부품인 발광부를 인벤터로 불러온다.

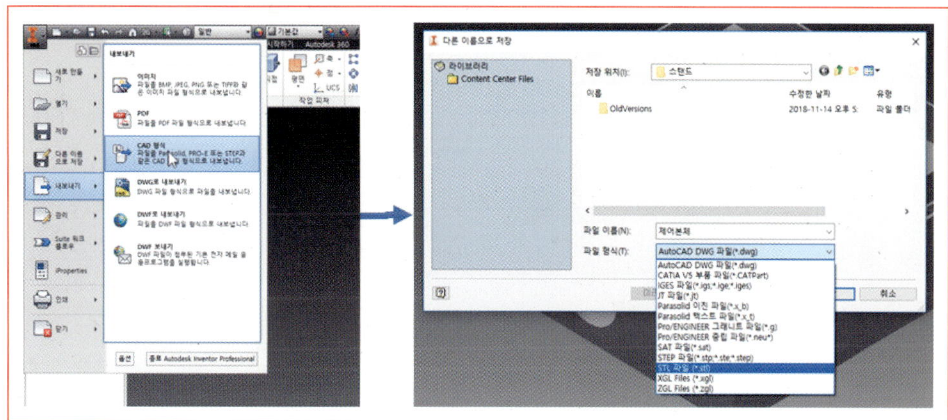

▲ 그림 5.46 내보내기와 파일 형식 지정

인벤터 메뉴의 "내보내기"를 통해 나타나는 창에서 "STL 파일(*.stl)"을 선택하고 원하는 디스크나 디렉토리에 파일을 저장하면 STL 파일 변환은 마무리 된다(그림 5.46 참조). 본 과정을 상세히 알고 싶을 경우 MS010 부품에 대한 예제를 참조하거나 본서 5장을 다시 읽어보길 바란다.

2) G-code 생성하기

이미 예제를 통해 확인한 바와 같이 큐라를 실행 시키고 MS020 부품의 STL 파일을 작업 창에 올려놓는다. MS010 부품의 예와 마찬가지로 베드에 놓일 방향에 대해 확인한 바, 현재 놓인 방향으로 출력을 할 경우 상단이 열려 있는 구조로 별도의 서포터가 필요 없으며, G-code를 생성시켜 본 결과 5시간 19분이 소요되는 것으로 확인되었다. 출력물을 180도 회전시킬 경우 상단에 윗면이 존재하게 되므로 윗면을 지지할 수 있는 서포트가 반드시 있어야 출력이 가능하다. 그래서 서포트를 생성시키고 G-code를 생성시켜 본 결과 13시간 15분이 걸리는 것으로 나타났다(그림 5.47 참조).

MS020 부품의 경우 출력물의 각도를 초기 각도로 출력하게 되면 상단이 열린 형태로 오히려 적은 재료와 시간이 소요됨을 확인할 수 있다.

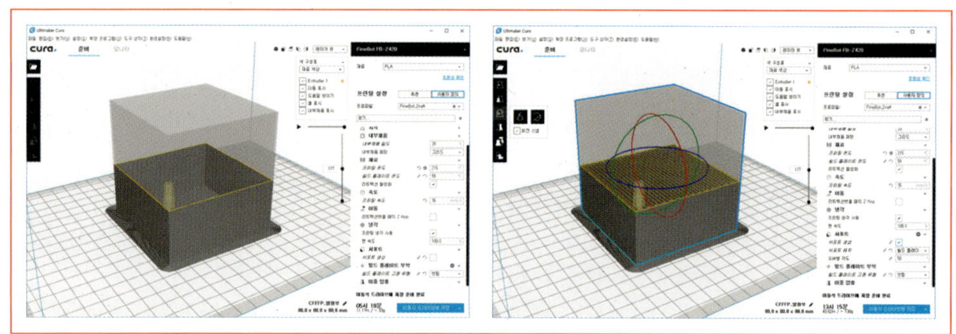

▲ 그림 5.47 출력물 각도에 따른 서포터 생성 차이

서포터의 생성이 적고 시간이 적게 걸리는 각도로 출력물을 위치시킨 후 "빌드 플레이트 고정 유형"을 "스커트" 또는 "브림"으로 선택한 다음, 이동 매체인 SD 카드에 저장하여 G-code 파일 준비를 마무리 한다.

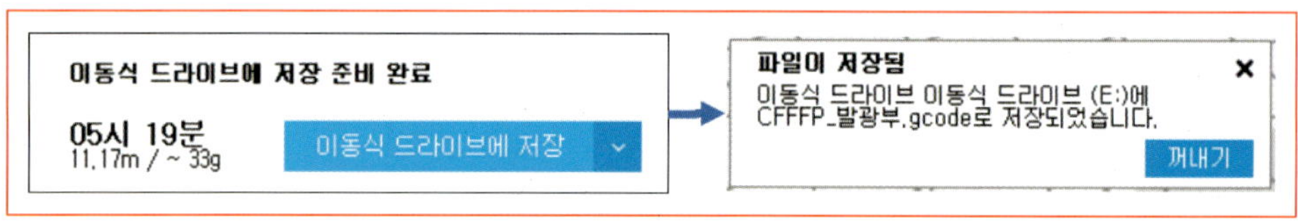

▲ 그림 5.48 G-code로 파일 저장하기

3) 프린터로 출력하기

G-code로 SD 카드에 저장되어 있는 파일을 3D 프린터의 SD 카드 슬롯에 삽입하고 3D 프린팅 시작 준비를 마친 뒤, 3D 프린터에서 "Printing from SD" 메뉴로 프린팅을 수행한다.

▲ 그림 5.49 3D 프린터로 출력하기

5.4 '나만의 스탠드' 조립

3장의 예제에서 개념 설계와 제품 사양에 대하여 정의를 하였었고, 그에 따른 BOM도 작성을 해보았다. 그리고 단위 부품별 설계 계획에 따라 표준 부품은 사전에 준비를 하고 필요한 부품은 설계를 진행해서 3D 프린팅까지 완료한 상태가 되었다.

1) 부품의 준비

BOM에서의 부품 List와 준비된 부품들을 비교하여 완벽하게 준비되었는지를 확인한 후 조립에 들어간다.

표 5-10과 같이 MS010과 MS020은 3D 프린팅에 의해 준비되었고, 나머지 MS031~5의 부품은 구매에 의해 부품을 준비하는 것으로 계획이 되어있었다. BOM 목록의 etc. 항목에 'OK'로 표시하여 한 가지씩 확인을 진행하며 준비가 완료된 것을 다시 한 번 확인하였다.

표 5-10 BOM에 의한 부품 준비 상황

Part No.	Level	Name	Material	Process	Weig.	Cnt.	etc.
MS010	1	Control Body	PLA	3D Printing		1	OK
MS020	1	LED Cap	PLA	3D Printing		1	OK
MS031	2	LED	elect.	Outsourcing		1	OK
MS032	2	Switch	PP	Outsourcing		1	OK
MS033	2	W/harness	Wire	Outsourcing		3	OK
MS034	2	Battery	-	Outsourcing		2	OK
MS035	2	Battery case	PP	Outsourcing		1	OK

▲ 그림 5.50 준비된 부품의 확인

2) 설계 변경

설계를 진행하고, 3D 프린팅을 수행하면서 다양한 문제점들이 나타난다. 이러한 문제들은 항상 내재되어 있으므로 필요에 따라 설계를 변경해야 할 필요성이 있다. 예제의 설계를 통해 불합리했던 점들이 몇 가지 있었는데, 첫 번째는 형상이 사각형으로 날카로운 부분이 있다 보니 디자인 감성이 떨어질 수 있다는 점이고, 두 번째는 배터리 케이스 부분의 상단을 완전히 막다 보니 3D 프린터로 출력을 할 경우 서포터가 과도하게 많이 소요되는 현상이 발생된다는 점이다. 그래서 배터리 케이스가 빠지지 않을 정도로만 덮개를 줄이게끔 설계변경을 진행하였다.

3) 전기 부품의 회로도

제어 본체에 대한 조립을 진행하기에 앞서 간단히 회로도가 필요하다. 예제에서는 전기회로 학습이 아닌 관계로 회로에 대한 내용이 빠져 있지만, 기능을 정의할 때 회로가 추가되어야 함을 기억해야 한다.

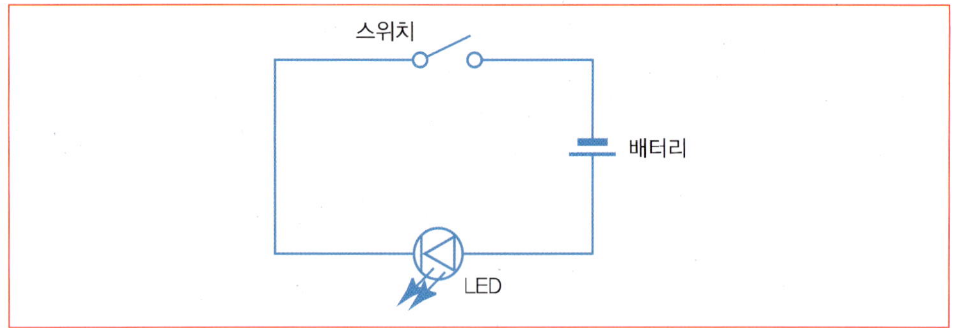

▲ 그림 5.51 스탠드 회로도

4) 제어 본체의 조립

3D 프린팅을 통해 준비된 MS010 부품인 제어 본체에 회로도에 의한 배선 및 부품을 장착한다. 3D 프린터에 의해 만들어진 부품이므로 출력 품질이 좋지 않을 수 있지만, 높은 정밀도를 요구하지 않기 때문에 충분히 잘 출력되었을 것으로 생각한다. 예제를 통해 만들어지는 제어 본체는 사각형의 단순한 형태이지만, 설계자의 의도에 따라 다양한 형태의 설계 변경도 가능하다고 앞서 설명한 바 있다. 약간의 제품 디자인 변경으로 훨씬 부드러운 이미지를 가지기도 한다. 그래서 이번 조립에 사용되는 제어 본체의 형상은 설계 변경이 진행된 부품으로 조립을 진행하였다.

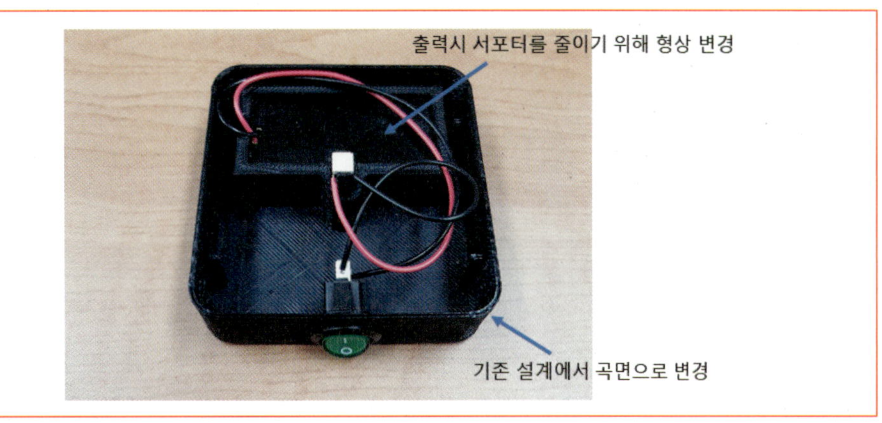

▲ 그림 5.52 조립된 제어 본체

5) 완성품

조립된 제어 본체에 모든 전기 부품들이 장착되었고, 3D 프린터로 출력된 MS020 부품인 발광부만 조립되지 않은 상태이다. 발광부의 경우는 다양한 형태로 만들게 되면 디자인 감각과 개인화가 가능하기 때문에 다양한 형태로 설계를 하더라도 무방하다. 이렇게 설계된 MS020 부품을 제어 본체의 위쪽에 결합함으로써 완전한 제품이 완성되게 된다.

▲ 그림 5.53 완성된 '나만의 스탠드'

참고문헌

- Choi, N. (2018). Optimized Environment Parameters from Dimensional Accuracy for FDM-type 3D Printing System. *Journal of the Korean Institute of Industrial Engineers*, *44*(1), 9-17.
- Hiller, J. D., &Lipson, H. (2009, August). STL 2.0: a proposal for a universal multi-material additive manufacturing file format. In *Proceedings of the Solid Freeform Fabrication Symposium* (No. 1, pp. 266-278).
- Lanzotti, A., Eujin Pei, D., Grasso, M., Staiano, G., and Martorelli, M. (2015), *The impact of process parameters on mechanical properties of parts fabricated in pla with an open-source 3-d printer*, Rapid Prototyping Journal, Vol. 21, No. 5, pp. 604-617.
- Lee, B.H., Abdullah, J., and Khan, Z.A. (2005), *Optimization of rapid prototyping parameters for production of flexible abs object*, Journal of Materials Processing Technology, Vol. 169, No. 1, pp. 54-61.
- Mahesh, M., Wong, Y., Fuh, J., and Loh, H. (2004), *Benchmarking for comparative evaluation of rp systems and processes*, Rapid Prototyping Journal, Vol. 10, No. 2, pp. 123-135.
- Moylan, S., Slotwinski, J., Cooke, A., Jurrens, K., and Donmez, M.A. (2012), *Proposal for a standardized test artifact for additive manufacturing machines and processes*, in 23rd Annual International Solid Freeform Fabrication Symposium, Austin, TX, pp. 902-920.
- Petrovic, V., Vicente Haro Gonzalez, J., Jorda Ferrando, O., Delgado Gordillo, J., Ramon Blasco Puchades, J., and Portoles Grinan, L. (2011), *Additive layered manufacturing: Sectors of industrial application shown through case studies*, International Journal of Production Research, Vol. 49, No. 4, pp. 1061-1079.
- Pilipović, A., Raos, P., and Šercer, M. (2009), *Experimental analysis of properties of materials for rapid prototyping*, The International Journal of Advanced Manufacturing Technology, Vol. 40, No. 1-2, pp. 105-115.
- Qu, X., &Stucker, B. (2003). A 3D surface offset method for STL-format models. *Rapid Prototyping Journal*, *9*(3), 133-141.
- *Reprap – the replicating rapid prototyper*, Robotica, Vol. 29, No. 01, pp. 177-191.
- Roberson, D., Espalin, D., and Wicker, R. (2013), *3d printer selection: A decision-making evaluation and ranking model*, Virtual and Physical Prototyping, Vol. 8, No. 3, pp. 201-212.
- Roberson, D., Shemelya, C.M., MacDonald, E., and Wicker, R. (2015), *Expanding the applicability of fdm-type technologies through materials development*, Rapid Prototyping Journal, Vol. 21, No. 2, pp. 137-143.
- Vaezi, M., Seitz, H., and Yang, S. (2013), *A review on 3d micro-additive manufacturing technologies*, The International Journal of Advanced Manufacturing Technology, Vol. 67, No. 5-8, pp. 1721-1754.
- Vasudevarao, B., Natarajan, D.P., Henderson, M., and Razdan, A. (2000), *Sensitivity of rp surface finish to process parameter variation*, in Solid freeform fabrication proceedings, pp. 251-258.

3D 프린팅을 활용한 비즈니스 적용 06

1. 비즈니스 모델의 이해
2. 3D 프린팅 활용 비즈니스 적용 사례
3. 비즈니스 모델과 투자 유치

1. 비즈니스 모델의 이해

1.1 제품 혁신 활동의 이해

기업의 경제활동은 기업의 수익을 창출하기 위한 많은 노력에 기반을 둔다. 수익창출을 위한 다양한 활동 중에서 가장 일반적인 비즈니스 활동으로 창의적 사고에 의한 혁신을 추진하는 것이다. 많은 경영자와 기업관련 인원들이 혁신에 대해 이야기 하지만, 전통적인 시장에서의 혁신은 아주 많은 시간을 필요로 한다. 그 이유는 "깔때기 프로세스" 때문이다. 깔때기 프로세스는 기업이 반드시 추구해야 하는 혁신에 관해 내부적인 결정을 하도록 하고, 가장 성공의 가능성이 높은 혁신만 추구하게 하는 것이다. 즉, 아이디어가 나오게 되면 심사숙고하여 선별함으로 인해 그 결과가 혁신의 진행을 저해하는 요소로 나타날 수 있다.

전통적인 시장에서 기업들의 혁신 과정은 혁신의 옵션들을 선별하는 것에 초점이 맞추어져 있다. 혁신 프로세스는 3가지의 형태로 구분할 수 있다.

첫째는 주어진 제약 요인 내에서 최적화하는 것으로 이때 기업이 가지고 있는 자원이 제한되어 있기 때문에 이러한 제한된 자원을 어떻게 최적화하여 사용할 수 있을지가 혁신의 주요 관심사가 된다. 하지만, 이는 더 이상 혁신이 아닌 것으로 구분한다.

둘째는 기업 외부로 혁신의 중심이 이동되는 형태이다. 어떤 혁신을 추구할 것인지, 어떻게 시장을 공략할 것인지를 결정하기 위해서 고객의 의견과 행동을 최우선으로 한다.

셋째는 적응해 나가는 혁신의 형태이다. 초기 제품을 시장에 베타버전 형태로 제공함으로써 고객의 피드백을 신속히 받을 수 있고, 그것에 기반을 두어 신속히 개선할 수 있다. 이러한 형태의 혁신은 일반적으로 위험 없이 제품을 개선하는 것이 특징이다.

일반적인 사용자 주도의 혁신은 제품의 가격을 낮추고, 비용을 줄이고, 가치를 높이고, 비용의 효율성을 꾀하며 제품의 질을 높이는 것 등을 의미한다. 혁신에 대한 메커니즘을 살펴보면 고객의 피드백이 가장 중요한 요소인 것으로 보인다.

기업의 입장에서는 고객의 피드백을 매번 받아 신규 사업을 기획하고 이를 사업화할 수 있는 것은 아니다. 그렇기 때문에 새로운 사업에 대한 기획을 진행할 때는 반드시 고객 중심의 시나리오를 수립하고 사업기획을 추진해야 한다. 최선의 고객 시나리오를 작성하기 위한 기본적인 절차는 다음과 같은 6단계로 나눠진다.

① 목표 고객 세트를 되도록 명확하게 선정한다.

② 고객이 달성해야 할 목표를 선정한다.
③ 그 고객의 특정 상황을 가상한다.
④ 시나리오의 출발점과 종착점을 결정한다.
⑤ 고객이 수행하는 각각의 행동과 그 모든 단계에서 필요한 정보에 대해 생각해본다.
⑥ 고객 시나리오를 지원하며 능률화하기 위해 마케팅, 유통 및 서비스 채널을 어떻게 활용할 것인가를 결정한다.

서로 다른 수많은 표적 고객, 고객 목표, 고객 상황을 대상으로 이 같은 단계를 수행함으로써 고객 유형을 구분할 수 있고 이로 인해 최대한의 투자 효과를 기대할 수 있다.

다수의 기업들은 고객 중심의 혁신 활동만이 최선의 경영 방법이라고 생각하고 있지만, 왜 정기적으로 혁신적인 제품을 만들어내지 못하고 있는가를 고민해 보아야 한다. 경영자들은 혁신적인 제품이 전체 매출액에 많은 부분을 차지하도록 상품 개발 목표를 세우고 있지만 실제 많은 기업이 만족하지 못했으며 기존 제품에 대한 계열 확장, 점진적인 개선만 이루어냈을 뿐이다. 그 원인은 크게 두 가지로 나뉘는데, 그 첫째 원인으로 기업들은 단기적인 관점에서 이익 실현을 추구하는 면이 강하다는 것이다. 두 번째로 개발자들은 그들이 원하는 제품 혁신에 도달할 수 있는 정확한 방법론을 알지 못하고 있다는 것이다. 이러한 문제의 원인을 해결하는 방법으로 선도 사용자 프로세스를 적용하기도 한다.

선도 사용자 프로세스는 이미 잘 알려진 '얼리어답터'의 활용으로 볼 수 있다. 전통적 제품 개발 프로세스는 목표 시장의 중심 사용자로부터 정보를 수집하고, 목표 시장의 사용자로부터 추가 정보를 수집한 다음, 브레인스토밍 등을 통해 아이디어를 내는 방법인 반면, 선도 사용자 프로세스는 적극적인 고객의 참여에 따라 표적 고객뿐만 아니라 폭넓은 고객층을 기반으로 자료 수집이 진행되는 체제이다. 우리는 3D 프린팅을 활용한 새로운 경영 생태계에서 혁신을 기반으로 한 비즈니스 모델을 개발하고 이를 성공적으로 이끌기 위해서 다양한 방면의 학습이 요구된다.

1.2 비즈니스 모델

비즈니스 모델은 기업의 설립과 지속적인 성장의 근간이 되는 주요 가치 명제를 분석하기 위한 틀이 된다. 비즈니스 모델이라는 단어는 새롭게 등장한 단어가 아니다. 오래전부터 기업이 어떻게 운영되고, 수익을 창출하는지에 대한 기업의 모델은 존재하였다.

비즈니스 모델을 정의하는 목적은 해당 비즈니스 모델이 기술적으로 실현 가능한 것인가와 이 모델이 사업으로써의 가능성이 있는가를 평가하기 위함이다. 비즈니스 모델들은 매우 다양하다. 이는 비즈니스 모델을 구성하고 있는 공통적인 요소들이 약간 변형이 되거나 두 개 이상의 요소들이 결합되어 새로운 비즈니스 모델을 만들어내고 있는 것이다.

비즈니스 모델에 대한 최초의 체계적 연구자라 할 수 있는 티머(Timmer)의 연구에서 비즈니스 모델 구조를 확인하는데 있어서 가치 사슬(Value chain)의 분해와 재조합을 통해 체계적인 접근을 시도하였다. 즉, 가치 사슬의 요소를 확인하고, 가치 사슬을 통해 정보를 통합하는 방법을 이용하여 비즈니스 모델을 정의하고 있다.

가치 사슬(Value chain)은 기업에서 경쟁전략을 세우기 위해, 자사의 경쟁적 지위를 파악하고 이를 향상시킬 수 있는 지점을 찾기 위해 사용하는 모형이다. 가치 사슬의 각 단계에서 가치를 높이는 활동을 어떻게 수행할 것인지 비즈니스 과정이 어떻게 개선될 수 있는지를 분석하여 적용한다. 가치 사슬 모형의 이점은 최저 비용, 운영 효율성, 이익 마진 향상, 공급자와 고객 간의 관계와 같은 경쟁우위를 준다는 점이다.

아미트(Amit)와 제트(Zott)의 연구에 의하면 비즈니스 모델은 가치를 창출할 수 있도록 디자인된 거래의 내용, 구조 그리고 지배구조를 총체적으로 칭한다고 정의하고 있다. 이 정의에서의 거래 내용은 거래하는 상품, 정보, 돈 등을 지칭하고, 거래 구조는 거래 주체들 간의 연관 관계를 칭한다. 마지막으로 거래의 지배 구조는 거래 당사자들의 돈, 정보, 상품의 흐름을 누가 통제하느냐 하는 것을 의미한다.

마하데븐(Mahadevan)은 연구에서 비즈니스 모델은 기업의 가치흐름(Value stream), 이윤흐름(Revenue stream), 그리고 물류흐름(Logistical stream)으로 구성되어 있다고 정의하고 각 기업마다 독특한 세 가지 흐름의 조합을 만들어 비즈니스 모델을 구축하고 있다고 설명하고 있다. 가치흐름은 인터넷상에서의 고객, 판매자 그리고 시장생성자(Market maker)를 위한 가치 제안(Value proposition)을 확인한다.

전자상거래표준화통합 포럼에서 정의한 비즈니스 모델의 개념에 의하면 '비즈니스 모델이란 고객 서비스에 대한 수익 모델, 업무 방식, 제휴 전략 등을 총칭하는 기업의 창업, 운영 전략 등을 의미한다'라고 정의하고 있다. 비즈니스 모델에 대한 모든 정의들을 종합해보면 비즈니스 모델이란 기업이 비즈니스를 수행하는데 있어서 가용 자원의 동원 전략과 수익 창출 및 비용 배분의 방식을 구체적으로 표현한 것으로 볼 수 있다.

비즈니스 모델을 구성하고 있는 요소는 8가지로 나누어 볼 수 있다. 비즈니스 모델의 정의는 각기 다르지만 모든 정의가 수익을 어떻게 창출하는지에 대한 구체적인 설명이 비즈니스 모델에 포함되어야 한다는 것에는 동의를 하며, 이러한 동의는 아푸하

(Afuah)와 투치(Tucci)의 비즈니스 모델 구성요소에 대한 연구에 기반한 것으로 비즈니스 모델 구성 요소와 기업의 성과는 중요한 관계를 가지고 있다는 것에 착안한 것이다.

① 고객 가치(Customer value)

고객은 기업으로부터 가치 있는 제품과 서비스를 구입한다. 이때 이 제품과 서비스는 다른 경쟁기업이 제공할 수 없는 가치를 가지고 있어야 한다. 가장 대표적인 예로서, 고객 가치는 차별화(Differentiation)와 저가(Low price)의 형태로 나타날 수 있다.

② 영역(Scope)

영역은 세분화된 시장이나 지리적인 영역을 말한다. 즉, 가치가 내재되어 있는 제품이 공급되는 영역을 의미한다. 이 시장 세분화는 인구 통계학적이나 지리적, 또는 라이프스타일 등에 의해서 구분된다.

③ 가격(Price)

기업이 고객에게 제공하는 가치인 제품으로부터 수익을 얻기 위한 주요한 요소가 바로 가격이다. 잘못된 가격 전략은 금전적 손실뿐만 아니라 제품 자체에 치명적인 영향을 미친다.

④ 수익원천(Revenue source)

비즈니스 모델 분석에서 가장 중요한 요소는 기업의 수익과 이익의 원천이 무엇인가를 결정하는 것이다. 전통적인 기업에서 수익은 제품과 서비스의 판매로부터 직접 얻을 수 있다.

⑤ 업무활동연계(Connected activities)

이 요소는 어떤 업무 활동을 수행할 것인지와 언제 업무활동을 수행할 것인지에 대한 사항으로 기업의 가치창조 업무활동은 기업이 성공하기 위한 주요한 요인이다. 독특한 업무활동을 구축할 수 있는 역량이 기업 성공의 주요한 열쇠가 되기도 한다. 한편으로는 기업의 문화로까지 발전하는 업무활동을 구축하고 운영하는 능력이 기업의 성공 요소이다.

⑥ 구현(Implementation)

이는 구조(Structure)와 시스템(systems)을 이야기한다. 기업이 자원(Resources)을 필요로 할 때 이를 적절한 가격에 이용할 수 있는가와 고객에게 가치를 제공하기 위해서 정확한 시간에 필요한 정보를 제공·관리할 수 있는가는 바로 구조와 시스템에 의해 가능하다.

⑦ 역량(Capabilities)

역량은 기업이 어떻게 필요한 자원을 획득하여 기업에 전개하는가의 문제이다. 그리고 이 자원을 활용하여 경쟁자와 다른 경쟁우위를 가지게 하는 것이다.

⑧ 지속성(Sustainability)

기업이 경쟁우위를 가지게 된다면 이것이 경쟁자를 따라 잡거나 추월하는 힘이 된다. 지속성은 이런 경쟁우위를 지속적으로 유지하는 것이다. 경쟁우위를 유지하는 것은 기업을 둘러싼 환경, 기술 및 역량과 밀접한 관계를 가지고 있다.

표 6-1 비즈니스 모델의 구성 요소

구성요소	내 용
고객가치	기업이 고객에게 제공하는 가치
영역	기업이 그들이 제공하고자 하는 가치를 제공할 타깃 고객과 그들이 제공하고자 하는 서비스 범위
가격	기업이 소비자에게 제공하는 서비스/제품 가격 설정 전략
수익원천	기업의 수익 창출 방법
업무활동의 연계	기업이 고객에게 서비스/제품을 공급하기 위한 일련의 가치 창조 활동
구현	비즈니스 모델의 구성 요소를 구현
역량	업무를 수행할 수 있는 능력
지속성	기업이 시장에서 경쟁적 우위를 가지기 위해서 무엇을 해야 하는가?

이와 같이 8가지의 비즈니스 모델 구성 요소를 바탕으로 이들의 유기적 조절을 통해 수익을 어떻게 창출하는지에 대한 구체적인 설명이 비즈니스 모델에 포함되어야 한다는 것이다.

1.3 비즈니스 모델을 통한 가치 창출

기업에서는 가치를 창출할 수 있는 방향으로 신규 사업을 기획하고 추진하게 된다. 비즈니스 모델을 바탕으로 기업이 가치를 창출할 수 있는 구체적인 방법은 무엇일까? 가치창조의 근원은 효율성(Efficiency), 결합성(Complementarities), 고객고정(Lock-in), 참신성(Novelty)의 4가지 범주로 구체화 시킬 수 있다.

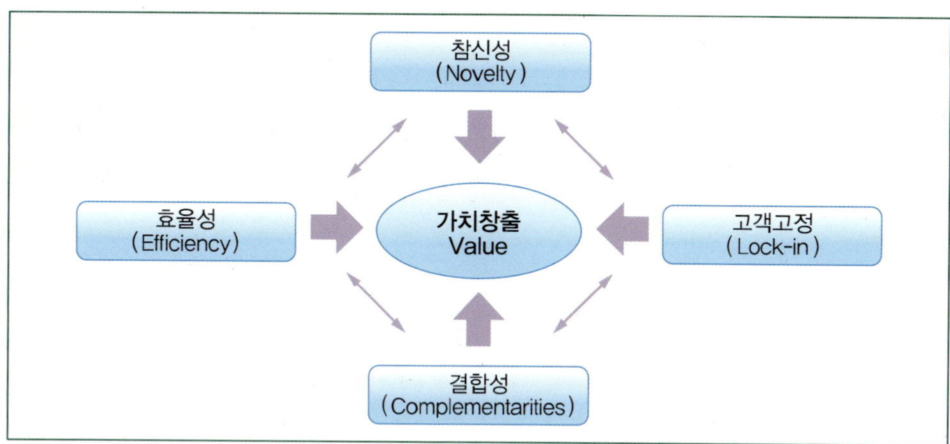

▲ 그림 6.1 가치 창출의 4가지 범주

신규사업의 방향은 4가지 가치창출의 근원을 통하여 가치를 극대화 시키고자 하며, 기업이 가치를 창조하기 위하여 가치창출 근원을 바탕으로 한 전략적 접근을 시도하게 된다.

① 효율성(Efficiency)

가치 생성의 주요한 요인 중의 하나가 거래 효율성(Transaction efficiency)이다. 거래비용 이론에 의하면 거래의 효율성은 단위 거래 당 비용이 감소하는 곳에서 높아진다. 즉, 거래의 효율성이 높아지면 질수록 거래 비용은 더욱 더 낮아질 것이다. 비즈니스 모델에 있어서 효율성은 탐색비용(Search cost), 선택 영역(Selection range), 대칭정보(Symmetric information), 단순성(Simplicity), 속도(Speed) 그리고 규모의 경제(Scale economies)의 6가지 하부 요인에 의해 추구될 수 있다.

② 결합성(Complementarities)

결합성은 또 다른 하나의 요인으로 작용하는데, 이는 제품에서의 서비스 관계나 판매방식, 기술적 요소 및 업무 활동 등을 모두 내포한 결합의 관계를 정의한다. 결합성에도 4가지의 하부 요인이 존재한다. 수평 및 수직 관계(Between products and services for customers : vertical vs. horizontal), 온라인 오프라인 관계(Between on-line and off-line assets), 기술 간의 관계(Between technologies) 그리고 업무 활동 간의 관계(Between activities)가 그 하부 요인이다.

③ 고객고정(Lock-in)

고객이 지속적인 거래를 해야 하는 동기가 있거나, 파트너 기업이 지속적인 관계를 유지할 수밖에 없는 요인은 또 다른 가치 창조의 원천이다. 즉, 고객 또는 파트너의 로열티를 증대시켜 기업에 예속시켜 고객과 파트너의 이탈을 방지함으로써, 고객이나 파트너로부터의 수익 창출기회를 증대시킬 수 있다는 것이다. 고객 고정(Lock-in)은 고객이나 전략적 파트너가 다른 경쟁업체로의 이주를 방지하기 위한 것이다. 고객의 이탈을 방지하고 고정시키는 방법으로 교체 비용(Switching costs), 네트워크의 외형성 등을 들 수 있다.

④ 혁신성(Novelty)

가치 창출의 가장 중요한 요인 중 하나는 혁신(Innovation)이다. 최근의 다양한 비즈니스 모델에서는 기업의 거래 방식에서 전통 기업의 방식에 비해 혁신적인 구조를 가지고 있다. 또한 거래 관련한 구성주체와 그 형식 등도 혁신적인 변화가 있다.

이러한 가치창출 4가지 범주를 바탕으로 가치혁신을 실현하는 기업들이 늘어나고 있다. 기존의 가치 추구 방법은 경쟁자와의 경쟁을 통해 경쟁상대를 압도함으로써 시장을 점유하고, 상대를 벤치마킹하고 이를 모방하였으며, 기본적인 산업 내 비즈니스 모델을 어기지 않는 선에서 경쟁이 이루어졌으며, 전반적인 고객 욕구를 모두 충족시키기 위해 범위의 경제를 실시하였다. 하지만, 새로운 가치 혁신을 이용한 가치 추구 방법은 새로운 시장을 모색하고, 상대를 벤치마킹 하지만 관찰하는 수준에서 그치며, 산업 내 비즈니스 모델을 고려하지 않고 새로운 형태의 수익 구조를 개발하고, 공략 대상 고객의 요구에 맞추어 적절한 서비스나 제품개발을 실시하는 것이다.

1.4 비즈니스 모델 구축 방법

이미 앞서 비즈니스 모델이 무엇인지, 어떤 역할을 하는지에 대하여 논하였다. 경영자가 사업을 수행함에 있어 비즈니스 모델을 개발한다는 것은 향후 사업의 성패를 좌우할 수 있는 중요한 요인이 될 수 있다. 이러한 비즈니스 모델을 구축하기 위한 방법에는 4가지 단계를 적용한다.

첫째, 목표시장 혹은 고객에 대한 가치 제안(Value proposition), 가치군(Value cluster)이 비즈니스 모델에 구체적으로 정의되어야 한다. 우선 기업이 해야 할 첫 번째 활동으로 사업을 위한 가치 제안을 명확히 하는 것이다. 시장에서 기업이 경쟁하기 위하여 그 기업만이 가지고 있는 핵심역량이 무엇인지를 정의해야 한다. 가치 제안은 목표

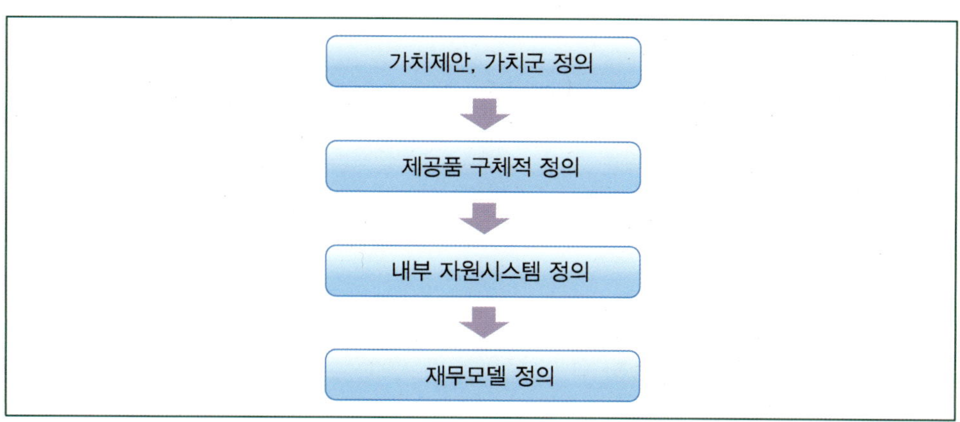

▲ 그림 6.2 비즈니스 모델 구축 방법론

세분 시장들의 파악과 선택, 고객에게 제공되는 혜택의 선택, 이 기업과 이 기업의 파트너가 다른 경쟁사들보다 더 탁월하게 가치를 제공할 수 있는지에 대한 논리적 근거를 명확히 정립하는 세 가지 부분으로 구성되어 있다.

둘째, 기업이 가지고 있는 가치제안을 이용하여 시장에서 제공하고자 하는 제품, 서비스, 정보 등의 품목이 구체적으로 정의되어야 한다. 제공품에 대한 구체적 정의 활동을 이야기 한다. 일단 가치제안이 명백해지면 제공되는 제품, 서비스, 정보를 명확하게 구체화하는 것이다. 이 단계는 콘텐츠 등과 같은 감성설계를 의미하는 것이 아니라, 실질적으로 제시될 실제 제품 또는 서비스를 총괄적으로 살펴보는데 그 목적이 있다.

셋째, 시장에서 제공하고자 하는 품목을 생산하고 판매하기 위한 기업 내부의 고유한 자원시스템(Resource System)이 정의되어야 한다. 내부 자원시스템(Resource system)에 대한 정의 활동으로 목표 시장과 그 시장에 어떤 제품과 서비스를 제공할 수 있을지에 대한 결정이 내려진 후에 기업은 그 중 어떤 제품과 서비스를 어떤 방식으로 제공하는 것이 우선인지를 평가해야 한다. 현재 이 기업이 가지고 있는 자원을 최대한 활용할 경우에 어떤 제품, 서비스를 제공하는 것이 성공 확률이 높을지를 평가해야 한다. 이 의사결정을 위해서 기업의 자원시스템을 정의해 보아야 한다. 자원시스템은 가치 제안 혹은 가치 집단의 혜택을 제시하기 위해 내부 시스템과 파트너를 기업이 어떻게 정렬해야 하는지를 보여준다. 성공적인 기업과 그렇지 않은 기업을 구분하는 요인은 단순한 가치제안이 아니라 그 가치제안을 전달하는데 활용할 자산(Asset)과 행동(Action)을 선택하는데 있다. 여기서 행동(Action)은 가치 제안을 고유하게 수행하는 역량과 활동(Activities)을 선택하는 것을 포함한다.

넷째, 기업이 어떻게 이윤을 추구할 것인지에 대해 정의되어야 한다. 재무 모델을 정의하는 활동으로 기업에서 비즈니스 모델을 사용하여 어떻게 이윤을 추구할지에 대하여 결정하여야 한다. 기업들은 여러 가지 수익 모델을 추구할 수 있다. 가장 빈번하게 언급되는 수익의 원천들은 광고, 제품, 서비스 또는 정보판매, 거래, 구독 등이 있으며, 기존의 재무 모델이 아닌 혁신적인 재무 모델을 형성하는 것이 유리하다.

1.5 신규 사업의 추진

신규 사업을 추진하는 과정은 5가지의 절차로 나누어진다. 이러한 절차는 절대적인 것이 아니고, 사업의 규모와 제품 및 기타 사항에 따라 차이를 가져올 수 있다.

① 기회 파악

진입할 최상의 시장을 결정하고 진입의 기초가 될 수 있는 아이디어를 창출하는 단계로 신규 사업을 추진하는데 있어서의 첫 번째 단계이다. 이 단계에서는 시장이 성장하고 있는지, 수익성이 존재하는지, 침투 가능한지를 알아 내기위한 노력을 기울여야 한다. 이것은 세계적인 수요와 기술의 변화를 예측하는 능력을 요구한다. 시장과 기술적인 잠재력을 이해한 후에 다음 업무는 이러한 잠재력을 살리는 창의적인 아이디어를 생각해내야 한다. 아이디어의 원천과 집단 창의법을 이용함으로써 조직은 기술, R&D, 생산 그리고 마케팅을 통합한 아이디어를 창출한다.

② 설계

시장에서 성공할 가능성이 높은 물리적, 심리적 속성을 가진 상품을 생산하기 위하여 아이디어를 평가하고 다듬는다. 이 단계에서는 신규 사업을 위한 전략적 포지셔닝과 마케팅계획 뿐만 아니라 창조적 R&D와 기술개발도 동시에 이루어진다. 기회 파악단계에서는 전체 시장의 요구사항에 대하여 개발을 수행하지만 설계과정에서는 여러 개의 아이디어 중에서 잠재력이 가장 큰 아이디어를 선택하고 그것을 시장 요구에 일치시키기 위하여 다듬는 과정을 거치게 된다. 최초의 기술과 시장 아이디어가 처음에 아무리 좋다하더라도 평가를 거듭함에 따라서 더 나은 방향으로 변화하게 된다.

③ 테스트

신규 사업을 통하여 개발될 제품이나 서비스는 아무리 잘 설계되어 있더라도 이는 성공을 확신할 수는 없다. 테스트는 상품 및 서비스 자체에 대한 것 뿐만 아니라 광고와 도입전략에 대한 것도 필요하다. 예비 시험 시장조사는 특히 시험 시장이 불가능한 곳에서 필요하다. 예를들면 자동차나 중공업장비산업에 있어서 완전한 생산설비를 짓는데 많은 비용이 소요되기 때문에 모형을 고객에게 보이고 그들의 반응을 측정할 수 있다. 소비재 상품일 경우에는 시험 시장에 제품을 판매함으로써 시장의 반응을 간접적으로 테스트할 수 있다. 유통 경로를 포함한 전체 마케팅전략을 실제 상황에서 테스트함으로써 신규 상품 및 서비스가 출시하기 전에 출시계획을 조절할 수 있다.

④ 도입

일단 신상품/서비스에 대한 테스트가 완수 되었으면 시장에 도입할 준비가 되었다고 말할 수 있다. 만약에 경쟁사가 빨리 진입할 것으로 예상되면, 회사는 상품을 빨리 도입하고 시장에서 확고한 지위를 확립하기를 원할 것이다. 그러나 만약 회사가 경쟁사에 비하여 우위를 가지고 있거나, 전국적 출시를 지원할 자금을 가지고 있지 않고, 아직도 소비자 반응에 다소간 위험요소가 존재한다고 생각하면 상품/서비스를 개별 시장별로 출시해야 한다. 이것을 단계적 출시 전략(Roll Out)이라고 한다. 신제품/서비스에 대한 도입이 빨리 이루어지든 단계적으로 이루어지든 회사는 마케팅전략을 주시하고 관리해야 한다. 아무리 주의깊게 계획되고 테스트된 상품/서비스라도 전국적 도입에 있어서 곤란에 빠질 수 있기 때문이다. 시간과 지역에 따른 고객의 기호 다양화와 예상하지 못했던 경쟁자 반응, 문제를 일으킬 수 있는 유통 경로, 혹은 원료 부족과 상품의 품질과 관련된 문제들은 전국적 규모의 도입을 위험하게 할 가능성이 매우 크다.

⑤ 수명 주기 관리

출시가 성공적이면 상품은 시장에 정착하고 수명 주기 관리 과정을 시작한다. 이 마지막 단계는 신규 사업개발의 위험을 감수하고 창의적인 노력을 기울인 내가로써 이익을 확보하게 하기 때문에 매우 중요하다. 새롭게 출시하는 제품/서비스가 수명 주기의 어느 부분에 있는지를 평가하고 각 단계에 적합한 전략을 수립함으로써 이윤을 극대화 시킬 수 있다. 만약에 성숙기 말기에 있는 제품/서비스라면 혁신을 통하여 상품을 재 포지션하거나 또는 쇠퇴기에 도달하도록 하여 잔여 이익을 수확해야 한다.

2. 3D 프린팅 활용 비즈니스 적용 사례

2.1 3D 프린팅 관련 비즈니스 탄생

2000년대 이후 다양한 산업 분야에서 3D 프린팅을 활용하고자 하는 노력들을 볼 수 있다. 3D 프린팅은 항공, 자동차, 선박, 기계, 반도체, 의료, 식품영역에 이르기까지 거의 모든 산업 분야에서 활용되고 있다. 우리나라는 지난 2014년 "3D 프린팅 전략기술 로드맵", "3D 프린팅 산업 발전 전략" 등을 발표하면서 국가적 차원에서 적극적인 지원이 이루어지고 있다. 3D 프린팅 산업이 활성화 되면서 다양한 비즈니스 기회가 만들어 지고 있다. 이러한 비즈니스 기회와 더불어 고려될 수 있는 비즈니스에 대한 사례를 확인해 보는 것도 의미 있는 일일 것이다.

2.2 3D 프린팅 활용 커스텀 주얼리 및 액세서리

국내의 한 회사는 커스텀 주얼리 및 액세서리 분야에 3D 프린팅을 활용하였다. 주얼리 및 액세서리 분야는 다양한 소비자의 요구가 나타나지만, 대량 생산은 원하지 않는 시장의 성향이 있다. 이러한 시장의 상황을 고려해서 고객들에게 맞춤 주얼리 및 맞춤 액세서리를 제작해주는 사업이다. 일반적으로 커스텀 제품은 섬세한 제작을 위하여 정밀한 세공을 통해 모형을 제작한 후 여러 과정을 거쳐 제품이 생산된다. 하지만, 3D 프린터로 시제작품을 제작하고 해당 모형으로 바로 제품 제작에 들어가는 혁신적인 제조 공정의 변화를 이끌었다.

이 회사의 아이디어는 다품종 소량 생산의 개념에서부터 출발하였다. 현대의 사람들은 누구나 하나뿐인 나만의 제품을 가지고 싶어 하며, 타인과 공유하는 대량 생산 제품에 이미 식상해 있다. 과거 제품 생산 단가를 낮추기 위하여 금형으로 대량 생산하는 시장도 있지만 주얼리, 액세서리 등과 같은 개인 장신구의 경우 대량 생산보다는 소량생산이 더욱 효과적이며 재고 관리 등에서도 유리한 부분이 많다. 이미 중국과 서구유럽 등에서는 개인 맞춤형 제품이 활성화 되어 있으며 커스텀 차량까지 등장하고 있는 현실을 잘 반영한 것이다. 3D 프린터를 활용한 맞춤형 디자인(Custom design) 시장은 이미 전 세계적으로 활성화 되어 있으며 아시아 시장은 연예인 및 소수 부호들을 위주로 형성되어 있으나 중산층의 부흥으로 점차 대중으로 확대되어 나아갈 것이라는 예측이었다.

고객의 입장에서 사업을 풀어나가는 시나리오는 고객이 주문을 하면 3D 디자인 툴로 빠른 시간 내에 3D 모델을 제작하여 그 이미지를 보여주게 되며, 이후 3D 프린터를 통하여 고객이 원하는 모형을 실제 출력하여 고객에게 보여준다. 고객이 시제작품을 확인한 다음 최종 제품을 제작하여 고객의 니즈를 적극적으로 반영한 예라고 할 수 있다. 또한 회사는 프랜차이즈 형태로 지점을 구축하여 각 지점에서 고객이 원하는 디자인을 수렴하고, 지점에서 3D 프린터를 통하여 시제작품을 제작하여 해당 모양에 대한 최종 고객 응답을 확인한 후 해당 디자인을 본점으로 전송하여 본점에서는 본 제품 제작에 들어가는 과정으로 사업을 진행하게 되면, 고객이 원하는 정확한 디자인의 제품을 생산해낼 수가 있을 것이다.

최근 트렌드는 개인의 개성을 중요시 하는 시대로 누구나 자신만의 제품을 가지고자 하여 결혼 예물 등 특별한 제품의 경우 본인들이 원하는 모양으로 디자인되고 각인된 제품을 가지고자 하는 수요가 점점 많아지고 있는 추세이며, 개성 있는 디자인 및 다양한 고객의 요구에 부합하기 위해서는 고객이 원하는 시간 안에 원하는 제품을 구현할 수 있어야 하는데, 이러한 과정에서 3D 프린터를 통하여 해당 공정을 간소화 할 수 있으며 제작단가 또한 절감할 수가 있다는 개념이다.

다년간 3D 프린터를 통한 정밀 세공 작업을 진행해온 노하우를 바탕으로 산업용 정밀 부품제작까지 가능한 공정을 구현하고자 예정하고 있다. 이 또한 프랜차이즈화를 통해 국내외 주얼리 및 액세서리 시장의 활성화뿐만 아니라 정밀 부품제작에 이르기까지 사업의 확대를 기대하며 3D 프린터를 활용한 제품 제작기술의 발전을 기대할 수 있을 것으로 예상하고 있다.

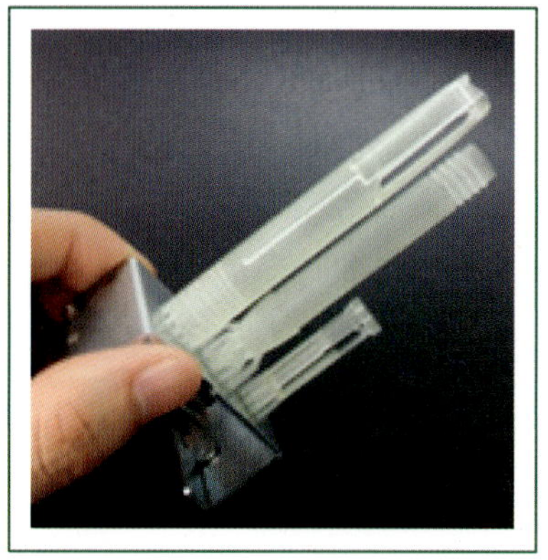

▲ 그림 6.3 정밀 부품

2.3 액자형 LED조명 기구 제작

이번의 사례는 액자형 LED조명 기구를 제작하는 사업의 사례이다. 이 회사는 대량 생산 체제 기반의 제조 사업은 중국 기업으로 인해 경쟁력을 잃고 있으며, 소량 맞춤형 제조 기반을 통해 새로운 시장 개척을 위한 방편으로 3D 프린팅 기술을 기존 제조업에서 도입해야 할 필요에 의해 사업화가 시작되었다고 한다. 이 회사는 고객의 사진을 3D화하여 회사가 고안한 3D 프린터로 출력하여 고객만의 조명을 만들어 제품화하고자 하였다. 이는 대량 생산의 의미보다 각 개인의 사진을 이용한 것으로 3D 프린터를 이용한 맞춤형 생산 제품 판매 서비스를 구축하였다고 한다. 현재 판매되고 있는 3D 사진 조각 조명에 IoT기술을 반영하여 스마트폰으로 제어 가능하게 하여 상품의 가치를 한 단계 끌어올린 제품을 개발하고 있다. 이 회사는 국내 판매를 통해 글로벌 가격 경쟁력을 확보하였다고 자신하며, 글로벌 B2C 판매 사이트 구축을 통해 글로벌 판매가 가능할 것으로 예측하고 있다.

현재 3D 프린터 제조 및 특정 산업 분야에만 적용되고 있는 3D 프린팅 산업을 일반인들에 판매 가능한 3D 프린팅 상품으로 개발 제조하고 글로벌 하게 판매할 수 있는 B2C 시장을 개척하여 3D 프린터 대중화 및 향후 3D 프린터를 이용한 새로운 제조업 형태의 모델을 제시하였다는 것에 의의가 있다.

회사는 본 사업을 통해 3D 프린터와 ICT를 융합한 새로운 제품인 맞춤형 스마트 LED조명을 글로벌 시장에 판매하고, 이를 기반으로 향후 3D 프린팅 솔루션을 제공하여 국내 3D 프린터 산업의 활성화 및 글로벌 경쟁력을 확보하는 것이 목표라고 설명했다.

2.4 고객 맞춤형 전자 담배 제작

고객을 중심으로 사고하고 고객의 입장에서 사업화를 수행하기 위해 적합한 시장을 찾는 과정에서 이 회사는 세계전자 담배시장의 급팽창에 대해 주목하였다. 3D 프린터 출력물을 상업화 하려면 3D 프린터 출력물의 특성상 대량 생산이 어렵고 개인화되고 수공적인 면이 많이 작용하는 분야에 어울린다는 생각에서였다. 이에 적합한 시장조사 결과 세계적으로 급팽창하며 개인취향이 많이 작용되고 소규모 고퀄리티 시장 수요가 있는 전자담배시장이 적합하다는 생각에서였다.

- 전자담배시장 추이 - 미국기준(KOTRA 보고서에 의함)
  - 전체 담배시장은 2013년 기준, 약 1000억 달러로 추정
  - 시장조사기관 웰스 파고 증권(Wells Fargo Securities)은 매년 담배 판매량은 감소하지만 전자담배 판매량은 지속적인 상승세를 보일 것으로 전망함.
  - 2013년 기준 미국 전체 전자담배 매출은 약 17억 달러로 미국 전체 담배시장의 1.7%를 차지하며, 그 중 온라인 판매량은 5억 달러에서 6억 2500만 달러로 분석함.
  - 경제 전문지 블룸버그(Bloomberg)에 따르면, 전자담배시장은 2009~2012년 115% 성장률로 지속적인 상승세를 나타냄.
  - 블룸버그는 2017년까지 전자담배 시장규모가 100억 달러에 달하고 2047년에는 일반담배 판매량을 앞지를 것으로 전망함.

이와 같은 시장 조사 결과에 따라 전자담배시장에 진입하기로 결정한다.

이 회사는 국내외에서도 3D 프린팅 제작물로 B2C 제품화를 시도하는 업체는 드물지만, 이는 아직까지는 3D 프린팅 출력시간이 많이 걸리고 사출성형물이나 CNC제작물과의 마무리 상태의 비교 시 매우 거칠게 출력되기 때문으로 생각했다. 회사는 이를 극복하기 위해 필라멘트의 색상별, 소재별, 프린터의 종류별 출력, 부품용도별 출력 등 다양하고 수많은 시도를 통해 가성비에 어울리는 세팅값을 찾아 상업화를 추진해 1차적인 시장 진입을 시도하고 있다.

이 회사는 미국과 유럽중심의 전자담배 애호가 층을 공략하기 위해 기술 개발을 수행하고 있는데, 제품화에서 나왔던 문제를 보완하고 있다. 그 문제점은 재질, 마감 품질 향상, 생산 효율성의 증대 및 복합 재료 사용으로 플라스틱 재질의 한계성을 극복하고자 노력하고 있다. 이 회사의 경우 앞서 비즈니스 모델에서 공부한 바와 같이 좋은 아이디어가 있더라도 비즈니스 모델의 각 요소별 기준에 적합한 사항들을 갖추기 위해 노력해야 할 부분이 많아 보인다. 이러한 사례를 통해 3D 프린팅 기술 목표와 비즈니스 목표를 함께 달성할 수 있는 방안을 고민해보는 것도 또 하나의 과제일 수 있을 것이다.

2.5 케이크 데코레이션 3D 프린팅

이번 사례의 경우는 3D 프린팅의 일반적인 소재인 PLA, ABS 더 나아가 금속 소재도 아닌 음식물을 소재로 한 3D 프린팅 사례이다. 보급형 3D 프린터 사업 특히 FDM 타입의 3D 프린팅은 출력물의 정밀도, 표면조도, 제작 속도, 재료강도나 크기가 소비자의 욕구를 만족시키기에는 현재 기술로 어려운 상태이며 단순한 피규어 형태와 개인 취미용 구매형태가 늘어나는 추세이다. 그러나 사업으로 연결하기에는 수익성이 낮고 산업용 3D 프린터는 투자 대비 수익 실현이 현재로서는 어려운 부분이 있는 것이 사실이다.

이 회사는 이런 문제를 라테 아트(Latte art)나 컵케이크와 같은 빵이나 컵 위에 토핑 되는 생크림을 소비자가 원하는 형태로 제작 출력해 볼 수 있는 분야를 개척하기로 결정하고 장비 개발을 진행하였다. 이 회사가 개발 중인 3D 프린터는 기존 보급형 3D 프린터의 기술적인 부분을 보완하고 사업성을 향상시켜 산업과 소상공인을 연결해주는 매개체가 됨과 동시에 신규시장 개척과 신규 일자리 창출, 소상공인 매출 증가의 효과를 볼 수 있을 것으로 예상하고 진행되었다. 특히 제과의 케이크를 만드는 데는 제빵사나 특정인에 국한된 데코레이션이 진행되었지만, 제과용 3D 프린터를 이용함으로 인해 누구나 쉽게 데코레이션 할 수 있고, 혼류생산도 가능하다는 설명이다.

제빵 전문가가 만들던 데코레이션용 식품들을 데코레이션 3D 프린터로 출력할 수 있게 해주는 전용 3D 프린터를 개발하고, PLA, ABS나 폴리머 소재에서 사람이 직접 섭취 가능한 유제품인 크림 또는 초콜릿, 아이스크림 형태의 음식 재료를 압출 출력한다. 재료의 출력 방식을 적층 방식에서 경로(Path) 추적 형태로 변경 개선하고 선형의 형태에서 원형, 나선형 모양인 경로 추적형태로 변경 개선한다. 제품의 출력 가능한 형상은 4종류이며, 혼류 생산 또한 가능한 형태로 개발하고자 한다는 설명이다.

▲ 그림 6.4 크림을 이용한 데코레이션과 유제품을 이용한 데코레이션

개발의 최종 목표로는 식품을 사용한 재료의 안정성, 신뢰성 및 품질에 문제가 발생하지 않아야 하므로 기술 개발 완료 후 잉크젯 프린터의 잉크 카트리지와 유사한 전략을 구현하여 검증된 재료만을 사용할 수 있도록 하는 방법을 취하며, 노즐의 청결 상태를 점검하고 자동 세척 기능을 통한 청소 및 세정이 가능하며, 음식 재료의 유무를 센서를 통해 확인하여 보충할 수 있는 기능을 추가하는 등 다양한 기능을 포함한 3D 프린터를 개발하고자 한다는 설명이다.

이러한 아이디어는 실제 현장 경험과 3D 프린팅 분야의 관심에 의해 나타난 좋은 아이디어이다. 기술적으로 구현에도 어려움이 없을 수 있지만, 제빵, 제과 관련 사항과 음식이라는 특이점을 잘 반영하여 실현 가능하도록 하면 상당히 혁신적 아이템이 될 수도 있을 것이다.

2.6 유지보수 부품 지원 사업

3D 프린팅의 특징을 이용해서 사업화 하는 부문은 다양하게 고려되고 있다. 이번 사례의 경우는 급히 부품의 유지보수가 필요한 경우, 해당 부품을 공급 받기 어려운 상황에서 3D 프린팅을 이용해서 유지보수 부품을 만들어 대응하는 개념으로 접근한 케이스이다. 기계 산업 특성 상, 공정의 순서가 정해져 있고 선행 공정이 완료되지 않으면 이후 공정이 진행될 수 없는 경우가 발생하는데, 부품 결함으로 하나의 기계가 정상 작동하지 못하여 특정 공정이 완료되지 못하면 특정 공정 뿐 아니라 이후의 공정을 진행할 수 없고, 선행 공정 또한 재공품만 만들게 되는 경우가 발생할 수 있다. 이러한 경우 필요 부품이 국내에서 생산 불가능하거나 재고가 없어 해외 업체에 주문하여야 하는 경우 주문부터 생산, 운송, 통관, 설치되기까지 상당한 시간과 비용이 소모된다. 또한 부품의 수리는 제품을 보내고 수리를 해서 받기 때문에 더욱 더 시간이 많이 걸릴 수 있다. 많은 수리 업체들은 분해 후 파손부품을 대체하지 못해 고장의 원인을 찾고도 수리를 하지 못하는 경우가 많이 발생하는 것이 현상이다. 뿐만 아니라 해외 기계 부품의 국내 수입 증가에 따른 정비 수요가 증대되고 있는 실정이다. 국내로 수입되는 정밀 장비 및 부품이 폭발적으로 증가하고 있으나 고장 및 수리 시 국내 기술 부족으로 정비에 애로를 겪고 있으며, 작은 부품 하나의 마모 및 고장에 따른 교체 필요 시 부품 수급기간이 길어 장비가 장기간 정지할 수밖에 없는 상황이 발생하고 있고, 수입 정밀 부품의 경우 복잡한 형상을 가지고 있어 특수한 가공기술이 필요한 경

우가 많아 국내에서 공급받는 것이 대부분 불가능한 경우가 많다. 정밀 부품의 파손은 언제 어떤 부품에서 발생할지 모르기 때문에 항상 적시 대응할 수 있는 시스템을 구비하여야 하나 국내기업 여력상 불가능에 가깝다고 하겠다. 정밀 장비는 많은 부품들로 조합되어 있는 탓에 하나의 부품만 마손이 되어도 정상적 작동을 하지 않으며, 따라서 가능한 많은 재고를 확보하기 위해 노력 중이나 재정상의 문제와 더불어 어떤 부품에서 사고가 발생할지를 모르기 때문에 모든 부품을 준비하기는 역부족인 것이다. 이러한 이유로 주문에서 국내 항공운송, 통관, 설치에 이르는 리드타임의 단축이 필요한데, 해외 부품의 주문에서 설치까지는 통상 1월에서 3개월이 소요되나 3D 프린팅 활용 시 최소 2일에서 최장 일주일 이내에 제작에서 설치까지 가능하다.

이번 케이스에 해당하는 회사의 사업 목적은 부품 고장으로 인한 생산 설비 및 중요 장비의 운휴기간을 단축시키기 위한 방법으로 3D 프린팅을 활용하는 것이다. 고객의 니즈에 대한 반영 사항으로는 단순 부품 고장에 의한 생산의 차질에 대하여 부품 수급을 원활히 함으로써 그 해법을 찾고자 한 것이다. 실제 3D 프린팅을 통해 다양한 제품을 만들어내는 경우 수리 부품을 만들어 간단한 고장을 수리하는 경우는 상당히 많이 있는 것으로 알고 있다. 다만, 기존의 부품을 이용할 때와 3D 부품을 이용할 때의 신뢰성이나 추가적으로 발생할 수 있는 문제에 대한 해법의 제시가 미약한 것으로 보아 비즈니스 모델에 대한 심도 깊은 검토는 이루어지지 않은 것으로 보인다. 다만 이러한 아이디어가 앞서 공부한 비즈니스 모델의 요소들과 잘 결합되어 검토된다면, 장점은 부각시키고 단점은 보완함으로써 훌륭한 사업화 모델이 될 수도 있을 것이다.

2.7 3D 프린팅 서비스 및 캐릭터/피규어 제작 사업

3D 프린팅이 대중화 되면서 가장 먼저 비즈니스 모델로 나온 것이 바로 캐릭터 내지는 피규어를 제작해서 판매하는 비즈니스 모델이었다. 이번 사례의 회사에서는 기존 서비스의 문제점으로 한정된 제작자에 의한 서비스 공급으로 제한된 지역에서의 서비스만 가능하고, 핸드형 스캐너를 이용함으로 인해 데이터 획득이 쉽지 않아 거의 1시간 정도가 소요되며, 전문 제작 노하우 부족으로 인한 서비스 품질이 떨어지는 것을 지적하였다. 이 회사에서는 이러한 문제점에 대처하는 방안으로 새로운 프로세스를 제시하였는데, 소비자가 대리점을 방문하고 대리점에 구축되어 있는 3D스캐너 장비를 통해 3D모델 데이터를 생성하고, 3D 형상을 확인해 주면, 대리점은 생성된 데이터의

보정을 거쳐 완성된 3D 데이터를 본사로 보낸 후 본사에서 3D 프린터로 출력한 결과물을 대리점을 통해 소비자에게 전달하는 형태로 이루어지게 했다. 기존의 캐릭터나 피규어 제작 서비스와 유사하지만 대리점의 형태, 즉 프랜차이즈를 구성하고 프랜차이즈의 형태로 사업을 이끌어나가려는 전략인 것이다.

일반적으로 3D 프린터 관련 비즈니스 모델은 3D 프린팅 교육 사업, 셀프제작소(시제작품 제작소, 공기관이 운영하여 무료로 이용할 수 있는 공간 등), 3D 프린팅 디지털 파일 공유 사이트, 3D 프린팅 체험관, 3D 스캔과 프린팅을 이용한 피규어 사업 등으로 크게 5가지로 비즈니스 모델이 대표적이다. 이러한 사업들은 각 장점을 이용해 점차 늘어날 것으로 생각했으나, 최근의 내용을 들여다보면 극히 실망스러운 결과가 나타나고 있다.

이번 사례의 경우는 아주 단순하고 심플한 구성으로 접근을 하였으며, 누구나 생각하고 누구나 잘 될 것으로 보았던 비즈니스 모델이 실패하는 경우인 것이다. 그 이유는 고객이 요구하는 제품이 아닐 수도 있으며, 그 품질 자체도 훌륭하지 않았을 수 있다는데 있다.

3. | 비즈니스 모델과 투자 유치

3.1 비즈니스 모델 방향성

앞서 살펴본 각종 사례를 통해 우리는 다양한 접근 방법을 생각해 보아야 한다. 3D 프린팅이 활성화 되고, 각종 매스컴에서 너도나도 환상적 기사를 쏟아낼 때, 3D 프린팅에 대한 깊은 고찰 없이 비즈니스 모델을 만들고 환상을 좇은 것이 아닐까? 지금까지 일반적인 3D 프린팅의 비즈니스 모델은 교육사업, 시제작품 제작 지원 사업, 3D 모델 공유 플랫폼 사업, 캐릭터(피규어) 제작 사업 등이 가장 큰 형태로 분류될 수 있다고 본다. 하지만 이러한 비즈니스 모델들은 새롭게 재편되고 있고, 교육사업은 3D 프린터 판매 업체와 연계되어 활용에 대한 사업으로 진행되어 가고, 3D 모델링 공유 플랫폼의 경우는 클라우드 컴퓨팅의 확산으로 인해 세계적인 지원 사이트들이 등장했다. 또한 시제작품 제작과 캐릭터(피규어) 제작 판매 사업은 3D 프린팅 출력 대행 사업으로 자리를 잡아가고 있는 실정이다.

3.2 클라우드 펀딩

3D 프린팅이 대중화 되면서 전통적 방식의 시제작품 개발에 비해 시간과 노력이 적게 소요되는 효과가 나타나게 되었다. 이러한 과정에서 시제작품을 쉽게 개발할 수 있기에 이르렀다. 또한 소셜 미디어나 인터넷 매체를 활용해 자금을 모으는 투자 방식이 영국에서 처음 시작되어 현재는 유럽을 비롯해서 미국 및 아시아 지역에까지 활발하게 진행되고 있다. 이와 같이 소셜 미디어나 인터넷 매체를 통해 개인이나 기업의 자금을 끌어들이는 형태를 '클라우드 펀딩(Crowd funding)'이라고 한다.

클라우드 펀딩은 일반적인 투자 개념의 사이트가 아니다. 이전에 네티즌들을 중심으로 투자자의 수익을 목적으로 한 펀드들도 존재했었다. 하지만, 많은 부작용에 의해 이러한 투자자의 수익을 확보하는 목적으로는 활성화되기가 어려웠다. 클라우드 펀딩의 경우는 '기부'의 형태로, 자발적인 소비자의 참여를 유도하는 한층 업그레이드 된 펀딩의 형태를 띤다.

클라우드 펀딩은 세계적으로 약 200여개의 사이트가 개설되어 운영되고 있으며, 특히 기술 분야에서 큰 성공을 거두고 있는 킥스타터에 많은 자금이 유입되어 활발하게 활동하고 있다. 이러한 소셜 플랫폼 및 클라우드 펀딩은 'Open Innovation'을 기반으로 한다. 대표적인 클라우드 펀딩은 다음과 같다.

1) 킥스타터

2009년 4월에 킥스타터(KICKSTARTER)가 오픈한 이후 수많은 프로젝트들에 대한 성공적인 투자를 이끌어냈다. 클라우드 펀딩에 대해 사람들의 관심이 높아지면서 유사한 형태의 사이트가 속속 등장하였다.

킥스타터에서는 다양한 프로젝트들이 진행되고 있는데, 이러한 형태를 킥스타터 캠페인이라고 하고 이러한 캠페인을 통해 후원을 받게 되는 형태이다. 대표적인 예로 킥스타터 캠페인을 통해 15,000달러를 모금하고자 했던 아이팟나노용 손목시계줄 'TikTok + LunaTik'의 경우 13,512명의 후원을 받아 942,578달러를 모금하는 사례를 보였다. 또 다른 프로젝트로는 3D 프린터와 관련된 내용으로 대학생인 세터(Schechter)가 학교에서 사용하던 SLS방식의 3D 프린터의 문제점인 고가의 재료와 비싼 기기에 대한 대안으로 델타 방식의 3D 프린터를 캠페인에 올려 프로젝트 첫 주 만에 예약주문이 매진되는 등의 성과를 보였다. 당시 메이커봇의 신제품 가격이 약 2,000달러 정도인데 비해 델타프린터 킷은 475달러, 완제품은 685달러로 아주 저렴하게 제작되었다. 또 다른 사례로 Strooder라는 제품이 있는데, 본 제품은 FDM 3D 프린

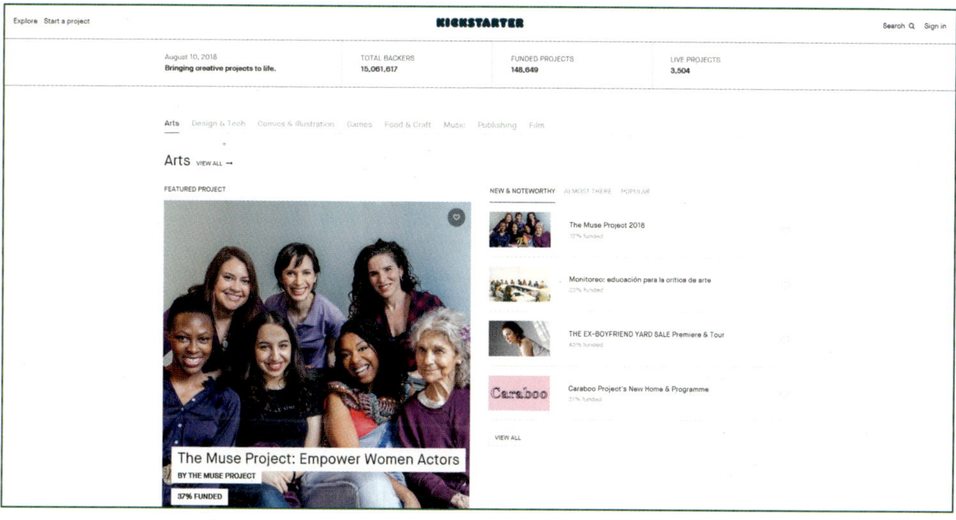

▲ 그림 6.5 킥스타터 홈페이지

터를 사용하는 사람들의 고민인 필라멘트의 제작 및 재활용을 위한 아이디어가 제품화된 것이다. 초기 목표 금액을 훨씬 상회하는 후원금을 모금한 사례이다.

2) 인디고고

인디고고(**INDIEGOGO**)는 킥스타터보다 먼저 클라우드 펀딩을 시작하였다. 클라우드 펀딩의 개척자로 통하기도 한다. 이들은 'DIWO' (Do-It-With-Others)라는 슬로건을 내걸고 킥스타터가 미국 계좌를 가진 개발자만의 프로젝트였다면, 인디고고는 전 세계를

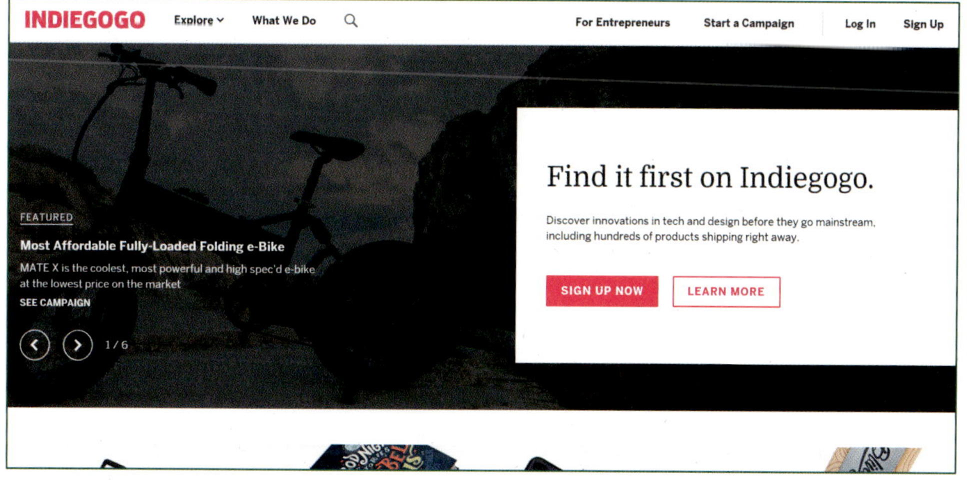

▲ 그림 6.6 인디고고 홈페이지

대상으로 한 글로벌 펀딩 엔진임을 자부하며 누구나 자신만의 프로젝트를 등록할 수 있으며 까다로운 심사절차 없이 진행이 가능하다. 인디고고에서의 좀 특이한 점은 후원금이 개발자에게 바로 전달되는 것도 다른 플랫폼들과 차별화가 되어 있는 것이다. 또한 목표로 모금한 금액에 도달하지 못할 경우에도 모금액 환불 여부를 개발자가 정할 수 있어 모금액 일부를 활용할 수 있다는 차이점도 있다.

3) 국내 클라우드 펀딩

국내의 경우도 클라우드 펀딩 시장이 초기 나타났었다. 한국에서도 나름 클라우드 펀딩을 통해 영화, 프로젝트, 스타트업 등에 투자할 수 있는 길이 열렸다. 국내 시장은 크게 후원형과 증권형으로 나뉘어져 있다고 볼 수 있다.

후원형 클라우드 펀딩의 경우 프로젝트에 다수의 후원자가 자금을 지원하고 금전적 보상 이외의 형태로 일정 부분 보상을 받는 형태이다. 주로 공연, 음악, 영화 등의 분야에서 활용이 되고 있으며 보상으로는 공연 티켓 및 상품 등이 있다. 후원형 클라우드 펀딩의 대표적인 사이트는 유캔펀딩(ucanfunding.com), 텀블벅(tumblbug.com) 등이 있다. 유캔펀딩의 경우는 기부에 중점을 둔 반면, 텀블벅의 경우는 개발자에게 초점을 맞춰 다양한 카테고리의 펀딩 상품을 취급하는 것을 특징으로 하고 있다.

증권형 클라우드 펀딩의 경우는 신생기업 및 소자본 창업자를 대상으로 자금을 지원하는 유형과 투자금액에 비례한 지분 취득 또는 수익창출을 목적으로 한다. 국내 최대 규모의 증권형 클라우드 펀딩에는 와디즈(www.wadiz.kr)와 오픈트레이드(company.otrade.co)가 유명하다.

클라우드 펀딩이 아직은 국내에서 많이 활성화되지 않았지만, 플랫폼 별로 특징이 비교적 뚜렷하고, 이러한 플랫폼에 따라 투자를 할 것인지 후원을 할 것인지를 선택할 수 있다.

3.3 소셜 플랫폼

2012년에는 450개가 넘는 클라우드 펀딩 플랫폼이 운영되었다. 2016년에 2,000개가 넘었으므로 현재는 그보다 훨씬 상회하는 숫자의 클라우드 펀딩 플랫폼이 운영되고 있을 것으로 예상이 되지만, 한때 붐을 타고 일어났던 클라우드 펀딩이 어느 정도 정리되면서 정확한 숫자를 예상하기에는 어려움이 있다고 하겠다.

프로젝트의 개발을 원하는 사람들은 자신이 실행하고자 하는 프로젝트의 유형에 따라 사용할 플랫폼이 어떤 것인지를 이해하기 위해 실제로 사용해보는 것이 가장 확실한 방법이다. 하지만, 수많은 플랫폼을 다 섭렵하기에는 어려움이 있다. 이는 근본적으로 서비스 제공의 다양성 때문인 것이다. 예를 들어, 클라우드 큐브(CrowdCube)와 시드스(Seedrs)는 중소기업이 인터넷을 통해 주식을 발행하고 등록된 사용자로부터 소액투자를 받을 수 있는 플랫폼이지만, 이들 또한 차이가 있다.

클라우드 큐브는 사용자가 적은 금액을 투자하고 창업회사에서 직접 주식을 취득할 수 있게 되지만, 시드스는 지명된 에이전트로서 새로운 비즈니스에 투자 할 자금을 모으는 형태로만 수행된다.

클라우드 펀딩과 관련해서 크게 두 가지 유형을 가지고 있다. 첫째로는 보상 클라우드 펀딩(Rewards crowdfunding)이다. 보상 클라우드 펀딩의 경우, 기업가는 부채를 발생시키지 않거나 주식 및 채권을 통하지 않고 신규 프로젝트를 착수하여 제품 또는 서비스를 선보이게 되는 형태로 보상을 위한 클라우드 펀딩이다. 두 번째로는 주식 클라우드 펀딩(Equity crowdfunding)이다. 주식 클라우드 펀딩의 경우, 후원자는 약속된 돈을 대가로 보통 초기단계에 있는 회사의 지분을 받게 되는 형태이다. 이러한 두 가지 형태를 기본으로 다양한 파생형태의 플랫폼이 존재한다.

1) 보상 클라우드 펀딩

보상기반 클라우드 펀딩(Rewards crowdfunding)은 영화 홍보, 무료 소프트웨어 개발, 각종 개발, 과학 연구, 시민 프로젝트 등의 다양한 목적에 사용되어 왔다. 비영리 클라우드 펀딩이라고도 하는 보상기반 클라우드 펀딩은 많은 조사와 연구에 의해 확인된 바, 조기 보금액의 상당 부분을 친구와 가족이 차지하며, 이 자본은 후속 기금 제공자가 프로젝트에 후원하도록 장려하는 역할도 하게 된다.

2) 주식 클라우드 펀딩

주식 클라우드 펀딩(Equity crowdfunding)은 후원을 지분형태로 제공하는 형태이다. 미국에서는 2012년 소규모 투자자를 더 많이 수용할 수 있게 한 JOBS 법안에 언급된 내용에 따라 투자의 제한이 줄어들었다. 비공식적인 클라우드 펀딩과 달리 지분 형태의 클라우드 펀딩에는 정보의 비대칭성이 강화된다. 펀딩을 받은 쪽은 자본을 늘리는 제품을 생산해야 할 뿐만 아니라 회사를 통해 수익 구조를 창출해야 한다. 보상 기반 클라우드 펀딩과 달리 투자수익(ROI) 가능성을 포함하는 유가증권을 제공해야 하며,

투자자의 전략에 따라 지분 형태의 클라우드 펀딩은 주식시장의 실패를 피하는데 효과적일 수 있다.

3) 소프트웨어 가치 토큰 클라우드 펀딩

또 다른 종류의 클라우드 펀딩은 디지털 또는 소프트웨어 기반의 가치 토큰이 있다. 개발자는 후원자에게 초기코인(Initial Coin Offering, ICO)을 보상으로 제공해서 프로젝트 자금을 조달하게 된다. 토큰 가치는 네트워크의 클라이언트 컴퓨터가 네트워크 프로토콜을 유지 관리하는데 적은 컴퓨터 리소스를 소비하도록 장려하는 데 사용되는 특정 개방형 분산 네트워크에 의해 내부적으로 만들어진다. 이러한 토큰 가치는 많은 사람들에 의해 시장이 형성되어 가치가 존재할 수도 존재하지 않을 수도 있다. 토큰의 가치와 시장 가치를 창출하기 위해서는 사전에 소프트웨어의 개발 및 공개에 대한 상당한 노력이 필요하다. 비록 자금이 단순히 토큰 가치 자체에 대해 제기될 수 있지만, 블록체인 기반의 클라우드 펀딩에 기금을 조성하는 것은 자금 조달 중인 기업의 주식, 채권 또는 '시장 지배자 자리'를 나타낼 수도 있다. 이러한 형태의 투자 재원 확보의 형태로 나타난 것이 블록체인 기법을 이용한 것으로 '비트코인' 등이 이에 해당한다.

4) 부채 기반 클라우드 펀딩

2005년 영국에서 조파(Zone of possible agreement, ZOPA)가 설립되었다. 조파는 합의 가능 지대라는 의미로 협상에서 양측 모두가 받아들일 수 있는 모든 가능한 결과의 집합을 뜻한다. 2006년 미국에서 렌딩 클럽(Lending Club)과 프라스퍼(Prosper.com)가 설립되면서 부채기반의 클라우드 펀딩(우리가 흔히 알고 있는 'peer to peer', 'P2P', 'marketplace lending' 또는 'crowdlending')이 시작되었다. 차용자는 일반적으로 온라인에 무료로 신청하고 신청서는 자동으로 시스템에 의해 검토되어 차용인의 신용 위험도와 이자율이 결정된다. 투자자의 경우는 차용자가 대출을 하는 기금에서 유가 증권을 매입하게 된다. 즉, 투자자는 무담보 대출에 대한 이자로 돈을 벌게 되고, 시스템 운영자는 대출 및 대출 서비스 수수료의 일정 비율을 사용하여 수익을 창출하는 형태이다. 2009년에 기관투자자가 P2P 대출 영역에 진입을 했고, 2013년에 Google은 Lending Club에 1억 2,500만 달러를 투자하기도 했다.

영국에서 부채기반 클라우드 펀딩을 통해 2012년부터 2014년까지 250% 증가되었는데, 2014년에는 7억 4,900만 파운드의 대출사업이 되었으며, 실제 요구자에게 5억 4,700만 파운드가 지원되었다. 2014년 미국과 영국에서 클라우드 펀딩을 통해 제공된 금액의 75%가 부채기반 클라우드 펀딩을 거쳤다.

5) 기부금 기반 클라우드 펀딩

보상 기반 클라우드 펀딩과 함께 운영되는 기부금 기반 클라우드 펀딩은 가장 일반적으로 사용되는 클라우드 펀딩 형태 중 두 번째이다. 자선 기부금 기반의 클라우드 펀딩은 개인이 자선 활동을 돕기 위한 공동의 노력이다. 자선 단체 모금 활동에서 친사회적 또는 환경 적 목적을 위해 기금이 조성되어, 기부자들은 공통된 사안을 중심으로 온라인 커뮤니티를 만들어 문제 해결을 위한 서비스 및 프로그램을 기금으로 지원한다.

이상과 같은 다양한 소셜 플랫폼 형태와 더불어 추가적인 다양한 클라우드 펀딩이 존재하며, 개발자나 후원자 또는 투자자는 이러한 내용에 대해서 잘 숙지하고 가장 적합한 형태의 클라우드 펀딩을 매칭 시키는 것이 필요하다.

참고문헌

- Agrawal, A. K., Catalini, C., &Goldfarb, A. (2011). *The geography of crowdfunding* (No. w16820). National bureau of economic research.
- Amit, R., &Zott, C. (2001). Value creation in e-business. *Strategic management journal*, *22*(6-7), 493-520.
- Belleflamme, P., Lambert, T., &Schwienbacher, A. (2014). Crowdfunding: Tapping the right crowd. *Journal of business venturing*, *29*(5), 585-609.
- Berman, B. (2012). 3-D printing: The new industrial revolution. *Business horizons*, *55*(2), 155-162.
- Catalini, C., &Gans, J. S. (2018). *Initial coin offerings and the value of crypto tokens* (No. w24418). National Bureau of Economic Research.
- Chesbrough, H. (2010). Business model innovation: opportunities and barriers. *Long range planning*, *43*(2-3), 354-363.
- Chesbrough, H. W. (2006). *Open innovation: The new imperative for creating and profiting from technology*. Harvard Business Press.
- Chesbrough, H. W. (2006). The era of open innovation. *Managing innovation and change*, *127*(3), 34-41.
- Chesbrough, H., Vanhaverbeke, W., &West, J. (Eds.). (2006). *Open innovation: Researching a new paradigm*. Oxford University Press on Demand.
- Cheung, C., Lee, M., &Jin, X. (2011). Customer engagement in an online social platform: A conceptual model and scale development.
- Cholakova, M., &Clarysse, B. (2015). Does the possibility to make equity investments in crowdfunding projects crowd out reward-based investments?. *Entrepreneurship Theory and Practice*, *39*(1), 145-172.
- Cronin Jr, J. J., Brady, M. K., &Hult, G. T. M. (2000). Assessing the effects of quality, value, and customer satisfaction on consumer behavioral intentions in service environments. *Journal of retailing*, *76*(2), 193-218.
- Dahlander, L., &Gann, D. M. (2010). How open is innovation?. *Research policy*, *39*(6), 699-709.
- Enkel, E., Gassmann, O., &Chesbrough, H. (2009). Open R&D and open innovation: exploring the phenomenon. *R&d Management*, *39*(4), 311-316.
- Fornell, C. (1992). A national customer satisfaction barometer: The Swedish experience. *the Journal of Marketing*, 6-21.
- Frydrych, D., Bock, A. J., Kinder, T., &Koeck, B. (2014). Exploring entrepreneurial legitimacy in reward-based crowdfunding. *Venture Capital*, *16*(3), 247-269.
- Givnish, T. J., Burkhardt, E. L., Happel, R. E., &Weintraub, J. D. (1984). Carnivory in the bromeliad Brocchinia reducta, with a cost/benefit model for the general restriction of carnivorous plants to sunny, moist, nutrient-poor habitats. *The American Naturalist*, *124*(4), 479-497.
- Hart, S. L. (1995). A natural-resource-based view of the firm. *Academy of management review*, *20*(4), 986-1014.
- Helfat, C. E., &Peteraf, M. A. (2003). The dynamic resource-based view: Capability lifecycles. *Strategic management journal*, *24*(10), 997-1010.
- Kanter, R. M. (1999). From spare change to real change. The social sector as beta site for business innovation. *Harvard business review*, *77*(3), 122-32.
- Li, J., &Mann, W. (2018). Initial coin offering and platform building.
- Lipson, H., &Kurman, M. (2013). *Fabricated: The new world of 3D printing*. John Wiley &Sons.

- Mollick, E. (2014). The dynamics of crowdfunding: An exploratory study. *Journal of business venturing*, *29*(1), 1-16.
- Normann, R., &Ramirez, R. (1993). From value chain to value constellation: Designing interactive strategy. *Harvard business review*, *71*(4), 65-77.
- Ordanini, A., Miceli, L., Pizzetti, M., &Parasuraman, A. (2011). Crowd-funding: transforming customers into investors through innovative service platforms. *Journal of service management*, *22*(4), 443-470.
- Osterwalder, A., &Pigneur, Y. (2010). *Business model generation: a handbook for visionaries, game changers, and challengers*. John Wiley &Sons.
- Peteraf, M. A. (1993). The cornerstones of competitive advantage: a resource-based view. *Strategic management journal*, *14*(3), 179-191.
- Rayport, J. F., &Sviokla, J. J. (1995). Exploiting the virtual value chain. *Harvard business review*, *73*(6), 75.
- Tsai, W., &Ghoshal, S. (1998). Social capital and value creation: The role of intrafirm networks. *Academy of management Journal*, *41*(4), 464-476.
- Wallsten, S. J. (2000). The effects of government-industry R&D programs on private R&D: the case of the Small Business Innovation Research program. *The RAND Journal of Economics*, 82-100.
- Wernerfelt, B. (1984). A resource-based view of the firm. *Strategic management journal*, *5*(2), 171-180.
- Zott, C., &Amit, R. (2010). Business model design: an activity system perspective. *Long range planning*, *43*(2-3), 216-226.
- Zott, C., Amit, R., &Massa, L. (2011). The business model: recent developments and future research. *Journal of management*, *37*(4), 1019-1042.

찾아보기

사

아

자

차 카

타 파

하

ABC

저자 : **최 년 식**

- 현) 신라대학교 융합기계공학부 교수
- 현대오토에버시스템즈(주) PLM컨설팅 전문위원
- 현대기아자동차 정보전략기획 웍그룹장

- 한양대학교 산업공학과 박사
- 한양대학교 산업 및 정보시스템공학 석사
- 한양대학교 정밀기계공학과 학사

3D프린팅을 활용한
시제작품 제작 마스터 실무 정가 25,000원

발　행 2019년 3월 10일 초판 1쇄
저　자 최년식
발행인 정우용
발행처 도서출판 **동 화 기 술**
경기도 파주시 광인사길 201(문발동, 파주출판도시)
Tel (031)955-4211~6 donghwapub@nate.com
Fax (031)955-4217 www.donghwapub.co.kr
(등록) 1977년 12월 19일/9-16호

ISBN 978-89-425-9231-9